FIVE PLACE TABLES

P. WIJDENES
AMSTERDAM

FIVE PLACE TABLES

LOGARITHMS OF INTEGERS
LOGARITHMS AND NATURAL VALUES
OF
TRIGONOMETRIC FUNCTIONS
IN THE

DECIMAL SYSTEM

FOR EACH GRADE FROM 0 TO 100 GRADES
WITH INTERPOLATION TABLES

NOORDHOFF INTERNATIONAL PUBLISHING LEYDEN 1975

ISBN-13: 978-94-010-1588-2   e-ISBN-13: 978-94-010-1586-8
DOI: 10.1007/ 978-94-010-1586-8

CONTENTS

CONTENTS

PREFACE.

Instead of the old division of the right angle in 90° of 60' at 60" each, the following division finds ever more frequent application: one quadrant has 100 grades (gr), which in their turn are sub-divided decimally in decigrades (dgr), centigrades (cgr), milligrades (mgr) and decimilligrades (dmgr). In using instruments upon which the quadrant is divided into 100 equal parts, in working with a calculating machine or a slide rule the new division has all the advantages and the old system all the disadvantages.

Another important advantage of the new system is that the arcs take their place in the decimal system. One fourth of a meridian of the earth is 10.000 km, also 100 × 100 cgr; hence one km equals 1 cgr of the circumference of the earth. If the arc of a longitude circle between two given points on the earth be 14,26 gr then their distance measured along this arc is 1426 km. It further follows that 1 mgr of the meridian equals 1 hm and 1 dmgr 10 meters.

This simple calculation shows that for use in schools we should confine ourselves to milligrades (1 mgr = 3",24). Experts have assured me that for most practical applications milligrades are sufficiently accurate.

For the composition of the present tables (see Table III, as I am not dealing with the logarithms of Briggs, Table I) the difficulties presented at the beginning remain the same as in tables following the old division. I have therefore advanced by milligrades up to 1,20 gr, but proportional interpolation will also give the logarithms if α is given in four decimal places. The introduction of inter-polationtables at this place, shows that proportional interpolation is permitted.

The differences between logarithms immediately following each other have not been inserted, the same system being carried through as in the table of the logarithms of Briggs. In those tables the numbers are placed in rows, in the trigonometric tables however they are printed in columns, which facilitates mental subtraction; moreover the numbers above the tables of proportional parts afford some help, because in most cases we can see the difference by looking at the final figure. This shows that no object would be served by the insertion of the differences in question and that is why they are not given. The omission makes it practicable to print an entire grade on one page after it is no longer necessary to advance by less than 1 cgr at a time (after 1,20 gr, see page 52), thereby reducing the size of the table to one half. This applies also to the table of natural functions, which takes up exactly 50 pages. The somewhat larger size of the loga-rithmtable is due to the special treatment of the interval up to 1,20 gr. Instead of 100 pages this table takes up no more than 66 pages inclu-ding all required interpolationtables, whereas only for the interval

$0 < \alpha < 15$ cgr the S.T. table, consisting of the sole number $\bar{6},19612$, has to be used. Experts will understand without further explanation that this is a great advantage that easily weighs up against a slight increase in size.

This table uses the French system of indicating a negative characteristic, i.e.

$$\bar{1},42163 = 0,42163 - 1 = 9,42163 - 10$$

This notation has the advantage of its simplicity and calculations are quite as easy as those for which use is made of the notation in which 10 has been added to the logarithms of trigonometric functions.

The following large tables have served for the composition of this volume:

Tables portatives de logarithmes par François Callet, Paris 1795, An III (tirage 1808).

Tables trigonométriques par Ch. Borda, revues, augmenteés et publiées par J. B. J. Delambre; an IX (1801).

Neue trigonometrische Tafeln für die Decimaleintheilung des Quadranten, berechnet von Johann Philipp Hobert und Ludewig Ideler, Berlin 1799.

Judging by the prefaces the authors have made frequent use of the tables of Adriaan Vlacq (1628), which are indeed beyond praise. The tables of Callet, Borda and Hobert-Ideler are in 7 decimals; whenever an uncertainty in the table of natural values occasioned by rounding-off might arise, the following volume has been consulted:

Tables à 8 décimales des valeurs naturelles des sinus, cosinus et tangentes dans le système décimal (publiées par l'Association de géodésie de l'union géodésique et géophysique internationale).

P. WIJDENES.

P. WIJDENES
FIVE PLACE TABLES

FORMULAE

$$ax^2 + bx + c = 0 \qquad\qquad 2ax + b = \pm\sqrt{b^2 - 4ac}$$

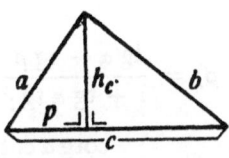

$$h_c = \sqrt{a^2 - p^2} \qquad\qquad x^2 \cdot c = a^2 c_2 + b^2 c_1 - cc_1 c_2$$

$$p = \frac{a^2 - b^2 + c^2}{2c}$$

$$R = \frac{ab}{2h_c} = \frac{abc}{4O}; \; r = \frac{O}{s}; \; r_c = \frac{O}{s-c} \quad (2s = a + b + c)$$

---

gr   dgr   cgr (c)   mg   dmgr (cc).

$$1\,\text{gr} = \frac{81°}{90}; \quad 1\,\text{cgr} = \frac{81'}{150}; \quad 1\,\text{dmgr} = \frac{81''}{250}$$

$$1° = \frac{90}{81}\,\text{gr}; \quad 1' = \frac{150}{81}\,\text{cgr}; \quad 1'' = \frac{250}{81}\,\text{dmgr}$$

Table
pag.
28 en 29

	0—100	100—200	200—300	300—400
sin	+	+	—	—
cos	+	—	—	+
tg	+	—	+	—
cotg	+	—	+	—
sec	+	—	—	+
cosec	+	+	—	—

	$-\alpha$	$100-\alpha$	$100+\alpha$	$200-\alpha$	$200+\alpha$	$300-\alpha$	$300+\alpha$
sin	$-\sin\alpha$	$\cos\alpha$	$\cos\alpha$	$\sin\alpha$	$-\sin\alpha$	$-\cos\alpha$	$-\cos\alpha$
cos	$\cos\alpha$	$\sin\alpha$	$-\sin\alpha$	$-\cos\alpha$	$-\cos\alpha$	$-\sin\alpha$	$\sin\alpha$
tg	$-\operatorname{tg}\alpha$	$\operatorname{cotg}\alpha$	$-\operatorname{cotg}\alpha$	$-\operatorname{tg}\alpha$	$\operatorname{tg}\alpha$	$\operatorname{cotg}\alpha$	$-\operatorname{cotg}\alpha$
cotg	$-\operatorname{cotg}\alpha$	$\operatorname{tg}\alpha$	$-\operatorname{tg}\alpha$	$-\operatorname{cotg}\alpha$	$\operatorname{cotg}\alpha$	$\operatorname{tg}\alpha$	$-\operatorname{tg}\alpha$
sec	$\sec\alpha$	$\operatorname{cosec}\alpha$	$-\operatorname{cosec}\alpha$	$-\sec\alpha$	$-\sec\alpha$	$-\operatorname{cosec}\alpha$	$\operatorname{cosec}\alpha$
cosec	$-\operatorname{cosec}\alpha$	$\sec\alpha$	$\sec\alpha$	$\operatorname{cosec}\alpha$	$-\operatorname{cosec}\alpha$	$-\sec\alpha$	$-\sec\alpha$

$$\begin{cases} \sin(\alpha+\beta) = \sin\alpha\cos\beta + \cos\alpha\sin\beta \\ \sin(\alpha-\beta) = \sin\alpha\cos\beta - \cos\alpha\sin\beta \end{cases}$$

$$\begin{cases} \cos(\alpha+\beta) = \cos\alpha\cos\beta - \sin\alpha\sin\beta \\ \cos(\alpha-\beta) = \cos\alpha\cos\beta + \sin\alpha\sin\beta \end{cases}$$

$$\operatorname{tg}(\alpha+\beta) = \frac{\operatorname{tg}\alpha + \operatorname{tg}\beta}{1 - \operatorname{tg}\alpha\operatorname{tg}\beta} \qquad \operatorname{tg}(\alpha-\beta) = \frac{\operatorname{tg}\alpha - \operatorname{tg}\beta}{1 + \operatorname{tg}\alpha\operatorname{tg}\beta}$$

$$\operatorname{cotg}(\alpha+\beta) = \frac{\operatorname{cotg}\alpha\operatorname{cotg}\beta - 1}{\operatorname{cotg}\alpha + \operatorname{cotg}\beta} \qquad \operatorname{cotg}(\alpha-\beta) = -\frac{\operatorname{cotg}\alpha\operatorname{cotg}\beta + 1}{\operatorname{cotg}\alpha - \operatorname{cotg}\beta}$$

$$\sin 2\alpha = 2\sin\alpha\cos\alpha \qquad \sin\alpha = 2\sin\tfrac{1}{2}\alpha\cos\tfrac{1}{2}\alpha$$

$$\sin\alpha = \frac{2\operatorname{tg}\tfrac{1}{2}\alpha}{1 + \operatorname{tg}^2\tfrac{1}{2}\alpha}$$

$$\begin{cases} \cos 2\alpha = \cos^2\alpha - \sin^2\alpha \\ \cos 2\alpha = 1 - 2\sin^2\alpha \\ \cos 2\alpha = 2\cos^2\alpha - 1 \end{cases} \qquad \cos 2\alpha = \frac{1 - \operatorname{tg}^2\alpha}{1 + \operatorname{tg}^2\alpha}$$

$$\begin{cases} \cos\alpha = \cos^2\tfrac{1}{2}\alpha - \sin^2\tfrac{1}{2}\alpha \\ \cos a = 1 - 2\sin^2\tfrac{1}{2}a \\ \cos a = 2\cos^2\tfrac{1}{2}a - 1 \end{cases} \qquad \cos a = \frac{1 - \operatorname{tg}^2\tfrac{1}{2}a}{1 + \operatorname{tg}^2\tfrac{1}{2}a}$$

$$\operatorname{tg} 2\alpha = \frac{2\operatorname{tg}\alpha}{1 - \operatorname{tg}^2\alpha} \qquad \operatorname{cotg} 2\alpha = \frac{\operatorname{cotg}^2\alpha - 1}{2\operatorname{cotg}\alpha}$$

$$\operatorname{tg}\alpha = \frac{2\operatorname{tg}\tfrac{1}{2}\alpha}{1 - \operatorname{tg}^2\tfrac{1}{2}\alpha} = \pm\sqrt{\frac{1 - \cos 2\alpha}{1 + \cos 2\alpha}} = \frac{\sin 2\alpha}{1 + \cos 2\alpha} = \frac{1 - \cos 2\alpha}{\sin 2\alpha}$$

$$\operatorname{cotg}\alpha = \frac{\operatorname{cotg}^2\tfrac{1}{2}\alpha - 1}{2\operatorname{cotg}\tfrac{1}{2}\alpha}$$

$$\operatorname{tg}(50+\alpha) = \operatorname{cotg}(50-\alpha) = \frac{1 + \operatorname{tg}\alpha}{1 - \operatorname{tg}\alpha}$$

$$\operatorname{tg}(50-\alpha) = \operatorname{cotg}(50+\alpha) = \frac{1 - \operatorname{tg}\alpha}{1 + \operatorname{tg}\alpha}$$

$$2 \cos^2 \alpha = 1 + \cos 2\alpha \qquad 2 \cos^2 \tfrac{1}{2}\alpha = 1 + \cos \alpha$$
$$2 \sin^2 \alpha = 1 - \cos 2\alpha \qquad 2 \sin^2 \tfrac{1}{2}\alpha = 1 - \cos \alpha$$

$$\begin{cases} \sin \alpha + \sin \beta = 2 \sin \tfrac{1}{2}(\alpha + \beta) \cos \tfrac{1}{2}(\alpha - \beta) \\ \sin \alpha - \sin \beta = 2 \cos \tfrac{1}{2}(\alpha + \beta) \sin \tfrac{1}{2}(\alpha - \beta) \\ \cos \alpha + \cos \beta = 2 \cos \tfrac{1}{2}(\alpha + \beta) \cos \tfrac{1}{2}(\alpha - \beta) \\ \cos \alpha - \cos \beta = -2 \sin \tfrac{1}{2}(\alpha + \beta) \sin \tfrac{1}{2}(\alpha - \beta) \end{cases}$$

$$\begin{cases} 2 \sin \alpha \cos \beta = \sin(\alpha + \beta) + \sin(\alpha - \beta) \\ 2 \cos \alpha \sin \beta = \sin(\alpha + \beta) - \sin(\alpha - \beta) \\ 2 \cos \alpha \cos \beta = \cos(\alpha + \beta) + \cos(\alpha - \beta) \\ -2 \sin \alpha \sin \beta = \cos(\alpha + \beta) - \cos(\alpha - \beta) \end{cases}$$

$$a = c \sin \alpha = c \cos \beta = b \operatorname{tg} \alpha = b \operatorname{cotg} \beta$$
$$b = c \sin \beta = c \cos \alpha = a \operatorname{tg} \beta = a \operatorname{cotg} \alpha$$

$$\frac{a}{\sin \alpha} = \frac{b}{\sin \beta} = \frac{c}{\sin \gamma} = 2R$$
$$c = a \cos \beta + b \cos \alpha$$
$$c^2 = a^2 + b^2 - 2ab \cos \gamma$$

$$\operatorname{tg} \alpha = \frac{a \sin \beta}{c - a \cos \beta} \qquad \operatorname{cotg} \alpha = \frac{c - a \cos \beta}{a \sin \beta} = \frac{c \operatorname{cosec} \beta - a \operatorname{cotg} \beta}{a}$$

$$(a + b) \sin \tfrac{1}{2}\gamma = c \cos \tfrac{1}{2}(\alpha - \beta)$$
$$(a - b) \cos \tfrac{1}{2}\gamma = c \sin \tfrac{1}{2}(\alpha - \beta)$$
$$\frac{a + b}{a - b} = \frac{\operatorname{tg} \tfrac{1}{2}(\alpha + \beta)}{\operatorname{tg} \tfrac{1}{2}(\alpha - \beta)}$$

$$\sin \tfrac{1}{2}\alpha = \sqrt{\frac{(s - b)(s - c)}{bc}}$$
$$\cos \tfrac{1}{2}\alpha = \sqrt{\frac{s(s - a)}{bc}}$$
$$\operatorname{tg} \tfrac{1}{2}\alpha = \sqrt{\frac{(s - b)(s - c)}{s(s - a)}}$$

$$2s = a + b + c \qquad \operatorname{cotg} \tfrac{1}{2}\alpha = \frac{s - a}{r}; \quad r = \frac{O}{s}.$$

$$r \cot \tfrac{1}{2}\alpha \cot \tfrac{1}{2}\beta \cot \tfrac{1}{2}\gamma = s .$$

$$O = \tfrac{1}{2}ab \sin \gamma = \frac{a^2}{2(\cot \beta + \cot \gamma)} = \frac{a^2 \sin \beta \sin \gamma}{2 \sin \alpha}.$$

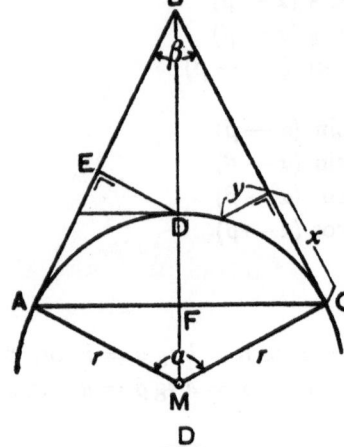

$$BA = BC = r \, \mathrm{tg} \, \tfrac{1}{2}\alpha = r \cot \tfrac{1}{2}\beta$$

$$BD = r \, (\sec \tfrac{1}{2}\alpha - 1) =$$
$$= r(\operatorname{cosec} \tfrac{1}{2}\beta - 1)$$

$$AE = AF = r \sin \tfrac{1}{2}\alpha$$

$$ED = FD = r(1 - \cos \tfrac{1}{2}\alpha)$$

$$y = r - \sqrt{r^2 - x^2}$$

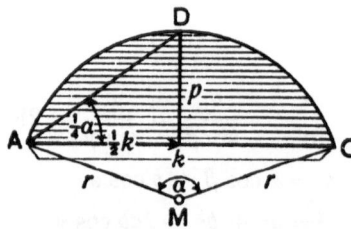

Area sector $MADCM = \dfrac{\alpha}{400} \pi r^2 = \tfrac{1}{2}br$ (b = length of arc ADC)

$$\text{Area} \triangle MAC = \tfrac{1}{2}r^2 \sin \alpha$$

Area segment $ADCA = r^2\!\left(\dfrac{\alpha}{400}\pi - \tfrac{1}{2}\sin \alpha\right);$ $r = \dfrac{k^2}{8p} + \dfrac{p}{2}.$

If $\mathrm{tg}\,\tfrac{1}{4}\alpha = t = \dfrac{p}{\tfrac{1}{2}k}$, then area segment $= pkV$.   (Table p. 168).

$$V = \frac{1}{4} - \frac{1}{4t^2} + \left(t + \frac{2}{t} + \frac{1}{t^3}\right) \times (\tfrac{1}{4} \text{ arc tg } t);$$

$$V = \frac{2}{3} + \frac{2}{1.3.5}t^2 - \frac{2}{3.5.7}t^4 + \frac{2}{5.7.9}t^6 - \ldots\ldots$$

TABLE I.

LOGARITHMS

OF THE INTEGERS FROM 1 TO 11000

If the last three figures of the mantissa are preceded by an asterisk, the first two must be found on the line immediately following.

N.	Log	N.	Log	N.	Log	N.	Log
1	0,00 000	26	1,41 497	51	1,70 757	76	1,88 081
2	0,30 103	27	1,43 136*	52	1,71 600	77	1,88 649
3	0,47 712	28	1,44 716	53	1,72 428	78	1,89 209
4	0,60 206	29	1,46 240	54	1,73 239	79	1,89 763
5	0,69 897	30	1,47 712	55	1,74 036	80	1,90 309
6	0,77 815	31	1,49 136	56	1,74 819	81	1,90 849
7	0,84 510	32	1,50 515	57	1,75 587	82	1,91 381
8	0,90 309	33	1,51 851	58	1,76 343	83	1,91 908
9	0,95 424	34	1,53 148	59	1,77 085	84	1,92 428
10	1,00 000	35	1,54 407	60	1,77 815	85	1,92 942
11	1,04 139	36	1,55 630	61	1,78 533	86	1,93 450
12	1,07 918	37	1,56 820	62	1,79 239	87	1,93 952
13	1,11 394	38	1,57 978	63	1,79 934	88	1,94 448
14	1,14 613	39	1,59 106	64	1,80 618	89	1,94 939
15	1,17 609	40	1,60 206	65	1,81 291	90	1,95 424
16	1,20 412	41	1,61 278	66	1,81 954	91	1,95 904
17	1,23 045	42	1,62 325	67	1,82 607	92	1,96 379
18	1,25 527	43	1,63 347	68	1,83 251	93	1,96 848
19	1,27 875	44	1,64 345	69	1,83 885	94	1,97 313
20	1,30 103	45	1,65 321	70	1,84 510	95	1,97 772
21	1,32 222	46	1,66 276	71	1,85 126	96	1,98 227
22	1,34 242	47	1,67 210	72	1,85 733	97	1,98 677
23	1,36 173	48	1,68 124	73	1,86 332	98	1,99 123
24	1,38 021	49	1,69 020	74	1,86 923	99	1,99 564
25	1,39 794	50	1,69 897	75	1,87 506	100	2,00 000

N.	0	1	2	3	4	5	6	7	8	9
100	,00 000	043	087	130	173	217	260	303	346	389
101	432	475	518	561	604	647	689	732	775	817
102	860	903	945	988	*030	*072	*115	*157	*199	*242
103	,01 284	326	368	410	452	494	536	578	620	662
104	703	745	787	828	870	912	953	995	*036	*078
105	,02 119	160	202	243	284	325	366	407	449	490
106	531	572	612	653	694	735	776	816	857	898
107	938	979	*019	*060	*100	*141	*181	*222	*262	*302
108	,03 342	383	423	463	503	543	583	623	663	703
109	743	782	822	862	902	941	981	*021	*060	*100
110	,04 139	179	218	258	297	336	376	415	454	493
111	532	571	610	650	689	727	766	805	844	883
112	922	961	999	*038	*077	*115	*154	*192	*231	*269
113	,05 308	346	385	423	461	500	538	576	614	652
114	690	729	767	805	843	881	918	956	994	*032
115	,06 070	108	145	183	221	258	296	333	371	408
116	446	483	521	558	595	633	670	707	744	781
117	819	856	893	930	967	*004	*041	*078	*115	*151
118	,07 188	225	262	298	335	372	408	445	482	518
119	555	591	628	664	700	737	773	809	846	882
120	918	954	990	*027	*063	*099	*135	*171	*207	*243
121	,08 279	314	350	386	422	458	493	529	565	600
122	636	672	707	743	778	814	849	884	920	955
123	991	*026	*061	*096	*132	*167	*202	*237	*272	*307
124	,09 342	377	412	447	482	517	552	587	621	656
125	691	726	760	795	830	864	899	934	968	*003
126	,10 037	072	106	140	175	209	243	278	312	346
127	380	415	449	483	517	551	585	619	653	687
128	721	755	789	823	857	890	924	958	992	*025
129	,11 059	093	126	160	193	227	261	294	327	361
130	394	428	461	494	528	561	594	628	661	694
131	727	760	793	826	860	893	926	959	992	*024
132	,12 057	090	123	156	189	222	254	287	320	352
133	385	418	450	483	516	548	581	613	646	678
134	710	743	775	808	840	872	905	937	969	*001
135	,13 033	066	098	130	162	194	226	258	290	322
136	354	386	418	450	481	513	545	577	609	640
137	672	704	735	767	799	830	862	893	925	956
138	988	*019	*051	*082	*114	*145	*176	*208	*239	*270
139	,14 301	333	364	395	426	457	489	520	551	582
140	613	644	675	706	737	768	799	829	860	891
141	922	953	983	*014	*045	*076	*106	*137	*168	*198
142	,15 229	259	290	320	351	381	412	442	473	503
143	534	564	594	625	655	685	715	746	776	806
144	836	866	897	927	957	987	*017	*047	*077	*107
145	,16 137	167	197	227	256	286	316	346	376	406
146	435	465	495	524	554	584	613	643	673	702
147	732	761	791	820	850	879	909	938	967	997
148	,17 026	056	085	114	143	173	202	231	260	289
149	319	348	377	406	435	464	493	522	551	580
150	609	638	667	696	725	754	782	811	840	869
	0	1	2	3	4	5	6	7	8	9

P. P.

	44	43	42
1	4,4	4,3	4,2
2	8,8	8,6	8,4
3	13,2	12,9	12,6
4	17,6	17,2	16,8
5	22,0	21,5	21,0
6	26,4	25,8	25,2
7	30,8	30,1	29,4
8	35,2	34,4	33,6
9	39,6	38,7	37,8

	41	40	39
1	4,1	4,0	3,9
2	8,2	8,0	7,8
3	12,3	12,0	11,7
4	16,4	16,0	15,6
5	20,5	20,0	19,5
6	24,6	24,0	23,4
7	28,7	28,0	27,3
8	32,8	32,0	31,2
9	36,9	36,0	35,1

	38	37	36
1	3,8	3,7	3,6
2	7,6	7,4	7,2
3	11,4	11,1	10,8
4	15,2	14,8	14,4
5	19,0	18,5	18,0
6	22,8	22,2	21,6
7	26,6	25,9	25,2
8	30,4	29,6	28,8
9	34,2	33,3	32,4

	35	34	33
1	3,5	3,4	3,3
2	7,0	6,8	6,6
3	10,5	10,2	9,9
4	14,0	13,6	13,2
5	17,5	17,0	16,5
6	21,0	20,4	19,8
7	24,5	23,8	23,1
8	28,0	27,2	26,4
9	31,5	30,6	29,7

	32	31	30
1	3,2	3,1	3,0
2	6,4	6,2	6,0
3	9,6	9,3	9,0
4	12,8	12,4	12,0
5	16,0	15,5	15,0
6	19,2	18,6	18,0
7	22,4	21,7	21,0
8	25,6	24,8	24,0
9	28,8	27,9	27,0

N.	0	1	2	3	4	5	6	7	8	9
150	,17 609	638	667	696	725	754	782	811	840	869
151	898	926	955	984	*013	*041	*070	*099	*127	*156
152	,18 184	213	241	270	298	327	355	384	412	441
153	469	498	526	554	583	611	639	667	696	724
154	752	780	808	837	865	893	921	949	977	*005
155	,19 033	061	089	117	145	173	201	229	257	285
156	312	340	368	396	424	451	479	507	535	562
157	590	618	645	673	700	728	756	783	811	838
158	866	893	921	948	976	*003	*030	*058	*085	*112
159	,20 140	167	194	222	249	276	303	330	358	385
160	412	439	466	493	520	548	575	602	629	656
161	683	710	737	763	790	817	844	871	898	925
162	952	978	*005	*032	*059	*085	*112	*139	*165	*192
163	,21 219	245	272	299	325	352	378	405	431	458
164	484	511	537	564	590	617	643	669	696	722
165	748	775	801	827	854	880	906	932	958	985
166	,22 011	037	063	089	115	141	167	194	220	246
167	272	298	324	350	376	401	427	453	479	505
168	531	557	583	608	634	660	686	712	737	763
169	789	814	840	866	891	917	943	968	994	*019
170	,23 045	070	096	121	147	172	198	223	249	274
171	300	325	350	376	401	426	452	477	502	528
172	553	578	603	629	654	679	704	729	754	779
173	805	830	855	880	905	930	955	980	*005	*030
174	,24 055	080	105	130	155	180	204	229	254	279
175	304	329	353	378	403	428	452	477	502	527
176	551	576	601	625	650	674	699	724	748	773
177	797	822	846	871	895	920	944	969	993	*018
178	,25 042	066	091	115	139	164	188	212	237	261
179	285	310	334	358	382	406	431	455	479	503
180	527	551	575	600	624	648	672	696	720	744
181	768	792	816	840	864	888	912	935	959	983
182	,26 007	031	055	079	102	126	150	174	198	221
183	245	269	293	316	340	364	387	411	435	458
184	482	505	529	553	576	600	623	647	670	694
185	717	741	764	788	811	834	858	881	905	928
186	951	975	998	*021	*045	*068	*091	*114	*138	*161
187	,27 184	207	231	254	277	300	323	346	370	393
188	416	439	462	485	508	531	554	577	600	623
189	646	669	692	715	738	761	784	807	830	852
190	875	898	921	944	967	989	*012	*035	*058	*081
191	,28 103	126	149	171	194	217	240	262	285	307
192	330	353	375	398	421	443	466	488	511	533
193	556	578	601	623	646	668	691	713	735	758
194	780	803	825	847	870	892	914	937	959	981
195	,29 003	026	048	070	092	115	137	159	181	203
196	226	248	270	292	314	336	358	380	403	425
197	447	469	491	513	535	557	579	601	623	645
198	667	688	710	732	754	776	798	820	842	863
199	885	907	929	951	973	994	*016	*038	*060	*081
200	,30 103	125	146	168	190	211	233	255	276	298
	0	1	2	3	4	5	6	7	8	9

P. P.

	29	28
1	2,9	2,8
2	5,8	5,6
3	8,7	8,4
4	11,6	11,2
5	14,5	14,0
6	17,4	16,8
7	20,3	19,6
8	23,2	22,4
9	26,1	25,2

	27	26	25
1	2,7	2,6	2,5
2	5,4	5,2	5,0
3	8,1	7,8	7,5
4	10,8	10,4	10,0
5	13,5	13,0	12,5
6	16,2	15,6	15,0
7	18,9	18,2	17,5
8	21,6	20,8	20,0
9	24,3	23,4	22,5

	24	23
1	2,4	2,3
2	4,8	4,6
3	7,2	6,9
4	9,6	9,2
5	12,0	11,5
6	14,4	13,8
7	16,8	16,1
8	19,2	18,4
9	21,6	20,7

	22	21
1	2,2	2,1
2	4,4	4,2
3	6,6	6,3
4	8,8	8,4
5	11,0	10,5
6	13,2	12,6
7	15,4	14,7
8	17,6	16,8
9	19,8	18,9

N.	0	1	2	3	4	5	6	7	8	9	P. P.
200	,30 103	125	146	168	190	211	233	255	276	298	
201	320	341	363	384	406	428	449	471	492	514	
202	535	557	578	600	621	643	664	685	707	728	
203	750	771	792	814	835	856	878	899	920	942	
204	963	984	*006	*027	*048	*069	*091	*112	*133	*154	
205	,31 175	197	218	239	260	281	302	323	345	366	
206	387	408	429	450	471	492	513	534	555	576	
207	597	618	639	660	681	702	723	744	765	785	
208	806	827	848	869	890	911	931	952	973	994	
209	,32 015	035	056	077	098	118	139	160	181	201	
210	222	243	263	284	305	325	346	366	387	408	
211	428	449	469	490	510	531	552	572	593	613	
212	634	654	675	695	715	736	756	777	797	818	
213	838	858	879	899	919	940	960	980	*001	*021	
214	,33 041	062	082	102	122	143	163	183	203	224	
215	244	264	284	304	325	345	365	385	405	425	
216	445	465	486	506	526	546	566	586	606	626	
217	646	666	686	706	726	746	766	786	806	826	
218	846	866	885	905	925	945	965	985	*005	*025	
219	,34 044	064	084	104	124	143	163	183	203	223	
220	242	262	282	301	321	341	361	380	400	420	
221	439	459	479	498	518	537	557	577	596	616	
222	635	655	674	694	713	733	753	772	792	811	
223	830	850	869	889	908	928	947	967	986	*005	
224	,35 025	044	064	083	102	122	141	160	180	199	
225	218	238	257	276	295	315	334	353	372	392	
226	411	430	449	468	488	507	526	545	564	583	
227	603	622	641	660	679	698	717	736	755	774	
228	793	813	832	851	870	889	908	927	946	965	
229	984	*003	*021	*040	*059	*078	*097	*116	*135	*154	
230	,36 173	192	211	229	248	267	286	305	324	342	
231	361	380	399	418	436	455	474	493	511	530	
232	549	568	586	605	624	642	661	680	698	717	
233	736	754	773	791	810	829	847	866	884	903	
234	922	940	959	977	996	*014	*033	*051	*070	*088	
235	,37 107	125	144	162	181	199	218	236	254	273	
236	291	310	328	346	365	383	401	420	438	457	
237	475	493	511	530	548	566	585	603	621	639	
238	658	676	694	712	731	749	767	785	803	822	
239	840	858	876	894	912	931	949	967	985	*003	
240	,38 021	039	057	075	093	112	130	148	166	184	
241	202	220	238	256	274	292	310	328	346	364	
242	382	399	417	435	453	471	489	507	525	543	
243	561	578	596	614	632	650	668	686	703	721	
244	739	757	775	792	810	828	846	863	881	899	
245	917	934	952	970	987	*005	*023	*041	*058	*076	
246	,39 094	111	129	146	164	182	199	217	235	252	
247	270	287	305	322	340	358	375	393	410	428	
248	445	463	480	498	515	533	550	568	585	602	
249	620	637	655	672	690	707	724	742	759	777	
250	794	811	829	846	863	881	898	915	933	950	
	0	1	2	3	4	5	6	7	8	9	

P. P.

	22	21
1	2,2	2,1
2	4,4	4,2
3	6,6	6,3
4	8,8	8,4
5	11,0	10,5
6	13,2	12,6
7	15,4	14,7
8	17,6	16,8
9	19,8	18,9

	20	19
1	2,0	1,9
2	4,0	3,8
3	6,0	5,7
4	8,0	7,6
5	10,0	9,5
6	12,0	11,4
7	14,0	13,3
8	16,0	15,2
9	18,0	17,1

	18	17
1	1,8	1,7
2	3,6	3,4
3	5,4	5,1
4	7,2	6,8
5	9,0	8,5
6	10,8	10,2
7	12,6	11,9
8	14,4	13,6
9	16,2	15,3

9

N.	0	1	2	3	4	5	6	7	8	9	P. P.	
250	,39 794	811	829	846	863	881	898	915	933	950		
251	967	985	*002	*019	*037	*054	*071	*088	*106	*123		
252	,40 140	157	175	192	209	226	243	261	278	295		
253	312	329	346	364	381	398	415	432	449	466		
254	483	500	518	535	552	569	586	603	620	637		
255	654	671	688	705	722	739	756	773	790	807	18	17
256	824	841	858	875	892	909	926	943	960	976	1 1,8	1,7
257	993	*010	*027	*044	*061	*078	*095	*111	*128	*145	2 3,6	3,4
258	,41 162	179	196	212	229	246	263	280	296	313	3 5,4	5,1
259	330	347	363	380	397	414	430	447	464	481	4 7,2	6,8
											5 9,0	8,5
260	497	514	531	547	564	581	597	614	631	647	6 10,8	10,2
261	664	681	697	714	731	747	764	780	797	814	7 12,6	11,9
262	830	847	863	880	896	913	929	946	963	979	8 14,4	13,6
263	996	*012	*029	*045	*062	*078	*095	*111	*127	*144	9 16,2	15,3
264	,42 160	177	193	210	226	243	259	275	292	308		
265	325	341	357	374	390	406	423	439	455	472		
266	488	504	521	537	553	570	586	602	619	635		
267	651	667	684	700	716	732	749	765	781	797		
268	813	830	846	862	878	894	911	927	943	959		
269	975	991	*008	*024	*040	*056	*072	*088	*104	*120		
270	,43 136	152	169	185	201	217	233	249	265	281	16	15
271	297	313	329	345	361	377	393	409	425	441	1 1,6	1,5
272	457	473	489	505	521	537	553	569	584	600	2 3,2	3,0
273	616	632	648	664	680	696	712	727	743	759	3 4,8	4,5
274	775	791	807	823	838	854	870	886	902	917	4 6,4	6,0
											5 8,0	7,5
275	933	949	965	981	996	*012	*028	*044	*059	*075	6 9,6	9,0
276	,44 091	107	122	138	154	170	185	201	217	232	7 11,2	10,5
277	248	264	279	295	311	326	342	358	373	389	8 12,8	12,0
278	404	420	436	451	467	483	498	514	529	545	9 14,4	13,5
279	560	576	592	607	623	638	654	669	685	700		
280	716	731	747	762	778	793	809	824	840	855		
281	871	886	902	917	932	948	963	979	994	*010		
282	,45 025	040	056	071	086	102	117	133	148	163		
283	179	194	209	225	240	255	271	286	301	317		
284	332	347	362	378	393	408	423	439	454	469		
285	484	500	515	530	545	561	576	591	606	621	14	
286	637	652	667	682	697	712	728	743	758	773	1 1,4	
287	788	803	818	834	849	864	879	894	909	924	2 2,8	
288	939	954	969	984	*000	*015	*030	*045	*060	*075	3 4,2	
289	,46 090	105	120	135	150	165	180	195	210	225	4 5,6	
											5 7,0	
290	240	255	270	285	300	315	330	345	359	374	6 8,4	
291	389	404	419	434	449	464	479	494	509	523	7 9,8	
292	538	553	568	583	598	613	627	642	657	672	8 11,2	
293	687	702	716	731	746	761	776	790	805	820	9 12,6	
294	835	850	864	879	894	909	923	938	953	967		
295	982	997	*012	*026	*041	*056	*070	*085	*100	*114		
296	,47 129	144	159	173	188	202	217	232	246	261		
297	276	290	305	319	334	349	363	378	392	407		
298	422	436	451	465	480	494	509	524	538	553		
299	567	582	596	611	625	640	654	669	683	698		
300	712	727	741	756	770	784	799	813	828	842		
	0	1	2	3	4	5	6	7	8	9		

N.	0	1	2	3	4	5	6	7	8	9	P. P.	
300	,47 712	727	741	756	770	784	799	813	828	842		
301	857	871	885	900	914	929	943	958	972	986		
302	,48 001	015	029	044	058	073	087	101	116	130	**15**	
303	144	159	173	187	202	216	230	244	259	273	1	1,5
304	287	302	316	330	344	359	373	387	401	416	2	3,0
305	430	444	458	473	487	501	515	530	544	558	3	4,5
306	572	586	601	615	629	643	657	671	686	700	4	6,0
307	714	728	742	756	770	785	799	813	827	841	5	7,5
308	855	869	883	897	911	926	940	954	968	982	6	9,0
309	996	*010	*024	*038	*052	*066	*080	*094	*108	*122	7	10,5
											8	12,0
310	,49 136	150	164	178	192	206	220	234	248	262	9	13,5
311	276	290	304	318	332	346	360	374	388	402		
312	415	429	443	457	471	485	499	513	527	541		
313	554	568	582	596	610	624	638	651	665	679		
314	693	707	721	734	748	762	776	790	803	817		
315	831	845	859	872	886	900	914	927	941	955	**14**	
316	969	982	996	*010	*024	*037	*051	*065	*079	*092	1	1,4
317	,50 106	120	133	147	161	174	188	202	215	229	2	2,8
318	243	256	270	284	297	311	325	338	352	365	3	4,2
319	379	393	406	420	433	447	461	474	488	501	4	5,6
											5	7,0
320	515	529	542	556	569	583	596	610	623	637	6	8,4
321	651	664	678	691	705	718	732	745	759	772	7	9,8
322	786	799	813	826	840	853	866	880	893	907	8	11,2
323	920	934	947	961	974	987	*001	*014	*028	*041	9	12,6
324	,51 055	068	081	095	108	121	135	148	162	175		
325	188	202	215	228	242	255	268	282	295	308		
326	322	335	348	362	375	388	402	415	428	441	**13**	
327	455	468	481	495	508	521	534	548	561	574	1	1,3
328	587	601	614	627	640	654	667	680	693	706	2	2,6
329	720	733	746	759	772	786	799	812	825	838	3	3,9
											4	5,2
330	851	865	878	891	904	917	930	943	957	970	5	6,5
331	983	996	*009	*022	*035	*048	*061	*075	*088	*101	6	7,8
332	,52 114	127	140	153	166	179	192	205	218	231	7	9,1
333	244	257	270	284	297	310	323	336	349	362	8	10,4
334	375	388	401	414	427	440	453	466	479	492	9	11,7
335	504	517	530	543	556	569	582	595	608	621		
336	634	647	660	673	686	699	711	724	737	750		
337	763	776	789	802	815	827	840	853	866	879		
338	892	905	917	930	943	956	969	982	994	*007		
339	,53 020	033	046	058	071	084	097	110	122	135	**12**	
340	148	161	173	186	199	212	224	237	250	263	1	1,2
341	275	288	301	314	326	339	352	364	377	390	2	2,4
342	403	415	428	441	453	466	479	491	504	517	3	3,6
343	529	542	555	567	580	593	605	618	631	643	4	4,8
344	656	668	681	694	706	719	732	744	757	769	5	6,0
											6	7,2
345	782	794	807	820	832	845	857	870	882	895	7	8,4
346	908	920	933	945	958	970	983	995	*008	*020	8	9,6
347	,54 033	045	058	070	083	095	108	120	133	145	9	10,8
348	158	170	183	195	208	220	233	245	258	270		
349	283	295	307	320	332	345	357	370	382	394		
350	407	419	432	444	456	469	481	494	506	518		
	0	1	2	3	4	5	6	7	8	9		

N.	0	1	2	3	4	5	6	7	8	9	P. P.
350	,54 407	419	432	444	456	469	481	494	506	518	
351	531	543	555	568	580	593	605	617	630	642	
352	654	667	679	691	704	716	728	741	753	765	**13**
353	777	790	802	814	827	839	851	864	876	888	1 1,3
354	900	913	925	937	949	962	974	986	998	*011	2 2,6
355	,55 023	035	047	060	072	084	096	108	121	133	3 3,9
356	145	157	169	182	194	206	218	230	242	255	4 5,2
357	267	279	291	303	315	328	340	352	364	376	5 6,5
358	388	400	413	425	437	449	461	473	485	497	6 7,8
359	509	522	534	546	558	570	582	594	606	618	7 9,1
360	630	642	654	666	678	691	703	715	727	739	8 10,4
361	751	763	775	787	799	811	823	835	847	859	9 11,7
362	871	883	895	907	919	931	943	955	967	979	
363	991	*003	*015	*027	*038	*050	*062	*074	*086	*098	
364	,56 110	122	134	146	158	170	182	194	205	217	
365	229	241	253	265	277	289	301	312	324	336	**12**
366	348	360	372	384	396	407	419	431	443	455	1 1,2
367	467	478	490	502	514	526	538	549	561	573	2 2,4
368	585	597	608	620	632	644	656	667	679	691	3 3,6
369	703	714	726	738	750	761	773	785	797	808	4 4,8
370	820	832	844	855	867	879	891	902	914	926	5 6,0
371	937	949	961	972	984	996	*008	*019	*031	*043	6 7,2
372	,57 054	066	078	089	101	113	124	136	148	159	7 8,4
373	171	183	194	206	217	229	241	252	264	276	8 9,6
374	287	299	310	322	334	345	357	368	380	392	9 10,8
375	403	415	426	438	449	461	473	484	496	507	
376	519	530	542	553	565	576	588	600	611	623	
377	634	646	657	669	680	692	703	715	726	738	**11**
378	749	761	772	784	795	807	818	830	841	852	1 1,1
379	864	875	887	898	910	921	933	944	955	967	2 2,2
380	978	990	*001	*013	*024	*035	*047	*058	*070	*081	3 3,3
381	,58 092	104	115	127	138	149	161	172	184	195	4 4,4
382	206	218	229	240	252	263	274	286	297	309	5 5,5
383	320	331	343	354	365	377	388	399	410	422	6 6,6
384	433	444	456	467	478	490	501	512	524	535	7 7,7
385	546	557	569	580	591	602	614	625	636	647	8 8,8
386	659	670	681	692	704	715	726	737	749	760	9 9,9
387	771	782	794	805	816	827	838	850	861	872	
388	883	894	906	917	928	939	950	961	973	984	
389	995	*006	*017	*028	*040	*051	*062	*073	*084	*095	**10**
390	,59 106	118	129	140	151	162	173	184	195	207	1 1,0
391	218	229	240	251	262	273	284	295	306	318	2 2,0
392	329	340	351	362	373	384	395	406	417	428	3 3,0
393	439	450	461	472	483	494	506	517	528	539	4 4,0
394	550	561	572	583	594	605	616	627	638	649	5 5,0
395	660	671	682	693	704	715	726	737	748	759	6 6,0
396	770	780	791	802	813	824	835	846	857	868	7 7,0
397	879	890	901	912	923	934	945	956	966	977	8 8,0
398	988	999	*010	*021	*032	*043	*054	*065	*076	*086	9 9,0
399	,60 097	108	119	130	141	152	163	173	184	195	
400	206	217	228	239	249	260	271	282	293	304	
	0	1	2	3	4	5	6	7	8	9	

N.	0	1	2	3	4	5	6	7	8	9		P. P.
400	,60 206	217	228	239	249	260	271	282	293	304		
401	314	325	336	347	358	369	379	390	401	412		
402	423	433	444	455	466	477	487	498	509	520		
403	531	541	552	563	574	584	595	606	617	627		
404	638	649	660	670	681	692	703	713	724	735		
405	746	756	767	778	788	799	810	821	831	842		**11**
406	853	863	874	885	895	906	917	927	938	949		1 1,1
407	959	970	981	991	*002	*013	*023	*034	*045	*055		2 2,2
408	,61 066	077	087	098	109	119	130	140	151	162		3 3,3
409	172	183	194	204	215	225	236	247	257	268		4 4,4
410	278	289	300	310	321	331	342	352	363	374		5 5,5 6 6,6
411	384	395	405	416	426	437	448	458	469	479		7 7,7
412	490	500	511	521	532	542	553	563	574	584		8 8,8
413	595	606	616	627	637	648	658	669	679	690		9 9,9
414	700	711	721	731	742	752	763	773	784	794		
415	805	815	826	836	847	857	868	878	888	899		
416	909	920	930	941	951	962	972	982	993	*003		
417	,62 014	024	034	045	055	066	076	086	097	107		
418	118	128	138	149	159	170	180	190	201	211		
419	221	232	242	252	263	273	284	294	304	315		
420	325	335	346	356	366	377	387	397	408	418		**10**
421	428	439	449	459	469	480	490	500	511	521		1 1,0
422	531	542	552	562	572	583	593	603	613	624		2 2,0
423	634	644	655	665	675	685	696	706	716	726		3 3,0
424	737	747	757	767	778	788	798	808	818	829		4 4,0
425	839	849	859	870	880	890	900	910	921	931		5 5,0 6 6,0
426	941	951	961	972	982	992	*002	*012	*022	*033		7 7,0
427	,63 043	053	063	073	083	094	104	114	124	134		8 8,0
428	144	155	165	175	185	195	205	215	225	236		9 9,0
429	246	256	266	276	286	296	306	317	327	337		
430	347	357	367	377	387	397	407	417	428	438		
431	448	458	468	478	488	498	508	518	528	538		
432	548	558	568	579	589	599	609	619	629	639		
433	649	659	669	679	689	699	709	719	729	739		
434	749	759	769	779	789	799	809	819	829	839		
435	849	859	869	879	889	899	909	919	929	939		**9**
436	949	959	969	979	988	998	*008	*018	*028	*038		1 0,9
437	,64 048	058	068	078	088	098	108	118	128	137		2 1,8
438	147	157	167	177	187	197	207	217	227	237		3 2,7
439	246	256	266	276	286	296	306	316	326	335		4 3,6
440	345	355	365	375	385	395	404	414	424	434		5 4,5
441	444	454	464	473	483	493	503	513	523	532		6 5,4
442	542	552	562	572	582	591	601	611	621	631		7 6,3
443	640	650	660	670	680	689	699	709	719	729		8 7,2
444	738	748	758	768	777	787	797	807	816	826		9 8,1
445	836	846	856	865	875	885	895	904	914	924		
446	933	943	953	963	972	982	992	*002	*011	*021		
447	65 031	040	050	060	070	079	089	099	108	118		
448	128	137	147	157	167	176	186	196	205	215		
449	225	234	244	254	263	273	283	292	302	312		
450	321	331	341	350	360	369	379	389	398	408		
	0	1	2	3	4	5	6	7	8	9		

N.	0	1	2	3	4	5	6	7	8	9	P. P.		
450	,65 321	331	341	350	360	369	379	389	398	408			
451	418	427	437	447	456	466	475	485	495	504			
452	514	523	533	543	552	562	571	581	591	600			
453	610	619	629	639	648	658	667	677	686	696			
454	706	715	725	734	744	753	763	772	782	792			
455	801	811	820	830	839	849	858	868	877	887			**10**
456	896	906	916	925	935	944	954	963	973	982	1	1,0	
457	992	*001	*011	*020	*030	*039	*049	*058	*068	*077	2	2,0	
458	,66 087	096	106	115	124	134	143	153	162	172	3	3,0	
459	181	191	200	210	219	229	238	247	257	266	4	4,0	
460	276	285	295	304	314	323	332	342	351	361	5	5,0	
461	370	380	389	398	408	417	427	436	445	455	6	6,0	
462	464	474	483	492	502	511	521	530	539	549	7	7,0	
463	558	567	577	586	596	605	614	624	633	642	8	8,0	
464	652	661	671	680	689	699	708	717	727	736	9	9,0	
465	745	755	764	773	783	792	801	811	820	829			
466	839	848	857	867	876	885	894	904	913	922			
467	932	941	950	960	969	978	987	997	*006	*015			
468	,67 025	034	043	052	062	071	080	089	099	108			
469	117	127	136	145	154	164	173	182	191	201			
470	210	219	228	237	247	256	265	274	284	293			
471	302	311	321	330	339	348	357	367	376	385			**9**
472	394	403	413	422	431	440	449	459	468	477	1	0,9	
473	486	495	504	514	523	532	541	550	560	569	2	1,8	
474	578	587	596	605	614	624	633	642	651	660	3	2,7	
475	669	679	688	697	706	715	724	733	742	752	4	3,6	
476	761	770	779	788	797	806	815	825	834	843	5	4,5	
477	852	861	870	879	888	897	906	916	925	934	6	5,4	
478	943	952	961	970	979	988	997	*006	*015	*024	7	6,3	
479	,68 034	043	052	061	070	079	088	097	106	115	8	7,2	
480	124	133	142	151	160	169	178	187	196	205	9	8,1	
481	215	224	233	242	251	260	269	278	287	296			
482	305	314	323	332	341	350	359	368	377	386			
483	395	404	413	422	431	440	449	458	467	476			
484	485	494	502	511	520	529	538	547	556	565			
485	574	583	592	601	610	619	628	637	646	655			
486	664	673	681	690	699	708	717	726	735	744			**8**
487	753	762	771	780	789	797	806	815	824	833	1	0,8	
488	842	851	860	869	878	886	895	904	913	922	2	1,6	
489	931	940	949	958	966	975	984	993	*002	*011	3	2,4	
490	,69 020	028	037	046	055	064	073	082	090	099	4	3,2	
491	108	117	126	135	144	152	161	170	179	188	5	4,0	
492	197	205	214	223	232	241	249	258	267	276	6	4,8	
493	285	294	302	311	320	329	338	346	355	364	7	5,6	
494	373	381	390	399	408	417	425	434	443	452	8	6,4	
495	461	469	478	487	496	504	513	522	531	539	9	7,2	
496	548	557	566	574	583	592	601	609	618	627			
497	636	644	653	662	671	679	688	697	705	714			
498	723	732	740	749	758	767	775	784	793	801			
499	810	819	827	836	845	854	862	871	880	888			
500	897	906	914	923	932	940	949	958	966	975			
	0	1	2	3	4	5	6	7	8	9			

N.	0	1	2	3	4	5	6	7	8	9
500	,69 897	906	914	923	932	940	949	958	966	975
501	984	992	*001	*010	*018	*027	*036	*044	*053	*062
502	,70 070	079	088	096	105	114	122	131	140	148
503	157	165	174	183	191	200	209	217	226	234
504	243	252	260	269	278	286	295	303	312	321
505	329	338	346	355	364	372	381	389	398	406
506	415	424	432	441	449	458	467	475	484	492
507	501	509	518	526	535	544	552	561	569	578
508	586	595	603	612	621	629	638	646	655	663
509	672	680	689	697	706	714	723	731	740	749
510	757	766	774	783	791	800	808	817	825	834
511	842	851	859	868	876	885	893	902	910	919
512	927	935	944	952	961	969	978	986	995	*003
513	,71 012	020	029	037	046	054	063	071	079	088
514	096	105	113	122	130	139	147	155	164	172
515	181	189	198	206	214	223	231	240	248	257
516	265	273	282	290	299	307	315	324	332	341
517	349	357	366	374	383	391	399	408	416	425
518	433	441	450	458	466	475	483	492	500	508
519	517	525	533	542	550	559	567	575	584	592
520	600	609	617	625	634	642	650	659	667	675
521	684	692	700	709	717	725	734	742	750	759
522	767	775	784	792	800	809	817	825	834	842
523	850	858	867	875	883	892	900	908	917	925
524	933	941	950	958	966	975	983	991	999	*008
525	,72 016	024	032	041	049	057	066	074	082	090
526	099	107	115	123	132	140	148	156	165	173
527	181	189	198	206	214	222	230	239	247	255
528	263	272	280	288	296	304	313	321	329	337
529	346	354	362	370	378	387	395	403	411	419
530	428	436	444	452	460	469	477	485	493	501
531	509	518	526	534	542	550	558	567	575	583
532	591	599	607	616	624	632	640	648	656	665
533	673	681	689	697	705	713	722	730	738	746
534	754	762	770	779	787	795	803	811	819	827
535	835	843	852	860	868	876	884	892	900	908
536	916	925	933	941	949	957	965	973	981	989
537	997	*006	*014	*022	*030	*038	*046	*054	*062	*070
538	,73 078	086	094	102	111	119	127	135	143	151
539	159	167	175	183	191	199	207	215	223	231
540	239	247	255	263	272	280	288	296	304	312
541	320	328	336	344	352	360	368	376	384	392
542	400	408	416	424	432	440	448	456	464	472
543	480	488	496	504	512	520	528	536	544	552
544	560	568	576	584	592	600	608	616	624	632
545	640	648	656	664	672	679	687	695	703	711
546	719	727	735	743	751	759	767	775	783	791
547	799	807	815	823	830	838	846	854	862	870
548	878	886	894	902	910	918	926	933	941	949
549	957	965	973	981	989	997	*005	*013	*020	*028
550	,74 036	044	052	060	068	076	084	092	099	107
	0	1	2	3	4	5	6	7	8	9

P. P.

9
1	0,9
2	1,8
3	2,7
4	3,6
5	4,5
6	5,4
7	6,3
8	7,2
9	8,1

8
1	0,8
2	1,6
3	2,4
4	3,2
5	4,0
6	4,8
7	5,6
8	6,4
9	7,2

7
1	0,7
2	1,4
3	2,1
4	2,8
5	3,5
6	4,2
7	4,9
8	5,6
9	6,3

N.	0	1	2	3	4	5	6	7	8	9
550	,74 036	044	052	060	068	076	084	092	099	107
551	115	123	131	139	147	155	162	170	178	186
552	194	202	210	218	225	233	241	249	257	265
553	273	280	288	296	304	312	320	327	335	343
554	351	359	367	374	382	390	398	406	414	421
555	429	437	445	453	461	468	476	484	492	500
556	507	515	523	531	539	547	554	562	570	578
557	586	593	601	609	617	624	632	640	648	656
558	663	671	679	687	695	702	710	718	726	733
559	741	749	757	764	772	780	788	796	803	811
560	819	827	834	842	850	858	865	873	881	889
561	896	904	912	920	927	935	943	950	958	966
562	974	981	989	997	*005	*012	*020	*028	*035	*043
563	,75 051	059	066	074	082	089	097	105	113	120
564	128	136	143	151	159	166	174	182	189	197
565	205	213	220	228	236	243	251	259	266	274
566	282	289	297	305	312	320	328	335	343	351
567	358	366	374	381	389	397	404	412	420	427
568	435	442	450	458	465	473	481	488	496	504
569	511	519	526	534	542	549	557	565	572	580
570	587	595	603	610	618	626	633	641	648	656
571	664	671	679	686	694	702	709	717	724	732
572	740	747	755	762	770	778	785	793	800	808
573	815	823	831	838	846	853	861	868	876	884
574	891	899	906	914	921	929	937	944	952	959
575	967	974	982	989	997	*005	*012	*020	*027	*035
576	,76 042	050	057	065	072	080	087	095	103	110
577	118	125	133	140	148	155	163	170	178	185
578	193	200	208	215	223	230	238	245	253	260
579	268	275	283	290	298	305	313	320	328	335
580	343	350	358	365	373	380	388	395	403	410
581	418	425	433	440	448	455	462	470	477	485
582	492	500	507	515	522	530	537	545	552	559
583	567	574	582	589	597	604	612	619	626	634
584	641	649	656	664	671	678	686	693	701	708
585	716	723	730	738	745	753	760	768	775	782
586	790	797	805	812	819	827	834	842	849	856
587	864	871	879	886	893	901	908	916	923	930
588	938	945	953	960	967	975	982	989	997	*004
589	,77 012	019	026	034	041	048	056	063	070	078
590	085	093	100	107	115	122	129	137	144	151
591	159	166	173	181	188	195	203	210	217	225
592	232	240	247	254	262	269	276	283	291	298
593	305	313	320	327	335	342	349	357	364	371
594	379	386	393	401	408	415	422	430	437	444
595	452	459	466	474	481	488	495	503	510	517
596	525	532	539	546	554	561	568	576	583	590
597	597	605	612	619	627	634	641	648	656	663
598	670	677	685	692	699	706	714	721	728	735
599	743	750	757	764	772	779	786	793	801	808
600	815	822	830	837	844	851	859	866	873	880
	0	1	2	3	4	5	6	7	8	9

P. P.

8
1 0,8
2 1,6
3 2,4
4 3,2
5 4,0
6 4,8
7 5,6
8 6,4
9 7,2

7
1 0,7
2 1,4
3 2,1
4 2,8
5 3,5
6 4,2
7 4,9
8 5,6
9 6,3

N.	0	1	2	3	4	5	6	7	8	9	P. P.	
600	,77 815	822	830	837	844	851	859	866	873	880		
601	887	895	902	909	916	924	931	938	945	952		
602	960	967	974	981	988	996	*003	*010	*017	*025		
603	,78 032	039	046	053	061	068	075	082	089	097		
604	104	111	118	125	132	140	147	154	161	168		
605	176	183	190	197	204	211	219	226	233	240		**8**
606	247	254	262	269	276	283	290	297	305	312	1	0,8
607	319	326	333	340	347	355	362	369	376	383	2	1,6
608	390	398	405	412	419	426	433	440	447	455	3	2,4
609	462	469	476	483	490	497	504	512	519	526	4	3,2
610	533	540	547	554	561	569	576	583	590	597	5	4,0
611	604	611	618	625	633	640	647	654	661	668	6	4,8
612	675	682	689	696	704	711	718	725	732	739	7	5,6
613	746	753	760	767	774	781	789	796	803	810	8	6,4
614	817	824	831	838	845	852	859	866	873	880	9	7,2
615	888	895	902	909	916	923	930	937	944	951		
616	958	965	972	979	986	993	*000	*007	*014	*021		
617	,79 029	036	043	050	057	064	071	078	085	092		
618	099	106	113	120	127	134	141	148	155	162		
619	169	176	183	190	197	204	211	218	225	232		
620	239	246	253	260	267	274	281	288	295	302		**7**
621	309	316	323	330	337	344	351	358	365	372	1	0,7
622	379	386	393	400	407	414	421	428	435	442	2	1,4
623	449	456	463	470	477	484	491	498	505	511	3	2,1
624	518	525	532	539	546	553	560	567	574	581	4	2,8
625	588	595	602	609	616	623	630	637	644	650	5	3,5
626	657	664	671	678	685	692	699	706	713	720	6	4,2
627	727	734	741	748	754	761	768	775	782	789	7	4,9
628	796	803	810	817	824	831	837	844	851	858	8	5,6
629	865	872	879	886	893	900	906	913	920	927	9	6,3
630	934	941	948	955	962	969	975	982	989	996		
631	,80 003	010	017	024	030	037	044	051	058	065		
632	072	079	085	092	099	106	113	120	127	134		
633	140	147	154	161	168	175	182	188	195	202		
634	209	216	223	229	236	243	250	257	264	271		
635	277	284	291	298	305	312	318	325	332	339		**6**
636	346	353	359	366	373	380	387	393	400	407	1	0,6
637	414	421	428	434	441	448	455	462	468	475	2	1,2
638	482	489	496	502	509	516	523	530	536	543	3	1,8
639	550	557	564	570	577	584	591	598	604	611	4	2,4
640	618	625	632	638	645	652	659	665	672	679	5	3,0
641	686	693	699	706	713	720	726	733	740	747	6	3,6
642	754	760	767	774	781	787	794	801	808	814	7	4,2
643	821	828	835	841	848	855	862	868	875	882	8	4,8
644	889	895	902	909	916	922	929	936	943	949	9	5,4
645	956	963	969	976	983	990	996	*003	*010	*017		
646	,81 023	030	037	043	050	057	064	070	077	084		
647	090	097	104	111	117	124	131	137	144	151		
648	158	164	171	178	184	191	198	204	211	218		
649	224	231	238	245	251	258	265	271	278	285		
650	291	298	305	311	318	325	331	338	345	351		
	0	1	2	3	4	5	6	7	8	9		

N.	0	1	2	3	4	5	6	7	8	9	P. P.
650	,81 291	298	305	311	318	325	331	338	345	351	
651	358	365	371	378	385	391	398	405	411	418	
652	425	431	438	445	451	458	465	471	478	485	
653	491	498	505	511	518	525	531	538	544	551	
654	558	564	571	578	584	591	598	604	611	617	
655	624	631	637	644	651	657	664	671	677	684	
656	690	697	704	710	717	723	730	737	743	750	
657	757	763	770	776	783	790	796	803	809	816	
658	823	829	836	842	849	856	862	869	875	882	
659	889	895	902	908	915	921	928	935	941	948	
660	954	961	968	974	981	987	994	*000	*007	*014	
661	,82 020	027	033	040	046	053	060	066	073	079	7
662	086	092	099	105	112	119	125	132	138	145	1 0,7
663	151	158	164	171	178	184	191	197	204	210	2 1,4
664	217	223	230	236	243	249	256	263	269	276	3 2,1
665	282	289	295	302	308	315	321	328	334	341	4 2,8
666	347	354	360	367	373	380	387	393	400	406	5 3,5
667	413	419	426	432	439	445	452	458	465	471	6 4,2
668	478	484	491	497	504	510	517	523	530	536	7 4,9
669	543	549	556	562	569	575	582	588	595	601	8 5,6
670	607	614	620	627	633	640	646	653	659	666	9 6,3
671	672	679	685	692	698	705	711	718	724	730	
672	737	743	750	756	763	769	776	782	789	795	
673	802	808	814	821	827	834	840	847	853	860	
674	866	872	879	885	892	898	905	911	918	924	
675	930	937	943	950	956	963	969	975	982	988	
676	995	*001	*008	*014	*020	*027	*033	*040	*046	*052	
677	,83 059	065	072	078	085	091	097	104	110	117	
678	123	129	136	142	149	155	161	168	174	181	
679	187	193	200	206	213	219	225	232	238	245	
680	251	257	264	270	276	283	289	296	302	308	
681	315	321	327	334	340	347	353	359	366	372	6
682	378	385	391	398	404	410	417	423	429	436	1 0,6
683	442	448	455	461	467	474	480	487	493	499	2 1,2
684	506	512	518	525	531	537	544	550	556	563	3 1,8
685	569	575	582	588	594	601	607	613	620	626	4 2,4 / 5 3,0
686	632	639	645	651	658	664	670	677	683	689	6 3,6
687	696	702	708	715	721	727	734	740	746	753	7 4,2
688	759	765	771	778	784	790	797	803	809	816	8 4,8
689	822	828	835	841	847	853	860	866	872	879	9 5,4
690	885	891	897	904	910	916	923	929	935	942	
691	948	954	960	967	973	979	985	992	998	*004	
692	,84 011	017	023	029	036	042	048	055	061	067	
693	073	080	086	092	098	105	111	117	123	130	
694	136	142	148	155	161	167	173	180	186	192	
695	198	205	211	217	223	230	236	242	248	255	
696	261	267	273	280	286	292	298	305	311	317	
697	323	330	336	342	348	354	361	367	373	379	
698	386	392	398	404	410	417	423	429	435	442	
699	448	454	460	466	473	479	485	491	497	504	
700	510	516	522	528	535	541	547	553	559	566	
	0	1	2	3	4	5	6	7	8	9	

N.	0	1	2	3	4	5	6	7	8	9	P. P.
700	,84 510	516	522	528	535	541	547	553	559	566	
701	572	578	584	590	597	603	609	615	621	628	
702	634	640	646	652	658	665	671	677	683	689	
703	696	702	708	714	720	726	733	739	745	751	
704	757	763	770	776	782	788	794	800	807	813	
705	819	825	831	837	844	850	856	862	868	874	**7**
706	880	887	893	899	905	911	917	924	930	936	1 0,7
707	942	948	954	960	967	973	979	985	991	997	2 1,4
708	,85 003	009	016	022	028	034	040	046	052	058	3 2,1
709	065	071	077	083	089	095	101	107	114	120	4 2,8
710	126	132	138	144	150	156	163	169	175	181	5 3,5 / 6 4,2
711	187	193	199	205	211	217	224	230	236	242	7 4,9
712	248	254	260	266	272	278	285	291	297	303	8 5,6
713	309	315	321	327	333	339	345	352	358	364	9 6,3
714	370	376	382	388	394	400	406	412	418	425	
715	431	437	443	449	455	461	467	473	479	485	
716	491	497	503	509	516	522	528	534	540	546	
717	552	558	564	570	576	582	588	594	600	606	
718	612	618	625	631	637	643	649	655	661	667	
719	673	679	685	691	697	703	709	715	721	727	
720	733	739	745	751	757	763	769	775	781	788	
721	794	800	806	812	818	824	830	836	842	848	**6**
722	854	860	866	872	878	884	890	896	902	908	1 0,6
723	914	920	926	932	938	944	950	956	962	968	2 1,2
724	974	980	986	992	998	*004	*010	*016	*022	*028	3 1,8
725	,86 034	040	046	052	058	064	070	076	082	088	4 2,4 / 5 3,0
726	094	100	106	112	118	124	130	136	141	147	6 3,6
727	153	159	165	171	177	183	189	195	201	207	7 4,2
728	213	219	225	231	237	243	249	255	261	267	8 4,8
729	273	279	285	291	297	303	308	314	320	326	9 5,4
730	332	338	344	350	356	362	368	374	380	386	
731	392	398	404	410	415	421	427	433	439	445	
732	451	457	463	469	475	481	487	493	499	504	
733	510	516	522	528	534	540	546	552	558	564	
734	570	576	581	587	593	599	605	611	617	623	
735	629	635	641	646	652	658	664	670	676	682	
736	688	694	700	705	711	717	723	729	735	741	**5**
737	747	753	759	764	770	776	782	788	794	800	1 0,5
738	806	812	817	823	829	835	841	847	853	859	2 1,0
739	864	870	876	882	888	894	900	906	911	917	3 1,5
740	923	929	935	941	947	953	958	964	970	976	4 2,0 / 5 2,5
741	982	988	994	999	*005	*011	*017	*023	*029	*035	6 3,0
742	,87 040	046	052	058	064	070	075	081	087	093	7 3,5
743	099	105	111	116	122	128	134	140	146	151	8 4,0
744	157	163	169	175	181	186	192	198	204	210	9 4,5
745	216	221	227	233	239	245	251	256	262	268	
746	274	280	286	291	297	303	309	315	320	326	
747	332	338	344	349	355	361	367	373	379	384	
748	390	396	402	408	413	419	425	431	437	442	
749	448	454	460	466	471	477	483	489	495	500	
750	506	512	518	523	529	535	541	547	552	558	
	0	1	2	3	4	5	6	7	8	9	

N.	0	1	2	3	4	5	6	7	8	9	P. P.
750	,87 506	512	518	523	529	535	541	547	552	558	
751	564	570	576	581	587	593	599	604	610	616	
752	622	628	633	639	645	651	656	662	668	674	
753	679	685	691	697	703	708	714	720	726	731	
754	737	743	749	754	760	766	772	777	783	789	
755	795	800	806	812	818	823	829	835	841	846	
756	852	858	864	869	875	881	887	892	898	904	
757	910	915	921	927	933	938	944	950	955	961	
758	967	973	978	984	990	996	*001	*007	*013	*018	
759	,88 024	030	036	041	047	053	058	064	070	076	
760	081	087	093	098	104	110	116	121	127	133	
761	138	144	150	156	161	167	173	178	184	190	
762	195	201	207	213	218	224	230	235	241	247	**6**
763	252	258	264	270	275	281	287	292	298	304	1 0,6 / 2 1,2
764	309	315	321	326	332	338	343	349	355	360	3 1,8
765	366	372	377	383	389	395	400	406	412	417	4 2,4 / 5 3,0
766	423	429	434	440	446	451	457	463	468	474	6 3,6
767	480	485	491	497	502	508	513	519	525	530	7 4,2
768	536	542	547	553	559	564	570	576	581	587	8 4,8
769	593	598	604	610	615	621	627	632	638	643	9 5,4
770	649	655	660	666	672	677	683	689	694	700	
771	705	711	717	722	728	734	739	745	750	756	
772	762	767	773	779	784	790	795	801	807	812	
773	818	824	829	835	840	846	852	857	863	868	
774	874	880	885	891	897	902	908	913	919	925	
775	930	936	941	947	953	958	964	969	975	981	
776	986	992	997	*003	*009	*014	*020	*025	*031	*037	
777	,89 042	048	053	059	064	070	076	081	087	092	
778	098	104	109	115	120	126	131	137	143	148	
779	154	159	165	170	176	182	187	193	198	204	
780	209	215	221	226	232	237	243	248	254	260	
781	265	271	276	282	287	293	298	304	310	315	
782	321	326	332	337	343	348	354	360	365	371	**5**
783	376	382	387	393	398	404	409	415	421	426	1 0,5 / 2 1,0
784	432	437	443	448	454	459	465	470	476	481	3 1,5
785	487	492	498	504	509	515	520	526	531	537	4 2,0 / 5 2,5
786	542	548	553	559	564	570	575	581	586	592	6 3,0
787	597	603	609	614	620	625	631	636	642	647	7 3,5
788	653	658	664	669	675	680	686	691	697	702	8 4,0
789	708	713	719	724	730	735	741	746	752	757	9 4,5
790	763	768	774	779	785	790	796	801	807	812	
791	818	823	829	834	840	845	851	856	862	867	
792	873	878	883	889	894	900	905	911	916	922	
793	927	933	938	944	949	955	960	966	971	977	
794	982	988	993	998	*004	*009	*015	*020	*026	*031	
795	,90 037	042	048	053	059	064	069	075	080	086	
796	091	097	102	108	113	119	124	129	135	140	
797	146	151	157	162	168	173	179	184	189	195	
798	200	206	211	217	222	227	233	238	244	249	
799	255	260	266	271	276	282	287	293	298	304	
800	309	314	320	325	331	336	342	347	352	358	
	0	1	2	3	4	5	6	7	8	9	

N.	0	1	2	3	4	5	6	7	8	9	P. P.
800	,90 309	314	320	325	331	336	342	347	352	358	
801	363	369	374	380	385	390	396	401	407	412	
802	417	423	428	434	439	445	450	455	461	466	
803	472	477	482	488	493	499	504	509	515	520	
804	526	531	536	542	547	553	558	563	569	574	
805	580	585	590	596	601	607	612	617	623	628	
806	634	639	644	650	655	660	666	671	677	682	
807	687	693	698	703	709	714	720	725	730	736	
808	741	747	752	757	763	768	773	779	784	789	
809	795	800	806	811	816	822	827	832	838	843	
810	849	854	859	865	870	875	881	886	891	897	
811	902	907	913	918	924	929	934	940	945	950	
812	956	961	966	972	977	982	988	993	998	*004	**6**
813	,91 009	014	020	025	030	036	041	046	052	057	1 0,6
814	062	068	073	078	084	089	094	100	105	110	2 1,2
815	116	121	126	132	137	142	148	153	158	164	3 1,8 4 2,4
816	169	174	180	185	190	196	201	206	212	217	5 3,0
817	222	228	233	238	243	249	254	259	265	270	6 3,6
818	275	281	286	291	297	302	307	312	318	323	7 4,2 8 4,8
819	328	334	339	344	350	355	360	365	371	376	9 5,4
820	381	387	392	397	403	408	413	418	424	429	
821	434	440	445	450	455	461	466	471	477	482	
822	487	492	498	503	508	514	519	524	529	535	
823	540	545	551	556	561	566	572	577	582	587	
824	593	598	603	609	614	619	624	630	635	640	
825	645	651	656	661	666	672	677	682	687	693	
826	698	703	709	714	719	724	730	735	740	745	
827	751	756	761	766	772	777	782	787	793	798	
828	803	808	814	819	824,	829	834	840	845	850	
829	855	861	866	871	876	882	887	892	897	903	
830	908	913	918	924	929	934	939	944	950	955	
831	960	965	971	976	981	986	991	997	*002	*007	**5** c
832	,92 012	018	023	028	033	038	044	049	054	059	1 0,5
833	065	070	075	080	085	091	096	101	106	111	2 1,0
834	117	122	127	132	137	143	148	153	158	163	3 1,5 4 2,0
835	169	174	179	184	189	195	200	205	210	215	5 2,5
836	221	226	231	236	241	247	252	257	262	267	6 3,0
837	273	278	283	288	293	298	304	309	314	319	7 3,5 8 4,0
838	324	330	335	340	345	350	355	361	366	371	9 4,5
839	376	381	387	392	397	402	407	412	418	423	
840	428	433	438	443	449	454	459	464	469	474	
841	480	485	490	495	500	505	511	516	521	526	
842	531	536	542	547	552	557	562	567	572	578	
843	583	588	593	598	603	609	614	619	624	629	
844	634	639	645	650	655	660	665	670	675	681	
845	686	691	696	701	706	711	716	722	727	732	
846	737	742	747	752	758	763	768	773	778	783	
847	788	793	799	804	809	814	819	824	829	834	
848	840	845	850	855	860	865	870	875	881	886	
849	891	896	901	906	911	916	921	927	932	937	
850	942	947	952	957	962	967	973	978	983	988	
	0	1	2	3	4	5	6	7	8	9	

N.	0	1	2	3	4	5	6	7	8	9	P. P.
850	,92 942	947	952	957	962	967	973	978	983	988	
851	993	998	*003	*008	*013	*018	*024	*029	*034	*039	
852	,93 044	049	054	059	064	069	075	080	085	090	
853	095	100	105	110	115	120	125	131	136	141	
854	146	151	156	161	166	171	176	181	186	192	
855	197	202	207	212	217	222	227	232	237	242	**6**
856	247	252	258	263	268	273	278	283	288	293	1 | 0,6
857	298	303	308	313	318	323	328	334	339	344	2 | 1,2
858	349	354	359	364	369	374	379	384	389	394	3 | 1,8
859	399	404	409	414	420	425	430	435	440	445	4 | 2,4
											5 | 3,0
860	450	455	460	465	470	475	480	485	490	495	6 | 3,6
861	500	505	510	515	520	526	531	536	541	546	7 | 4,2
862	551	556	561	566	571	576	581	586	591	596	8 | 4,8
863	601	606	611	616	621	626	631	636	641	646	9 | 5,4
864	651	656	661	666	671	676	682	687	692	697	
865	702	707	712	717	722	727	732	737	742	747	
866	752	757	762	767	772	777	782	787	792	797	
867	802	807	812	817	822	827	832	837	842	847	
868	852	857	862	867	872	877	882	887	892	897	
869	902	907	912	917	922	927	932	937	942	947	
870	952	957	962	967	972	977	982	987	992	997	**5**
871	,94 002	007	012	017	022	027	032	037	042	047	1 | 0,5
872	052	057	062	067	072	077	082	086	091	096	2 | 1,0
873	101	106	111	116	121	126	131	136	141	146	3 | 1,5
874	151	156	161	166	171	176	181	186	191	196	4 | 2,0
											5 | 2,5
875	201	206	211	216	221	226	231	236	240	245	6 | 3,0
876	250	255	260	265	270	275	280	285	290	295	7 | 3,5
877	300	305	310	315	320	325	330	335	340	345	8 | 4,0
878	349	354	359	364	369	374	379	384	389	394	9 | 4,5
879	399	404	409	414	419	424	429	433	438	443	
880	448	453	458	463	468	473	478	483	488	493	
881	498	503	507	512	517	522	527	532	537	542	
882	547	552	557	562	567	571	576	581	586	591	
883	596	601	606	611	616	621	626	630	635	640	
884	645	650	655	660	665	670	675	680	685	689	
885	694	699	704	709	714	719	724	729	734	738	**4**
886	743	748	753	758	763	768	773	778	783	787	1 | 0,4
887	792	797	802	807	812	817	822	827	832	836	2 | 0,8
888	841	846	851	856	861	866	871	876	880	885	3 | 1,2
889	890	895	900	905	910	915	919	924	929	934	4 | 1,6
											5 | 2,0
890	939	944	949	954	959	963	968	973	978	983	6 | 2,4
891	988	993	998	*002	*007	*012	*017	*022	*027	*032	7 | 2,8
892	,95 036	041	046	051	056	061	066	071	075	080	8 | 3,2
893	085	090	095	100	105	109	114	119	124	129	9 | 3,6
894	134	139	143	148	153	158	163	168	173	177	
895	182	187	192	197	202	207	211	216	221	226	
896	231	236	240	245	250	255	260	265	270	274	
897	279	284	289	294	299	303	308	313	318	323	
898	328	332	337	342	347	352	357	361	366	371	
899	376	381	386	390	395	400	405	410	415	419	
900	424	429	434	439	444	448	453	458	463	468	
	0	1	2	3	4	5	6	7	8	9	

N.	0	1	2	3	4	5	6	7	8	9	P. P.	
900	,95 424	429	434	439	444	448	453	458	463	468		
901	472	477	482	487	492	497	501	506	511	516		
902	521	525	530	535	540	545	550	554	559	564		
903	569	574	578	583	588	593	598	602	607	612		
904	617	622	626	631	636	641	646	650	655	660		
905	665	670	674	679	684	689	694	698	703	708		
906	713	718	722	727	732	737	742	746	751	756		
907	761	766	770	775	780	785	789	794	799	804		
908	809	813	818	823	828	832	837	842	847	852		
909	856	861	866	871	875	880	885	890	895	899		
910	904	909	914	918	923	928	933	938	942	947		5
911	952	957	961	966	971	976	980	985	990	995	1	0,5
912	999	*004	*009	*014	*019	*023	*028	*033	*038	*042	2	1,0
913	,96 047	052	057	061	066	071	076	080	085	090	3	1,5
914	095	099	104	109	114	118	123	128	133	137	4	2,0
915	142	147	152	156	161	166	171	175	180	185	5	2,5
916	190	194	199	204	209	213	218	223	227	232	6	3,0
917	237	242	246	251	256	261	265	270	275	280	7	3,5
918	284	289	294	298	303	308	313	317	322	327	8	4,0
919	332	336	341	346	350	355	360	365	369	374	9	4,5
920	379	384	388	393	398	402	407	412	417	421		
921	426	431	435	440	445	450	454	459	464	468		
922	473	478	483	487	492	497	501	506	511	515		
923	520	525	530	534	539	544	548	553	558	562		
924	567	572	577	581	586	591	595	600	605	609		
925	614	619	624	628	633	638	642	647	652	656		
926	661	666	670	675	680	685	689	694	699	703		
927	708	713	717	722	727	731	736	741	745	750		
928	755	759	764	769	774	778	783	788	792	797		
929	802	806	811	816	820	825	830	834	839	844		
930	848	853	858	862	867	872	876	881	886	890		
931	895	900	904	909	914	918	923	928	932	937		4
932	942	946	951	956	960	965	970	974	979	984	1	0,4
933	988	993	997	*002	*007	*011	*016	*021	*025	*030	2	0,8
934	,97 035	039	044	049	053	058	063	067	072	077	3	1,2
935	081	086	090	095	100	104	109	114	118	123	4	1,6
936	128	132	137	142	146	151	155	160	165	169	5	2,0
937	174	179	183	188	192	197	202	206	211	216	6	2,4
938	220	225	230	234	239	243	248	253	257	262	7	2,8
939	267	271	276	280	285	290	294	299	304	308	8	3,2
940	313	317	322	327	331	336	340	345	350	354	9	3,6
941	359	364	368	373	377	382	387	391	396	400		
942	405	410	414	419	424	428	433	437	442	447		
943	451	456	460	465	470	474	479	483	488	493		
944	497	502	506	511	516	520	525	529	534	539		
945	543	548	552	557	562	566	571	575	580	585		
946	589	594	598	603	607	612	617	621	626	630		
947	635	640	644	649	653	658	663	667	672	676		
948	681	685	690	695	699	704	708	713	717	722		
949	727	731	736	740	745	749	754	759	763	768		
950	772	777	782	786	791	795	800	804	809	813		
	0	1	2	3	4	5	6	7	8	9		

N.	0	1	2	3	4	5	6	7	8	9	P. P.
950	,97 772	777	782	786	791	795	800	804	809	813	
951	818	823	827	832	836	841	845	850	855	859	
952	864	868	873	877	882	886	891	896	900	905	
953	909	914	918	923	928	932	937	941	946	950	
954	955	959	964	968	973	978	982	987	991	996	
955	,98 000	005	009	014	019	023	028	032	037	041	
956	046	050	055	059	064	068	073	078	082	087	
957	091	096	100	105	109	114	118	123	127	132	
958	137	141	146	150	155	159	164	168	173	177	
959	182	186	191	195	200	204	209	214	218	223	
960	227	232	236	241	245	250	254	259	263	268	
961	272	277	281	286	290	295	299	304	308	313	
962	318	322	327	331	336	340	345	349	354	358	**5**
963	363	367	372	376	381	385	390	394	399	403	1 0,5
964	408	412	417	421	426	430	435	439	444	448	2 1,0
965	453	457	462	466	471	475	480	484	489	493	3 1,5
966	498	502	507	511	516	520	525	529	534	538	4 2,0
967	543	547	552	556	561	565	570	574	579	583	5 2,5
968	588	592	597	601	605	610	614	619	623	628	6 3,0
969	632	637	641	646	650	655	659	664	668	673	7 3,5
970	677	682	686	691	695	700	704	709	713	717	8 4,0
971	722	726	731	735	740	744	749	753	758	762	9 4,5
972	767	771	776	780	784	789	793	798	802	807	
973	811	816	820	825	829	834	838	843	847	851	
974	856	860	865	869	874	878	883	887	892	896	
975	900	905	909	914	918	923	927	932	936	941	
976	945	949	954	958	963	967	972	976	981	985	
977	989	994	998	*003	*007	*012	*016	*021	*025	*029	
978	,99 034	038	043	047	052	056	061	065	069	074	
979	078	083	087	092	096	100	105	109	114	118	
980	123	127	131	136	140	145	149	154	158	162	
981	167	171	176	180	185	189	193	198	202	207	
982	211	216	220	224	229	233	238	242	247	251	**4**
983	255	260	264	269	273	277	282	286	291	295	1 0,4
984	300	304	308	313	317	322	326	330	335	339	2 0,8
											3 1,2
985	344	348	352	357	361	366	370	374	379	383	4 1,6
986	388	392	396	401	405	410	414	419	423	427	5 2,0
987	432	436	441	445	449	454	458	463	467	471	6 2,4
988	476	480	484	489	493	498	502	506	511	515	7 2,8
989	520	524	528	533	537	542	546	550	555	559	8 3,2
											9 3,6
990	564	568	572	577	581	585	590	594	599	603	
991	607	612	616	621	625	629	634	638	642	647	
992	651	656	660	664	669	673	677	682	686	691	
993	695	699	704	708	712	717	721	726	730	734	
994	739	743	747	752	756	760	765	769	774	778	
995	782	787	791	795	800	804	808	813	817	822	
996	826	830	835	839	843	848	852	856	861	865	
997	870	874	878	883	887	891	896	900	904	909	
998	913	917	922	926	930	935	939	944	948	952	
999	957	961	965	970	974	978	983	987	991	996	
1000	,00 000	004	009	013	017	022	026	030	035	039	
	0	1	2	3	4	5	6	7	8	9	

N.	0	1	2	3	4	5	6	7	8	9	P. P.
1000	,000 000	043	087	130	174	217	260	304	347	391	
1001	434	477	521	564	608	651	694	738	781	824	**44**
1002	868	911	954	998	*041	*084	*128	*171	*214	*258	1 4,4
1003	,001 301	344	388	431	474	517	561	604	647	690	2 8,8
1004	734	777	820	863	907	950	993	*036	*080	*123	3 13,2
											4 17,6
1005	,002 166	209	252	296	339	382	425	468	512	555	5 22,0
1006	598	641	684	727	771	814	857	900	943	986	6 26,4
1007	,003 029	073	116	159	202	245	288	331	374	417	7 30,8
1008	461	504	547	590	633	676	719	762	805	848	8 35,2
1009	891	934	977	*020	*063	*106	*149	*192	*235	*278	9 39,6
1010	,004 321	364	407	450	493	536	579	622	665	708	
1011	751	794	837	880	923	966	*009	*052	*095	*138	
1012	,005 181	223	266	309	352	395	438	481	524	567	
1013	609	652	695	738	781	824	867	909	952	995	
1014	,006 038	081	124	166	209	252	295	338	380	423	**43**
1015	466	509	552	594	637	680	723	765	808	851	1 4,3
1016	894	936	979	*022	*065	*107	*150	*193	*236	*278	2 8,6
1017	,007 321	364	406	449	492	534	577	620	662	705	3 12,9
1018	748	790	833	876	918	961	*004	*046	*089	*132	4 17,2
1019	,008 174	217	259	302	345	387	430	472	515	558	5 21,5
											6 25,8
1020	600	643	685	728	770	813	856	898	941	983	7 30,1
1021	,009 026	068	111	153	196	238	281	323	366	408	8 34,4
1022	451	493	536	578	621	663	706	748	791	833	9 38,7
1023	876	918	961	*003	*045	*088	*130	*173	*215	*258	
1024	,010 300	342	385	427	470	512	554	597	639	681	
1025	724	766	809	851	893	936	978	*020	*063	*105	
1026	,011 147	190	232	274	317	359	401	444	486	528	**42**
1027	570	613	655	697	740	782	824	866	909	951	1 4,2
1028	993	*035	*078	*120	*162	*204	*247	*289	*331	*373	2 8,4
1029	,012 415	458	500	542	584	626	669	711	753	795	3 12,6
											4 16,8
1030	837	879	922	964	*006	*048	*090	*132	*174	*217	5 21,0
1031	,013 259	301	343	385	427	469	511	553	596	638	6 25,2
1032	680	722	764	806	848	890	932	974	*016	*058	7 29,4
1033	,014 100	142	184	226	268	310	353	395	437	479	8 33,6
1034	521	563	605	647	689	730	772	814	856	898	9 37,8
1035	940	982	*024	*066	*108	*150	*192	*234	*276	*318	
1036	,015 360	402	444	485	527	569	611	653	695	737	
1037	779	821	863	904	946	988	*030	*072	*114	*156	
1038	,016 197	239	281	323	365	407	448	490	532	574	**41**
1039	616	657	699	741	783	824	866	908	950	992	1 4,1
1040	,017 033	075	117	159	200	242	284	326	367	409	2 8,2
1041	451	492	534	576	618	659	701	743	784	826	3 12,3
1042	868	909	951	993	*034	*076	*118	*159	*201	*243	4 16,4
1043	,018 284	326	368	409	451	492	534	576	617	659	5 20,5
1044	700	742	784	825	867	908	950	992	*033	*075	6 24,6
											7 28,7
1045	,019 116	158	199	241	282	324	366	407	449	490	8 32,8
1046	532	573	615	656	698	739	781	822	864	905	9 36,9
1047	947	988	*030	*071	*113	*154	*195	*237	*278	*320	
1048	,020 361	403	444	486	527	568	610	651	693	734	
1049	775	817	858	900	941	982	*024	*065	*107	*148	
1050	,021 189	231	272	313	355	396	437	479	520	561	
	0	**1**	**2**	**3**	**4**	**5**	**6**	**7**	**8**	**9**	

N.	0	1	2	3	4	5	6	7	8	9
1050	,021 189	231	272	313	355	396	437	479	520	561
1051	603	644	685	727	768	809	851	892	933	974
1052	,022 016	057	098	140	181	222	263	305	346	387
1053	428	470	511	552	593	635	676	717	758	799
1054	841	882	923	964	*005	*047	*088	*129	*170	*211
1055	,023 252	294	335	376	417	458	499	541	582	623
1056	664	705	746	787	828	870	911	952	993	*034
1057	,024 075	116	157	198	239	280	321	363	404	445
1058	486	527	568	609	650	691	732	773	814	855
1059	896	937	978	*019	*060	*101	*142	*183	*224	*265
1060	,025 306	347	388	429	470	511	552	593	634	674
1061	715	756	797	838	879	920	961	*002	*043	*084
1062	,026 125	165	206	247	288	329	370	411	452	492
1063	533	574	615	656	697	737	778	819	860	901
1064	942	982	*023	*064	*105	*146	*186	*227	*268	*309
1065	,027 350	390	431	472	513	553	594	635	676	716
1066	757	798	839	879	920	961	*002	*042	*083	*124
1067	,028 164	205	246	287	327	368	409	449	490	531
1068	571	612	653	693	734	775	815	856	896	937
1069	978	*018	*059	*100	*140	*181	*221	*262	*303	*343
1070	,029 384	424	465	506	546	587	627	668	708	749
1071	789	830	871	911	952	992	*033	*073	*114	*154
1072	,030 195	235	276	316	357	397	438	478	519	559
1073	600	640	681	721	762	802	843	883	923	964
1074	,031 004	045	085	126	166	206	247	287	328	368
1075	408	449	489	530	570	610	651	691	732	772
1076	812	853	893	933	974	*014	*054	*095	*135	*175
1077	,032 216	256	296	337	377	417	458	498	538	578
1078	619	659	699	740	780	820	860	901	941	981
1079	,033 021	062	102	142	182	223	263	303	343	384
1080	424	464	504	544	585	625	665	705	745	786
1081	826	866	906	946	986	*027	*067	*107	*147	*187
1082	,034 227	267	308	348	388	428	468	508	548	588
1083	628	669	709	749	789	829	869	909	949	989
1084	,035 029	069	109	149	190	230	270	310	350	390
1085	430	470	510	550	590	630	670	710	750	790
1086	830	870	910	950	990	*030	*070	*110	*150	*190
1087	,036 230	269	309	349	389	429	469	509	549	589
1088	629	669	709	749	789	828	868	908	948	988
1089	,037 028	068	108	148	187	227	267	307	347	387
1090	426	466	506	546	586	626	665	705	745	785
1091	825	865	904	944	984	*024	*064	*103	*143	*183
1092	,038 223	262	302	342	382	421	461	501	541	580
1093	620	660	700	739	779	819	859	898	938	978
1094	,039 017	057	097	136	176	216	255	295	335	374
1095	414	454	493	533	573	612	652	692	731	771
1096	811	850	890	929	969	*009	*048	*088	*127	*167
1097	,040 207	246	286	325	365	405	444	484	523	563
1098	602	642	681	721	761	800	840	879	919	958
1099	998	*037	*077	*116	*156	*195	*235	*274	*314	*35ɔ
1100	,041 393	432	472	511	551	590	630	669	708	748
	0	1	2	3	4	5	6	7	8	9

P. P.

42
1 4,2
2 8,4
3 12,6
4 16,8
5 21,0
6 25,2
7 29,4
8 33,6
9 37,8

41
1 4,1
2 8,2
3 12,3
4 16,4
5 20,5
6 24,6
7 28,7
8 32,8
9 36,9

40
1 4,0
2 8,0
3 12,0
4 16,0
5 20,0
6 24,0
7 28,0
8 32,0
9 36,0

39
1 3,9
2 7,8
3 11,7
4 15,6
5 19,5
6 23,4
7 27,3
8 31,2
9 35,1

Ia. LOGARITHMS OF $(1 + i)$ AND $(1 - d)$

log 1,01 = **0,0043214**	log 1,04 = **0,0170333**
log 1,0125 = 0,0053950	log 1,0425 = 0,0180761
log 1,015 = 0,0064660	log 1,045 = 0,0191163
log 1,0175 = 0,0075344	log 1,0475 = 0,0201540
log 1,02 = 0,0086002	**log 1,05 = 0,0211893**
log 1,0225 = 0,0096633	log 1,0525 = 0,0222221
log 1,025 = 0,0107239	log 1,055 = 0,0232525
log 1,0275 = 0,0117818	log 1,0575 = 0,0242804
log 1,03 = 0,0128372	**log 1,06 = 0,0253059**
log 1,0325 = 0,0138901	log 1,065 = 0,0273496
log 1,035 = 0,0149403	log 1,07 = 0,0293838
log 1,0375 = 0,0159881	log 1,075 = 0,0314085

log 0,99 = $\overline{1}$,9956352	log 0,96 = $\overline{1}$,9822712
log 0,985 = $\overline{1}$,9934362	log 0,955 = $\overline{1}$,9800034
log 0,98 = $\overline{1}$,9912261	log 0,95 = $\overline{1}$,9777236
log 0,975 = $\overline{1}$,9890046	log 0,945 = $\overline{1}$,9754318
log 0,97 = $\overline{1}$,9867717	log 0,94 = $\overline{1}$,9731279
log 0,965 =: $\overline{1}$,9845273	log 0,935 = $\overline{1}$,9708116

Ib. CONSTANTS AND THEIR LOGARITHMS.

	Log		Log
$\pi = 3{,}14159$	0,49715	$e = 2{,}71828$	0,43429
$2\pi = 6{,}28319$	0,79818	$M = 0{,}43429$	$\overline{1}$,63778
$\frac{1}{2}\pi = 1{,}57080$	0,19612	$\frac{1}{M} = 2{,}30259$	0,36222
$\frac{4}{3}\pi = 4{,}18879$	0,62209	$\sqrt{2} = 1{,}41421$	0,15051
$\frac{1}{\pi} = 0{,}31831$	$\overline{1}$,50285	$\sqrt{8} = 1{,}73205$	0,23856
$\pi^2 = 9{,}86960$	0,99430	$\sqrt{5} = 2{,}23607$	0,34949
$\sqrt{\pi} = 1{,}77245$	0,24857	$\sqrt{6} = 2{,}44949$	0,38908

TABLE II

CONVERSIONS

IIa. CONVERSION OF GRADES TO DEGREES.

gr	° '	gr	° '	gr	° '	gr	° '
00	0°	50	45°	100	90°	150	135°
01	0 54	51	45 54	101	90 54	151	135 54
02	1 48	52	46 48	102	91 48	152	136 48
03	2 42	53	47 42	103	92 42	153	137 42
04	3 36	54	48 36	104	93 36	154	138 36
05	4° 30'	55	49° 30'	105	94° 30'	155	139° 30'
06	5 24	56	50 24	106	95 24	156	140 24
07	6 18	57	51 18	107	96 18	157	141 18
08	7 12	58	52 12	108	97 12	158	142 12
09	8 6	59	53 6	109	98 6	159	143 6
10	9	60	54	110	99	160	144
11	9 54	61	54 54	111	99 54	161	144 54
12	10 48	62	55 48	112	100 48	162	145 48
13	11 42	63	56 42	113	101 42	163	146 42
14	12 36	64	57 36	114	102 36	164	147 36
15	13° 30'	65	58° 30'	115	103° 30'	165	148° 30'
16	14 24	66	59 24	116	104 24	166	149 24
17	15 18	67	60 18	117	105 18	167	150 18
18	16 12	68	61 12	118	106 12	168	151 12
19	17 6	69	62 6	119	107 6	169	152 6
20	18	70	63	120	108	170	153
21	18 54	71	63 54	121	108 54	171	153 54
22	19 48	72	64 48	122	109 48	172	154 48
23	20 42	73	65 42	123	110 42	173	155 42
24	21 36	74	66 36	124	111 36	174	156 36
25	22° 30'	75	67° 30'	125	112° 30'	175	157° 30'
26	23 24	76	68 24	126	113 24	176	158 24
27	24 18	77	69 18	127	114 18	177	159 18
28	25 12	78	70 12	128	115 12	178	160 12
29	26 6	79	71 6	129	116 6	179	161 6
30	27	80	72	130	117	180	162
31	27 54	81	72 54	131	117 54	181	162 54
32	28 48	82	73 48	132	118 48	182	163 48
33	29 42	83	74 42	133	119 42	183	164 42
34	30 36	84	75 36	134	120 36	184	165 36
35	31° 30'	85	76° 30'	135	121° 30'	185	166° 30'
36	32 24	86	77 24	136	122 24	186	167 24
37	33 18	87	78 18	137	123 18	187	168 18
38	34 12	88	79 12	138	124 12	188	169 12
39	35 6	89	80 6	139	125 6	189	170 6
40	36	90	81	140	126	190	171
41	36 54	91	81 54	141	126 54	191	171 54
42	37 48	92	82 48	142	127 48	192	172 48
43	38 42	93	83 42	143	128 42	193	173 42
44	39 36	94	84 36	144	129 36	194	174 36
45	40° 30'	95	85° 30'	145	130° 30'	195	175° 30'
46	41 24	96	86 24	146	131 24	196	176 24
47	42 18	97	87 18	147	132 18	197	177 18
48	43 12	98	88 12	148	133 12	198	178 12
49	44 6	99	89 6	149	134 6	199	179 6
50	45	100	90	150	135	200	180

cgr	' "	cgr	' "
00	0' 00"	50	27' 00,0"
01	0 32,4	51	27 32,4
02	1 04,8	52	28 04,8
03	1 37,2	53	28 37,2
04	2 09,6	54	29 09,6
05	2' 42,0"	55	29' 42,0"
06	3 14,4	56	30 14,4
07	3 46,8	57	30 46,8
08	4 19,2	58	31 19,2
09	4 51,6	59	31 51,6
10	5 24,0	60	32 24,0
11	5 56,4	61	32 56,4
12	6 28,8	62	33 28,8
13	7 01,2	63	34 01,2
14	7 33,6	64	34 33,6
15	8' 06,0"	65	35' 06,0"
16	8 38,4	66	35 38,4
17	9 10,8	67	36 10,8
18	9 43,2	68	36 43,2
19	10 15,6	69	37 15,6
20	10 48,0	70	37 48,0
21	11 20,4	71	38 20,4
22	11 52,8	72	38 52,8
23	12 25,2	73	39 25,2
24	12 57,6	74	39 57,6
25	13' 30,0"	75	40' 30,0"
26	14 02,4	76	41 02,4
27	14 34,8	77	41 34,8
28	15 07,2	78	42 07,2
29	15 39,6	79	42 39,6
30	16 12,0	80	43 12,0
31	16 44,4	81	43 44,4
32	17 16,8	82	44 16,8
33	17 49,2	83	44 49,2
34	18 21,6	84	45 21,6
35	18' 54,0"	85	45' 54,0"
36	19 26,4	86	46 26,4
37	19 58,8	87	46 58,8
38	20 31,2	88	47 31,2
39	21 03,6	89	48 03,6
40	21 36,0	90	48 36,0
41	22 08,4	91	49 08,4
42	22 40,8	92	49 40,8
43	23 13,2	93	50 13,2
44	23 45,6	94	50 45,6
45	24' 18,0"	95	51' 18,0"
46	24 50,4	96	51 50,4
47	25 22,8	97	52 22,8
48	25 55,2	98	52 55,2
49	26 27,6	99	53 27,6
50	27 00,0	100	54 00,0

dmgr	"	dmgr	"
00	0,0"	50	16,2"
01	0,3	51	16,5
02	0,6	52	16,8
03	1,0	53	17,2
04	1,3	54	17,5
05	1,6"	55	17,8"
06	1,9	56	18,1
07	2,3	57	18,5
08	2,6	58	18,8
09	2,9	59	19,1
10	3,2	60	19,4
11	3,6	61	19,8
12	3,9	62	20,1
13	4,2	63	20,4
14	4,5	64	20,7
15	4,9"	65	21,1"
16	5,2	66	21,4
17	5,5	67	21,7
18	5,8	68	22,0
19	6,2	69	22,4
20	6,5	70	22,7
21	6,8	71	23,0
22	7,1	72	23,3
23	7,5	73	23,7
24	7,8	74	24,0
25	8,1"	75	24,3"
26	8,4	76	24,6
27	8,7	77	24,9
28	9,1	78	25,3
29	9,4	79	25,6
30	9,7	80	25,9
31	10,0	81	26,2
32	10,4	82	26,6
33	10,7	83	26,9
34	11,0	84	27,2
35	11,3"	85	27,5"
36	11,7	86	27,9
37	12,0	87	28,2
38	12,3	88	28,5
39	12,6	89	28,8
40	13,0	90	29,2
41	13,3	91	29,5
42	13,6	92	29,8
43	13,9	93	30,1
44	14,3	94	30,5
45	14,6"	95	30,8"
46	14,9	96	31,1
47	15,2	97	31,4
48	15,6	98	31,8
49	15,9	99	32,1
50	16,2	100	32,4

92,4167 gr

$$
\begin{aligned}
92 \ldots \text{gr} &= 82°48' \\
41 \ldots \text{cgr} &= 22'08,4'' \\
67\ \text{dmgr} &= 21,7'' \\
\hline
&\ \ 83°10'30''
\end{aligned} +
$$

161°39'25''

$$
\begin{aligned}
161° &= 178,88889\ \text{gr} \\
39' &= 0,72222\ ,, \\
25'' &= 0,00772\ ,, \\
\hline
&\ 179,6188\ \text{gr}
\end{aligned}
$$

IIb. CONVERSION OF DEGREES TO GRADES.

°	gr	°	gr	°	gr	′	gr	″	gr
1	1,11 111	61	67,77 778	121	134,44 444	1	0,01 852	1	0,00 031
2	2,22 222	62	68,88 889	122	135,55 556	2	0,03 704	2	062
3	3,33 333	63	70,00 000	123	136,66 667	3	0,05 556	3	093
4	4,44 444	64	71,11 111	124	137,77 778	4	0,07 407	4	123
5	5,55 556	65	72,22 222	125	138,88 889	5	0,09 259	5	154
6	6,66 667	66	73,33 333	126	140,00 000	6	0,11 111	6	185
7	7,77 778	67	74,44 444	127	141,11 111	7	0,12 963	7	216
8	8,88 889	68	75,55 556	128	142,22 222	8	0,14 815	8	247
9	10,00 000	69	76,66 667	129	143,33 333	9	0,16 667	9	278
10	11,11 111	70	77,77 778	130	144,44 444	10	0,18 519	10	0,00 309
11	12,22 222	71	78,88 889	131	145,55 556	11	0,20 370	11	340
12	13,33 333	72	80,00 000	132	146,66 667	12	0,22 222	12	370
13	14,44 444	73	81,11 111	133	147,77 778	13	0,24 074	13	401
14	15,55 556	74	82,22 222	134	148,88 889	14	0,25 926	14	432
15	16,66 667	75	83,33 333	135	150,00 000	15	0,27 778	15	463
16	17,77 778	76	84,44 444	136	151,11 111	16	0,29 630	16	494
17	18,88 889	77	85,55 556	137	152,22 222	17	0,31 481	17	525
18	20,00 000	78	86,66 667	138	153,33 333	18	0,33 333	18	556
19	21,11 111	79	87,77 778	139	154,44 444	19	0,35 185	19	586
20	22,22 222	80	88,88 889	140	155,55 556	20	0,37 037	20	0,00 617
21	23,33 333	81	90,00 000	141	156,66 667	21	0,38 889	21	648
22	24,44 444	82	91,11 111	142	157,77 778	22	0,40 741	22	679
23	25,55 556	83	92,22 222	143	158,88 889	23	0,42 593	23	710
24	26,66 667	84	93,33 333	144	160,00 000	24	0,44 444	24	741
25	27,77 778	85	94,44 444	145	161,11 111	25	0,46 296	25	772
26	28,88 889	86	95,55 556	146	162,22 222	26	0,48 148	26	802
27	30,00 000	87	96,66 667	147	163,33 333	27	0,50 000	27	833
28	31,11 111	88	97,77 778	148	164,44 444	28	0,51 852	28	864
29	32,22 222	89	98,88 889	149	165,55 556	29	0,53 704	29	895
30	33,33 333	90	100,00 000	150	166,66 667	30	0,55 556	30	0,00 926
31	34,44 444	91	101,11 111	151	167,77 778	31	0,57 407	31	957
32	35,55 556	92	102,22 222	152	168,88 889	32	0,59 259	32	0,00 988
33	36,66 667	93	103,33 333	153	170,00 000	33	0,61 111	33	0,01 019
34	37,77 778	94	104,44 444	154	171,11 111	34	0,62 963	34	049
35	38,88 889	95	105,55 556	155	172,22 222	35	0,64 815	35	080
36	40,00 000	96	106,66 667	156	173,33 333	36	0,66 667	36	111
37	41,11 111	97	107,77 778	157	174,44 444	37	0,68 519	37	142
38	42,22 222	98	108,88 889	158	175,55 556	38	0,70 370	38	173
39	43,33 333	99	110,00 000	159	176,66 667	39	0,72 222	39	204
40	44,44 444	100	111,11 111	160	177,77 778	40	0,74 074	40	0,01 235
41	45,55 556	101	112,22 222	161	178,88 889	41	0,75 926	41	265
42	46,66 667	102	113,33 333	162	180,00 000	42	0,77 778	42	296
43	47,77 778	103	114,44 444	163	181,11 111	43	0,79 630	43	327
44	48,88 889	104	115,55 556	164	182,22 222	44	0,81 481	44	358
45	50,00 000	105	116,66 667	165	183,33 333	45	0,83 333	45	389
46	51,11 111	106	117,77 778	166	184,44 444	46	0,85 185	46	420
47	52,22 222	107	118,88 889	167	185,55 556	47	0,87 037	47	451
48	53,33 333	108	120,00 000	168	186,66 667	48	0,88 889	48	481
49	54,44 444	109	121,11 111	169	187,77 778	49	0,90 741	49	512
50	55,55 556	110	122,22 222	170	188,88 889	50	0,92 593	50	0,01 543
51	56,66 667	111	123,33 333	171	190,00 000	51	0,94 444	51	574
52	57,77 778	112	124,44 444	172	191,11 111	52	0,96 296	52	605
53	58,88 889	113	125,55 556	173	192,22 222	53	0,98 148	53	636
54	60,00 000	114	126,66 667	174	193,33 333	54	1,00 000	54	667
55	61,11 111	115	127,77 778	175	194,44 444	55	1,01 852	55	698
56	62,22 222	116	128,88 889	176	195,55 556	56	1,03 704	56	728
57	63,33 333	117	130,00 000	177	196,66 667	57	1,05 556	57	759
58	64,44 444	118	131,11 111	178	197,77 778	58	1,07 407	58	790
59	65,55 556	119	132,22 222	179	198,88 889	59	1,09 259	59	821
60	66,66 667	120	133,33 333	180	200,00 000	60	1,11 111	60	0,01 852

IIc. CONVERSION OF GRADES TO RADIANS.

values in radians of				values in radians of			
a	a gr	a cgr	a dmgr	a	a gr	a cgr	a dmgr
00	0,000 000	0,000 000	0,000 000	50	0,785 398	0,007 854	0,000 079
01	0,015 708	0 157	002	51	0,801 106	8 011	080
02	0,031 416	0 314	003	52	0,816 814	8 168	082
03	0,047 124	0 471	005	53	0,832 522	8 325	083
04	0,062 832	0 628	006	54	0,848 230	8 482	085
05	0,078 540	0 785	008	55	0,863 938	8 639	086
06	0,094 248	0 942	009	56	0,879 646	8 796	088
07	0,109 956	1 100	011	57	0,895 354	8 954	090
08	0,125 664	1 257	013	58	0,911 062	9 111	091
09	0,141 372	1 414	014	59	0,926 770	9 268	093
10	0,157 080	0,001 571	0,000 016	60	0,942 478	0,009 425	0,000 094
11	0,172 788	1 728	017	61	0,958 186	9 582	096
12	0,188 496	1 885	019	62	0,973 894	9 739	097
13	0,204 204	2 042	020	63	0,989 602	9 896	099
14	0,219 911	2 199	022	64	1,005 310	10 053	101
15	0,235 619	2 356	024	65	1,021 018	10 210	102
16	0,251 327	2 513	025	66	1,036 726	10 367	104
17	0,267 035	2 670	027	67	1,052 434	10 524	105
18	0,282 743	2 827	028	68	1,068 142	10 681	107
19	0,298 451	2 985	030	69	1,083 849	10 838	108
20	0,314 159	0,003 142	0,000 031	70	1,099 557	0,010 996	0,000 110
21	0,329 867	3 299	033	71	1,115 265	11 153	112
22	0,345 575	3 456	035	72	1,130 973	11 310	113
23	0,361 283	3 613	036	73	1,146 681	11 467	115
24	0,376 991	3 770	038	74	1,162 389	11 624	116
25	0,392 699	3 927	039	75	1,178 097	11 781	118
26	0,408 407	4 084	041	76	1,193 805	11 938	119
27	0,424 115	4 241	042	77	1,209 513	12 095	121
28	0,439 823	4 398	044	78	1,225 221	12 252	123
29	0,455 531	4 555	046	79	1,240 929	12 409	124
30	0,471 239	0,004 712	0,000 047	80	1,256 637	0,012 566	0,000 126
31	0,486 947	4 869	049	81	1,272 345	12 723	127
32	0,502 655	5 027	050	82	1,288 053	12 881	129
33	0,518 363	5 184	052	83	1,303 761	13 038	130
34	0,534 071	5 341	053	84	1,319 469	13 195	132
35	0,549 779	5 498	055	85	1,335 177	13 352	134
36	0,565 487	5 655	057	86	1,350 885	13 509	135
37	0,581 195	5 812	058	87	1,366 593	13 666	137
38	0,596 903	5 969	060	88	1,382 301	13 823	138
39	0,612 611	6 126	061	89	1,398 009	13 980	140
40	0,628 319	0,006 283	0,000 063	90	1,413 717	0,014 137	0,000 141
41	0,644 026	6 440	064	91	1,429 425	14 294	143
42	0,659 734	6 597	066	92	1,445 133	14 451	145
43	0,675 442	6 754	068	93	1,460 841	14 608	146
44	0,691 150	6 912	069	94	1,476 549	14 765	148
45	0,706 858	7 069	071	95	1,492 257	14 923	149
46	0,722 566	7 226	072	96	1,507 964	15 080	151
47	0,738 274	7 383	074	97	1,523 672	15 237	152
48	0,753 982	7 540	075	98	1,539 380	15 394	154
49	0,769 690	7 697	077	99	1,555 088	15 551	156
50	0,785 398	0,007 854	0,000 079	100	1,570 796	0,015 708	0,000 157

100 gr = 1,57079 633 rad.　　　　200 gr = 3,14159 265 rad.
300 gr = 4,71238 898 rad.　　　　400 gr = 6,28318 531 rad.

69,1492 gr
```
69 .... gr  = 1,083849 rad.
14 .. cgr   = 0,002199  „
92 dmgr     = 0,000145  „
        +
            ─────────────
            1,08619  rad.
```

97,561 gr
```
97 .... gr  = 1,523672 rad.
56 .. cgr   = 0,008796  „
10 dmgr     = 0,000016  „
        +
            ─────────────
            1,53248  rad.
```

IId. CONVERSION OF RADIANS TO GRADES.

$$\tfrac{1}{2}\pi \text{ rad.} = 100\,\text{gr}; \quad 1 \text{ rad.} = 63{,}661\,977\,237\ \text{gr}$$

rad	gr	rad.	gr	rad.	gr	rad.	gr
0,00	0,000 000	0,50	31,830 989	1,00	63,661 977	1,50	95,492 966
0,01	0,636 620	0,51	32,467 608	1,01	64,298 597	1,51	96,129 586
0,02	1,273 240	0,52	33,104 228	1,02	64,935 217	1,52	96,766 205
0,03	1,909 859	0,53	33,740 848	1,03	65,571 837	1,53	97,402 825
0,04	2,546 479	0,54	34,377 468	1,04	66,208 456	1,54	98,039 445
0,05	3,183 099	0,55	35,014 087	1,05	66,845 076	1,55	98,676 065
0,06	3,819 719	0,56	35,650 707	1,06	67,481 696	1,56	99,312 684
0,07	4,456 338	0,57	36,287 327	1,07	68,118 316	1,57	99,949 304
0,08	5,092 958	0,58	36,923 947	1,08	68,754 935	1,58	100,585 924
0,09	5,729 578	0,59	37,560 567	1,09	69,391 555	1,59	101,222 544
0,10	6,366 198	0,60	38,197 186	1,10	70,028 175	1,60	101,859 164
0,11	7,002 817	0,61	38,833 806	1,11	70,664 795	1,61	102,495 783
0,12	7,639 437	0,62	39,470 426	1,12	71,301 415	1,62	103,132 403
0,13	8,276 057	0,63	40,107 046	1,13	71,938 034	1,63	103,769 023
0,14	8,912 677	0,64	40,743 665	1,14	72,574 654	1,64	104,405 643
0,15	9,549 297	0,65	41,380 285	1,15	73,211 274	1,65	105,042 262
0,16	10,185 916	0,66	42,016 905	1,16	73,847 894	1,66	105,678 882
0,17	10,822 536	0,67	42,653 525	1,17	74,484 513	1,67	106,315 502
0,18	11,459 156	0,68	43,290 145	1,18	75,121 133	1,68	106,952 122
0,19	12,095 776	0,69	43,926 764	1,19	75,757 753	1,69	107,588 742
0,20	12,732 395	0,70	44,563 384	1,20	76,394 373	1,70	108,225 361
0,21	13,369 015	0,71	45,200 004	1,21	77,030 992	1,71	108,861 981
0,22	14,005 635	0,72	45,836 624	1,22	77,667 612	1,72	109,498 601
0,23	14,642 255	0,73	46,473 243	1,23	78,304 232	1,73	110,135 221
0,24	15,278 875	0,74	47,109 863	1,24	78,940 852	1,74	110,771 840
0,25	15,915 494	0,75	47,746 483	1,25	79,577 472	1,75	111,408 460
0,26	16,552 114	0,76	48,383 103	1,26	80,214 091	1,76	112,045 080
0,27	17,188 734	0,77	49,019 722	1,27	80,850 711	1,77	112,681 700
0,28	17,825 354	0,78	49,656 342	1,28	81,487 331	1,78	113,318 319
0,29	18,461 973	0,79	50,292 962	1,29	82,123 951	1,79	113,954 939
0,30	19,098 593	0,80	50,929 582	1,30	82,760 570	1,80	114,591 559
0,31	19,735 213	0,81	51,566 202	1,31	83,397 190	1,81	115,228 179
0,32	20,371 833	0,82	52,202 821	1,32	84,033 810	1,82	115,864 799
0,33	21,008 452	0,83	52,839 441	1,33	84,670 430	1,83	116,501 418
0,34	21,645 072	0,84	53,476 061	1,34	85,307 049	1,84	117,138 038
0,35	22,281 692	0,85	54,112 681	1,35	85,943 669	1,85	117,774 658
0,36	22,918 312	0,86	54,749 300	1,36	86,580 289	1,86	118,411 278
0,37	23,554 932	0,87	55,385 920	1,37	87,216 909	1,87	119,047 897
0,38	24,191 551	0,88	56,022 540	1,38	87,853 529	1,88	119,684 517
0,39	24,828 171	0,89	56,659 160	1,39	88,490 148	1,89	120,321 137
0,40	25,464 791	0,90	57,295 780	1,40	89,126 768	1,90	120,957 757
0,41	26,101 411	0,91	57,932 399	1,41	89,763 388	1,91	121,594 377
0,42	26,738 030	0,92	58,569 019	1,42	90,400 008	1,92	122,230 996
0,43	27,374 650	0,93	59,205 639	1,43	91,036 627	1,93	122,867 616
0,44	28,011 270	0,94	59,842 259	1,44	91,673 247	1,94	123,504 236
0,45	28,647 890	0,95	60,478 878	1,45	92,309 867	1,95	124,140 856
0,46	29,284 510	0,96	61,115 498	1,46	92,946 487	1,96	124,777 475
0,47	29,921 129	0,97	61,752 118	1,47	93,583 107	1,97	125,414 095
0,48	30,557 749	0,98	62,388 738	1,48	94,219 726	1,98	126,050 715
0,49	31,194 369	0,99	63,025 357	1,49	94,856 346	1,99	126,687 335
0,50	31,830 989	1,00	63,661 977	1,50	95,492 966	2,00	127,323 954

rad.	gr
1	63,661 977
2	127,323 954
3	190,985 932
4	254,647 909
5	318,309 886
6	381,971 863
7	445,633 841
8	509,295 818
9	572,957 795
10	636,619 772

1,1286 rad.

1,12 . . . . . 71,301 415 gr
0,0086 . . . 0,547 493 „
+ ——————
71,848 9 gr

3,24675 rad.

3,2 . . . . . . 203,718 33 gr
0,046 . . . . 2,928 451 „
0,00075. . . 0,047 746 „
+ ——————
206,694 5 gr

8,0128 rad.

8,. . . ,. . . . 509,295 818 gr
0,0128 . . 0,814 873 „
+ ——————
510,110 7 gr

IIe. CONVERSION OF DEGREES TO RADIANS.

a	values in radians of			a	values in radians of		
	a degrees	a minutes	a seconds		a degrees	a minutes	a seconds
1	0,0174533	0,0002909	0,0000048	31	0,5410521	0,0090175	0,0001503
2	0,0349066	0,0005818	0097	32	0,5585054	0,0093084	1551
3	0,0523599	0,0008727	0145	33	0,5759587	0,0095993	1600
4	0,0698132	0,0011636	0194	34	0,5934119	0,0098902	1648
5	0,0872665	0,0014544	0242	35	0,6108652	0,0101811	1697
6	0,1047198	0,0017453	0,0000291	36	0,6283185	0,0104720	0,0001745
7	0,1221730	0,0020362	0339	37	0,6457718	0,0107629	1794
8	0,1396263	0,0023271	0388	38	0,6632251	0,0110538	1842
9	0,1570796	0,0026180	0436	39	0,6806784	0,0113446	1891
10	0,1745329	0,0029089	0485	40	0,6981317	0,0116355	1939
11	0,1919862	0,0031998	0,0000533	41	0,7155850	0,0119264	0,0001988
12	0,2094395	0,0034907	0582	42	0,7330383	0,0122173	2036
13	0,2268928	0,0037815	0630	43	0,7504916	0,0125082	2085
14	0,2443461	0,0040724	0679	44	0,7679449	0,0127991	2133
15	0.2617994	0,0043633	0727	45	0,7853982	0,0130900	2182
16	0,2792527	0,0046542	0,0000776	46	0,8028515	0,0133809	0,0002230
17	0,2967060	0,0049451	0824	47	0,8203047	0,0136717	2279
18	0,3141593	0,0052360	0873	48	0,8377580	0,0139626	2327
19	0,3316126	0,0055269	0921	49	0,8552113	0,0142535	2376
20	0,3490659	0,0058178	0970	50	0,8726646	0,0145444	2424
21	0,3665191	0,0061087	0,0001018	51	0,8901179	0,0148353	0,0002473
22	0,3839724	0,0063995	1067	52	0,9075712	0,0151262	2521
23	0,4014257	0,0066904	1115	53	0,9250245	0,0154171	2570
24	0,4188790	0,0069813	1164	54	0,9424778	0,0157080	2618
25	0,4363323	0,0072722	1212	55	0,9599311	0,0159989	2666
26	0,4537856	0,0075631	0,0001261	56	0,9773844	0,0162897	0,0002715
27	0,4712389	0,0078540	1309	57	0,9948377	0,0165806	2763
28	0,4886922	0,0081449	1357	58	1,0122910	0,0168715	2812
29	0,5061455	0,0084358	1406	59	1,0297443	0,0171624	2860
30	0,5235988	0,0087266	1454	60	1,0471976	0,0174533	2909

degrees	radians	degrees	radians	degrees	radians	degrees	radians
61	1,0646508	76	1,3264502	100	1,7453293	250	4,3633231
62	1,0821041	77	1,3439035	110	1,9198622	260	4,5378561
63	1,0995574	78	1,3613568	120	2,0943951	270	4,7123890
64	1,1170107	79	1,3788101	130	2,2689280	280	4,8869219
65	1,1344640	80	1,3962634	140	2,4434610	290	5,0614548
66	1,1519173	81	1,4137167	150	2,6179939	300	5,2359878
67	1,1693706	82	1,4311700	160	2,7925268	310	5,4105207
68	1,1868239	83	1,4486233	170	2,9670597	320	5,5850536
69	1,2042772	84	1,4660766	180	3,1415927	330	5,7595865
70	1,2217305	85	1,4835299	190	3,3161256	340	5,9341195
71	1,2391838	86	1,5009832	200	3,4906585	350	6,1086524
72	1,2566371	87	1,5184364	210	3,6651914	360	6,2831853
73	1,2740904	88	1,5358897	220	3,8397244	400	6,9813170
74	1,2915436	89	1,5533430	230	4,0142573	500	8,7266463
75	1,3089969	90	1,5707963	240	4,1887902	600	10,4719755

TABLE III.

LOGARITHMS OF TRIGONOMETRIC FUNCTIONS. DECIMAL SYSTEM

in milligrades $\left\{ \begin{array}{c} \text{from 0 to 1,2 gr} \\ \text{and} \\ \text{from 98,8 gr to 100 gr} \end{array} \right.$

in centigrades from 1,2 gr to 98,8 gr.

The quadrant is divided in 100 grades (gr; G);
1 gr = 10 decigrades (dgr);   1 gr = 100 centigrades (cgr;`);
1 gr = 1 000 milligrades (mgr); 1 gr = 10 000 decimilligrades (dmgr;").
One writes 23,3619 gr; 23^G 3619; 23^G 36'19".

Direct problem: *find the logarithm of a trigonometric function of a given angle.*

The interpolation by p.p. (proportional parts) gives five exact decimals, except on page 36.

To find log sin α and log tg α in case $0 < \alpha < 15$ cgr, α is converted into decimilligrades; if $\alpha = s$"

$$\log \sin a = \log \operatorname{tg} a = \log s + \overline{6},19612$$

Examples.

1. 4,94 cgr = 494 dmgr
   log 494 = 2,69373
      $\overline{6}$,19612
   + ————
log sin 4,94 cgr = $\overline{4}$,88985

2. log tg 99,8874 gr = cologtg 0,1126 gr
    log 1126 = 3,05154
       $\overline{6}$,19612
    + ————
log tg 0,1126 gr = $\overline{3}$,24766
log tg 99,8874 gr = 2,75234

Inverse problem: *find the angle, when the logarithm of one of the trigonometric functions is given.*

This is done by means of proportional interpolation, except for angles smaller than 2 cgr, determined by log sin or log tg; in this case, the inverse way must be used, as indicated above.

Examples.

3. log sin $\alpha = \overline{4}$,29025
     5,80388
   + ————
    2,09413 = log 124
   α = 124" = 1,24 cgr

4.   log tg β = 4,27228
log tg (100 gr — β) = $\overline{5}$,72772
       5,80388
    + ————
     1,53160 = log 34
β = 100 gr — 0,0034 gr = 99,9966 gr.

☞ From 0 to 20 cgr **log tg α = log sin α**
    or **log tg α = log sin α + 0,00001.**

In the last case log sin α is followed by an asterisk.

mgr	log sin / log tg	log cotg	
000	— ∞	∞	1000
1	$\bar{5}$,19 612	4,80 388	9
2	49 715	50 285	8
3	67 324	32 676	7
4	79 818	20 182	6
5	89 509	10 491	5
6	$\bar{5}$,97 427	4,02 573	4
7	$\bar{4}$,04 122	3,95 878	3
8	09 921	90 079	2
9	15 036	84 964	1
010	$\bar{4}$,19 612	3,80 388	990
1	23 751	76 249	9
2	27 530	72 470	8
3	31 006	68 994	7
4	34 225	65 775	6
5	37 221	62 779	5
6	40 024	59 976	4
7	42 657	57 343	3
8	45 139	54 861	2
9	47 487	52 513	1
020	$\bar{4}$,49 715	3,50 285	980
1	51 834	48 166	9
2	53 854	46 146	8
3	55 785	44 215	7
4	57 633	42 367	6
5	59 406	40 594	5
6	61 109	38 891	4
7	62 748	37 252	3
8	64 328	35 672	2
9	65 852	34 148	1
030	$\bar{4}$,67 324	3,32 676	970
1	68 748	31 252	9
2	70 127	29 873	8
3	71 463	28 537	7
4	72 760	27 240	6
5	74 019	25 981	5
6	75 242	24 758	4
7	76 432	23 568	3
8	77 590	22 410	2
9	78 718	21 282	1
040	$\bar{4}$,79 818	3,20 182	960
1	80 890	19 110	9
2	81 937	18 063	8
3	82 959	17 041	7
4	83 957	16 043	6
5	84 933	15 067	5
6	85 888	14 112	4
7	86 822	13 178	3
8	87 736	12 264	2
9	88 632	11 368	1
050	$\bar{4}$,89 509	3,10 491	950
	log cos / log cotg	log tg	mgr

mgr	log sin / log tg	log cotg	
050	$\bar{4}$,89 509	3,10 491	950
1	90 369	09 631	9
2	91 212	08 788	8
3	92 040	07 960	7
4	92 851	07 149	6
5	93 648	06 352	5
6	94 431	05 569	4
7	95 199	04 801	3
8	95 955	04 045	2
9	96 697	03 303	1
060	$\bar{4}$,07 427	3,02 573	940
1	98 145	01 855	9
2	98 851	01 149	8
3	$\bar{4}$,99 546	3,00 454	7
4	$\bar{3}$,00 230	2,99 770	6
5	00 903	99 097	5
6	01 566	98 434	4
7	02 219	97 781	3
8	02 863	97 137	2
9	03 497	96 503	1
070	$\bar{3}$,04 122	2,95 878	930
1	04 738	95 262	9
2	05 345	94 655	8
3	05 944	94 056	7
4	06 535	93 465	6
5	07 118	92 882	5
6	07 693	92 307	4
7	08 261	91 739	3
8	08 821	91 179	2
9	09 375	90 625	1
080	$\bar{3}$,09 921	2,90 079	920
1	10 460*	89 539	9
2	10 993	89 007	8
3	11 520	88 480	7
4	12 040	87 960	6
5	12 554	87 446	5
6	13 062	86 938	4
7	13 564	86 436	3
8	14 060	85 940	2
9	14 551	85 449	1
090	$\bar{3}$,15 036	2,84 964	910
1	15 516	84 484	9
2	15 991	84 009	8
3	16 460	83 540	7
4	16 925	83 075	6
5	17 384	82 616	5
6	17 839	82 161	4
7	18 289	81 711	3
8	18 735	81 265	2
9	19 175*	80 824	1
100	$\bar{3}$,19 612	2,80 388	900
	log cos / log cotg	log tg	mgr

mgr	log sin / log tg	log cotg	
100	$\bar{3}$,19 612	2,80 388	900
1	$\bar{3}$,20 044	2,79 956	9
2	0 472	9 528	8
3	0 896	9 104	7
4	1 315	8 685	6
5	1 731	8 269	5
6	2 143	7 857	4
7	2 550	7 450	3
8	2 954	7 046	2
9	3 355	6 645	1
110	$\bar{3}$,23 751	2,76 249	890
1	4 144	5 856	9
2	4 534	5 466	8
3	4 920	5 080	7
4	5 302*	4 697	6
5	5 682	4 318	5
6	6 058	3 942	4
7	6 431	3 569	3
8	6 800	3 200	2
9	7 167	2 833	1
120	$\bar{3}$,27 530	2,72 470	880
1	7 890*	2 109	9
2	8 248	1 752	8
3	8 602*	1 397	7
4	8 954	1 046	6
5	9 303	0 697	5
6	9 649	0 351	4
7	$\bar{3}$,29 992	2,70 008	3
8	$\bar{3}$,30 333	2,69 667	2
9	0 671	9 329	1
130	$\bar{3}$,31 006	2,68 994	870
1	1 339	8 661	9
2	1 669	8 331	8
3	1 997	8 003	7
4	2 322*	7 677	6
5	2 645	7 355	5
6	2 966	7 034	4
7	3 284	6 716	3
8	3 600	6 400	2
9	3 913*	6 086	1
140	$\bar{3}$,34 225	2,65 775	860
1	4 534	5 466	9
2	4 841	5 159	8
3	5 146	4 854	7
4	5 448	4 552	6
5	5 749	4 251	5
6	6 047	3 953	4
7	6 344	3 656	3
8	6 638	3 362	2
9	6 931	3 069	1
150	$\bar{3}$,37 221	2,62 779	850
	log cos / log cotg	log tg	mgr

$\log \cos \alpha = 0{,}00000 \ (\alpha \leqq 20\text{cgr})$

$\log \sin \alpha = \log \mathrm{tg}\, \alpha = \log s + \bar{6}{,}19612$

$\left. \log s = \log \sin \alpha + 5{,}80388 = \log \mathrm{tg}\, \alpha + 5{,}80388 \right\} \ (0 < \alpha < 15\text{cgr}; \ \alpha = s'')$

☞ p. 35.

mgr	log sin log tg	log cotg	
150	3̄,37 221	2,62 779	850
1	7 510	2 490	9
2	7 796	2 204	8
3	8 081	1 919	7
4	8 364	1 636	6
5	8 645	1 355	5
6	8 924*	1 075	4
7	9 202	0 798	3
8	9 478	0 522	2
9	3̄,39 752	2,60 248	1
160	3̄,40 024	2,59 976	840
1	0 295	9 705	9
2	0 563*	9 436	8
3	0 831	9 169	7
4	1 096	8 904	6
5	1 360	8 640	5
6	1 623	8 377	4
7	1 884	8 116	3
8	2 143	7 857	2
9	2 401	7 599	1
170	3̄,42 657	2,57 343	830
1	2 912	7 088	9
2	3 165	6 835	8
3	3 417	6 583	7
4	3 667	6 333	6
5	3 916	6 084	5
6	4 163	5 837	4
7	4 409	5 591	3
8	4 654	5 346	2
9	4 897	5 103	1
180	3̄,45 139	2,54 861	820
1	5 380	4 620	9
2	5 619	4 381	8
3	5 857	4 143	7
4	6 094	3 906	6
5	6 329	3 671	5
6	6 563	3 437	4
7	6 796	3 204	3
8	7 028	2 972	2
9	7 258	2 742	1
190	3̄,47 487	2,52 513	810
1	7 715	2 285	9
2	7 942	2 058	8
3	8 168	1 832	7
4	8 392	1 608	6
5	8 615*	1 384	5
6	8 838	1 162	4
7	9 059	0 941	3
8	9 278*	0 721	2
9	9 497	0 503	1
200	3̄,49 715	2,50 285	800
	log cos log cotg	log tg	mgr

log cos α = 0,00000

(α ≦ 20cgr)

☞ p. 35.

dmgr	289	286	285	283	281	280	279	278	277	dmgr
1	29	29	29	28	28	28	28	28	28	1
2	58	57	57	57	56	56	56	56	55	2
3	87	86	86	85	85	84	84	83	83	3
4	116	114	114	113	112	112	112	111	111	4
5	145	143	143	142	141	140	140	139	139	5
6	173	172	171	170	169	168	167	167	166	6
7	202	200	200	198	197	196	195	195	194	7
8	231	229	228	226	225	224	223	222	222	8
9	260	257	257	255	253	252	251	250	249	9

dmgr	276	274	272	271	269	268	267	265	264	dmgr
1	28	27	27	27	27	27	27	27	26	1
2	55	55	54	54	54	54	53	53	53	2
3	83	82	82	81	81	80	80	80	79	3
4	110	110	109	108	108	107	107	106	106	4
5	138	137	136	136	135	134	134	133	132	5
6	166	164	163	163	161	161	160	159	158	6
7	193	192	190	190	188	188	187	186	185	7
8	221	219	218	217	215	214	214	212	211	8
9	248	247	245	244	242	241	240	239	238	9

dmgr	263	261	259	258	256	255	253	252	250	dmgr
1	26	26	26	26	26	26	25	25	25	1
2	53	52	52	52	51	51	51	50	50	2
3	79	78	78	77	77	77	76	76	75	3
4	105	104	104	103	102	102	101	101	100	4
5	132	131	130	129	128	128	127	126	125	5
6	158	157	155	155	154	153	152	151	150	6
7	184	183	181	181	179	179	177	176	175	7
8	210	209	207	206	205	204	202	202	200	8
9	237	235	233	232	230	230	228	227	225	9

dmgr	249	247	246	245	243	242	241	239	238	dmgr
1	25	25	25	25	24	24	24	24	24	1
2	50	49	49	49	49	48	48	48	48	2
3	75	74	74	74	73	73	72	72	71	3
4	100	99	98	98	97	97	96	96	95	4
5	125	124	123	123	122	121	121	120	119	5
6	149	148	148	147	146	145	145	143	143	6
7	174	173	172	172	170	169	169	167	167	7
8	199	198	197	196	194	194	193	191	190	8
9	224	222	221	221	219	218	217	215	214	9

dmgr	237	235	234	233	232	230	229	228	227	dmgr
1	24	24	23	23	23	23	23	23	23	1
2	47	47	47	47	46	46	46	46	45	2
3	71	71	70	70	70	69	69	68	68	3
4	95	94	94	93	93	92	92	91	91	4
5	119	118	117	117	116	115	115	114	114	5
6	142	141	140	140	139	138	137	137	136	6
7	166	165	164	163	162	161	160	160	159	7
8	190	188	187	186	186	184	183	182	182	8
9	213	212	211	210	209	207	206	205	204	9

dmgr	226	224	223	222	221	220	219	218		dmgr
1	23	22	22	22	22	22	22	22		1
2	45	45	45	44	44	44	44	44		2
3	68	67	67	67	66	66	66	65		3
4	90	90	89	89	88	88	88	87		4
5	113	112	112	111	111	110	110	109		5
6	136	134	134	133	133	132	131	131		6
7	158	157	156	155	155	154	153	153		7
8	181	179	178	178	177	176	175	174		8
9	203	202	201	200	199	198	197	196		9

mgr	log sin	log tg	log cotg	log cos	
200	3,49 715	3,49 715	2,50 285	0,00 000	80 0
1	3,49 932	3,49 932	2,50 068		9
2	3,50 147	3,50 147	2,49 853		8
3	0 362	0 362	9 638		7
4	0 575	0 575	9 425		6
5	0 787	0 788	9 212		5
6	0 999	0 999	9 001		4
7	1 209	1 209	8 791		3
8	1 418	1 418	8 582		2
9	1 627	1 627	8 373		1
210	3,51 834	3,51 834	2,48 166	0,00 000	79 0
1	2 040	2 040	7 960		9
2	2 245	2 246	7 754		8
3	2 450	2 450	7 550		7
4	2 653	2 654	7 346		6
5	2 856	2 856	7 144		5
6	3 057	3 058	6 942		4
7	3 258	3 258	6 742		3
8	3 458	3 458	6 542		2
9	3 656	3 657	6 343		1
220	3,53 854	3,53 854	2,46 146	0,00 000	78 0
1	4 051	4 051	5 949		9
2	4 247	4 247	5 753		8
3	4 442	4 443	5 557		7
4	4 637	4 637	5 363		6
5	4 830	4 830	5 170		5
6	5 023	5 023	4 977		4
7	5 214	5 215	4 785		3
8	5 405	5 406	4 594		2
9	5 595	5 596	4 404		1
230	3,55 785	3,55 785	2,44 215	0,00 000	77 0
1	5 973	5 973	4 027		9
2	6 161	6 161	3 839		8
3	6 347	6 348	3 652		7
4	6 533	6 534	3 466		6
5	6 719	6 719	3 281		5
6	6 903	6 903	3 097		4
7	7 087	7 087	2 913		3
8	7 270	7 270	2 730		2
9	7 452	7 452	2 548		1
240	3,57 633	3,57 633	2,42 367	0,00 000	76 0
1	7 814	7 814	2 186		9
2	7 993	7 994	2 006		8
3	8 173	8 173	1 827		7
4	8 351	8 351	1 649		6
5	8 528	8 529	1 471		5
6	8 705	8 706	1 294		4
7	8 882	8 882	1 118		3
8	9 057	9 057	0 943		2
9	9 232	9 232	0 768		1
250	3,59 406	3,59 406	2,40 594	0,00 000	75 0
	log cos	log cotg	log tg	log sin	mgr

mgr	log sin	log tg	log cotg	log cos	
250	3,59 406	3,59 406	2,40 594	0,00 000	75 0
1	9 579	9 580	0 420		9
2	9 752	9 752	0 248		8
3	3,59 924	3,59 924	2,40 076		7
4	3,60 095	3,60 096	2,39 904		6
5	0 266	0 266	9 734		5
6	0 436	0 436	9 564		4
7	0 605	0 606	9 394		3
8	0 774	0 774	9 226		2
9	0 942	0 942	9 058		1
260	3,61 109	3,61 110	2,38 890	0,00 000	74 0
1	1 276	1 276	8 724		9
2	1 442	1 442	8 558		8
3	1 607	1 608	8 392		7
4	1 772	1 773	8 227		6
5	1 936	1 937	8 063		5
6	2 100	2 100	7 900		4
7	2 263	2 263	7 737		3
8	2 425	2 426	7 574		2
9	2 587	2 587	7 413		1
270	3,62 748	3,62 749	2,37 251	0,00 000	73 0
1	2 909	2 909	7 091		9
2	3 069	3 069	6 931		8
3	3 228	3 229	6 771		7
4	3 387	3 387	6 613		6
5	3 545	3 546	6 454		5
6	3 703	3 703	6 297		4
7	3 860	3 860	6 140		3
8	4 016	4 017	5 983		2
9	4 172	4 173	5 827		1
280	3,64 328	3,64 328	2,35 672	0,00 000	72 0
1	4 482	4 483	5 517		9
2	4 637	4 637	5 363		8
3	4 790	4 791	5 209		7
4	4 944	4 944	5 056		6
5	5 096	5 097	4 903		5
6	5 248	5 249	4 751		4
7	5 400	5 400	4 600		3
8	5 551	5 552	4 448		2
9	5 702	5 702	4 298		1
290	3,65 852	3,65 852	2,34 148	0,00 000	71 0
1	6 001	6 002	3 998		9
2	6 150	6 151	3 849		8
3	6 299	6 299	3 701		7
4	6 447	6 447	3 553		6
5	6 594	6 595	3 405		5
6	6 741	6 741	3 259		4
7	6 887	6 888	3 112		3
8	7 033	7 034	2 966		2
9	7 179	7 179	2 821		1
300	3,67 324	3,67 324	2,32 676	0,00 000	70 0
	log cos	log cotg	log tg	log sin	mgr

dmgr	217	215	213	212	211	210	209	207	206	205	204	203	dmgr
1	22	22	21	21	21	21	21	21	21	21	20	20	1
2	43	43	43	42	42	42	42	41	41	41	41	41	2
3	65	65	64	64	63	63	63	62	62	62	61	61	3
4	87	86	85	85	84	84	84	83	82	82	82	81	4
5	109	108	107	106	106	105	105	104	103	103	102	102	5
6	130	129	128	127	127	126	125	124	124	123	122	122	6
7	152	151	149	148	148	147	146	145	144	144	143	142	7
8	174	172	170	170	169	168	167	166	165	165	164	163	162	8
9	195	194	192	191	190	189	188	186	185	185	184	183	9

dmgr	202	201	200	199	198	197	196	195	194	193	192	191	dmgr
1	20	20	20	20	20	20	20	20	19	19	19	19	1
2	40	40	40	40	40	39	39	39	39	39	38	38	2
3	61	60	60	60	59	59	59	59	58	58	58	57	3
4	81	80	80	80	79	79	78	78	78	77	77	76	4
5	101	101	100	100	99	99	98	98	97	97	96	96	5
6	121	121	120	119	119	118	118	117	116	116	115	115	6
7	141	141	140	139	139	138	137	137	136	135	134	134	7
8	162	161	160	159	158	158	157	156	155	154	154	153	8
9	182	181	180	179	178	177	176	176	175	174	173	172	9

dmgr	190	189	188	187	186	185	184	183	182	181	180	179	dmgr
1	19	19	19	19	19	19	18	18	18	18	18	18	1
2	38	38	38	37	37	37	37	37	36	36	36	36	2
3	57	57	56	56	56	56	55	55	55	54	54	54	3
4	76	76	75	75	74	74	74	73	73	72	72	72	4
5	95	95	94	94	93	93	92	92	91	91	90	90	5
6	114	113	113	112	112	111	110	110	109	109	108	107	6
7	133	132	132	131	130	130	129	128	127	127	126	125	7
8	152	151	150	150	149	148	147	146	146	145	144	143	8
9	171	170	169	168	167	167	166	165	164	163	162	161	9

dmgr	178	177	176	175	174	173	172	171	170	169	168	167	dmgr
1	18	18	18	18	17	17	17	17	17	17	17	17	1
2	36	35	35	35	35	35	34	34	34	34	34	33	2
3	53	53	53	53	52	52	52	51	51	51	50	50	3
4	71	71	70	70	70	69	69	68	68	68	67	67	4
5	89	89	88	88	87	87	86	86	85	85	84	84	5
6	107	106	106	105	104	104	103	103	102	101	101	100	6
7	125	124	123	123	122	121	120	120	119	118	118	117	7
8	142	142	141	140	139	138	138	137	136	135	134	134	8
9	160	159	158	158	157	156	155	154	153	152	151	150	9

dmgr	166	165	164	163	162	161	160	159	158	157	156	155	dmgr
1	17	17	16	16	16	16	16	16	16	16	16	16	1
2	33	33	33	33	32	32	32	32	32	31	31	31	2
3	50	50	49	49	49	48	48	48	47	47	47	47	3
4	66	66	66	65	65	64	64	64	63	63	62	62	4
5	83	83	82	82	81	81	80	80	79	79	78	78	5
6	100	99	98	98	97	97	96	95	95	94	94	93	6
7	116	116	115	114	113	113	112	111	111	110	109	109	7
8	133	132	131	130	130	129	128	127	126	126	125	124	8
9	149	149	148	147	146	145	144	143	142	141	140	140	9

dmgr	154	153	152	151	150	149	148	147	146	145			dmgr
1	15	15	15	15	15	15	15	15	15	15			1
2	31	31	30	30	30	30	30	29	29	29			2
3	46	46	46	45	45	45	44	44	44	44			3
4	62	61	61	60	60	60	59	59	58	58			4
5	77	77	76	76	75	75	74	74	73	73			5
6	92	92	91	91	90	89	89	88	88	87			6
7	108	107	106	106	105	104	104	103	102	102			7
8	123	122	122	121	120	119	118	118	117	116			8
9	139	138	137	136	135	134	133	132	131	131			9

mgr	log sin	log tg	log cotg	log cos	
300	3,67 324	3,67,324	2,32 676	0,00 000	700
1	7 468	7 469	2 531		9
2	7 613	7 613	2 387		8
3	7 756	7 757	2 243		7
4	7 899	7 900	2 100		6
5	8 042	8 042	1 958	0,00 000	5
6	8 184	8 184	1 816	I,99 999	4
7	8 326	8 326	1 674		3
8	8 467	8 467	1 533		2
9	8 608	8 608	1 392		1
310	3,68 748	3,68 749	2,31 251	I,99 999	690
1	8 888	8 888	1 112		9
2	9 027	9 028	0 972		8
3	9 166	9 167	0 833		7
4	9 305	9 305	0 695		6
5	9 443	9 443	0 557		5
6	9 581	9 581	0 419		4
7	9 718	9 718	0 282		3
8	9 855	9 855	0 145		2
9	3,69 991	3,69 991	2,30 009		1
320	3,70 127	3,70 127	2,29 873	I,99 999	680
1	0 262	0 263	9 737		9
2	0 397	0 398	9 602		8
3	0 532	0 533	9 467		7
4	0 666	0 667	9 333		6
5	0 800	0 801	9 199		5
6	0 934	0 934	9 066		4
7	1 067	1 067	8 933		3
8	1 199	1 200	8 800		2
9	1 331	1 332	8 668		1
330	3,71 463	3,71 464	2,28 536	I,99 999	670
1	1 595	1 595	8 405		9
2	1 726	1 726	8 274		8
3	1 856	1 857	8 143		7
4	1 986	1 987	8 013		6
5	2 116	2 117	7 883		5
6	2 246	2 246	7 754		4
7	2 375	2 375	7 625		3
8	2 503	2 504	7 496		2
9	2 632	2 632	7 368		1
340	3,72 760	3,72 760	2,27 240	I,99 999	660
1	2 887	2 888	7 112		9
2	3 014	3 015	6 985		8
3	3 141	3 142	6 858		7
4	3 268	3 268	6 732		6
5	3 394	3 394	6 606		5
6	3 519	3 520	6 480		4
7	3 645	3 645	6 355		3
8	3 770	3 770	6 230		2
9	3 894	3 895	6 105		1
350	3,74 019	3,74 019	2,25 981	I,99 999	650
	log cos	log cotg	log tg	log sin	mgr

mgr	log sin	log tg	log cotg	log cos	
350	3,74 019	3,74 019	2,25 981	I,99 999	650
1	4 142	4 143	5 857		9
2	4 266	4 267	5 733		8
3	4 389	4 390	5 610		7
4	4 512	4 513	5 487		6
5	4 635	4 635	5 365		5
6	4 757	4 757	5 243		4
7	4 879	4 879	5 121		3
8	5 000	5 001	4 999		2
9	5 121	5 122	4 878		1
360	3,75 242	3,75 243	2,24 757	I,99 999	640
1	5 362	5 363	4 637		9
2	5 483	5 483	4 517		8
3	5 602	5 603	4 397		7
4	5 722	5 723	4 277		6
5	5 841	5 842	4 158		5
6	5 960	5 961	4 039		4
7	6 078	6 079	3 921		3
8	6 197	6 197	3 803		2
9	6 314	6 315	3 685		1
370	3,76 432	3,76 433	2,23 567	I,99 999	630
1	6 549	6 550	3 450		9
2	6 666	6 667	3 333		8
3	6 783	6 783	3 217		7
4	6 899	6 900	3 100		6
5	7 015	7 016	2 984		5
6	7 131	7 131	2 869		4
7	7 246	7 247	2 753		3
8	7 361	7 362	2 638		2
9	7 476	7 476	2 524		1
380	3,77 590	3,77 591	2,22 409	I,99 999	620
1	7 704	7 705	2 295		9
2	7 818	7 819	2 181		8
3	7 932	7 932	2 068		7
4	8 045	8 046	1 954		6
5	8 158	8 159	1 841		5
6	8 270	8 271	1 729		4
7	8 383	8 384	1 616		3
8	8 495	8 496	1 504		2
9	8 607	8 607	1 393		1
390	3,78 718	3,78 719	2,21 281	I,99 999	610
1	8 829	8 830	1 170		9
2	8 940	8 941	1 059		8
3	9 051	9 052	0 948		7
4	9 161	9 162	0 838		6
5	9 271	9 272	0 728		5
6	9 381	9 382	0 618		4
7	9 491	9 492	0 508		3
8	9 600	9 601	0 399		2
9	9 709	9 710	0 290		1
400	3,79 818	3,79 819	2,20 181	I,99 999	600
	log cos	log cotg	log tg	log sin	mgr

dmgr	145	144	143	142	141	140	139	138	dmgr
1	15	14	14	14	14	14	14	14	1
2	29	29	29	28	28	28	28	28	2
3	44	43	43	43	42	42	42	41	3
4	58	58	57	57	56	56	56	55	4
5	73	72	72	71	71	70	70	69	5
6	87	86	86	85	85	84	83	83	6
7	102	101	100	99	99	98	97	97	7
8	116	115	114	114	113	112	111	110	8
9	131	130	129	128	127	126	125	124	9

dmgr	137	136	135	134	133	132	131	130	dmgr
1	14	14	14	13	13	13	13	13	1
2	27	27	27	27	27	26	26	26	2
3	41	41	41	40	40	40	39	39	3
4	55	54	54	54	53	53	52	52	4
5	69	68	68	67	67	66	66	65	5
6	82	82	81	80	80	79	79	78	6
7	96	95	95	94	93	92	92	91	7
8	110	109	108	107	106	106	105	104	8
9	123	122	122	121	120	119	118	117	9

dmgr	129	128	127	126	125	124	123	122	dmgr
1	13	13	13	13	13	12	12	12	1
2	26	26	25	25	25	25	25	24	2
3	39	38	38	38	38	37	37	37	3
4	52	51	51	50	50	50	49	49	4
5	65	64	64	63	63	62	62	61	5
6	77	77	76	76	75	74	74	73	6
7	90	90	89	88	88	87	86	85	7
8	103	102	102	101	100	99	98	98	8
9	116	115	114	113	113	112	111	110	9

dmgr	121	120	119	118	117	116	115	114	dmgr
1	12	12	12	12	12	12	12	11	1
2	24	24	24	24	23	23	23	23	2
3	36	36	36	35	35	35	35	34	3
4	48	48	48	47	47	46	46	46	4
5	61	60	60	59	59	58	58	57	5
6	73	72	71	71	70	70	69	68	6
7	85	84	83	83	82	81	81	80	7
8	97	96	95	94	94	93	92	91	8
9	109	108	107	106	105	104	104	103	9

dmgr	113	112	111	110	109				dmgr
1	11	11	11	11	11				1
2	23	22	22	22	22				2
3	34	34	33	33	33				3
4	45	45	44	44	44				4
5	57	56	56	55	55				5
6	68	67	67	66	65				6
7	79	78	78	77	76				7
8	90	90	89	88	87				8
9	102	101	100	99	98				9

mgr	log sin	log tg	log cotg	log cos	
40 0	3,79 818	3,79 819	2,20 181	1,99 999	60 0
1	3,79 926	3,79 927	2,20 073		9
2	3,80 034	3,80 035	2,19 965		8
3	0 142	0 143	9 857		7
4	0 250	0 251	9 749		6
5	0 357	0 358	9 642		5
6	0 464	0 465	9 535		4
7	0 571	0 572	9 428		3
8	0 678	0 679	9 321		2
9	0 784	0 785	9 215		1
41 0	3,80 890	3,80 891	2,19 109	1,99 999	59 0
1	0 996	0 997	9 003		9
2	1 101	1 102	8 898		8
3	1 207	1 208	8 792		7
4	1 312	1 313	8 687		6
5	1 416	1 417	8 583		5
6	1 521	1 522	8 478		4
7	1 625	1 626	8 374		3
8	1 729	1 730	8 270		2
9	1 833	1 834	8 166		1
42 0	3,81 937	3,81 938	2,18 062	1,99 999	58 0
1	2 040	2 041	7 959		9
2	2 143	2 144	7 856		8
3	2 246	2 247	7 753		7
4	2 348	2 349	7 651		6
5	2 451	2 452	7 548		5
6	2 553	2 554	7 446		4
7	2 654	2 655	7 345		3
8	2 756	2 757	7 243		2
9	2 857	2 858	7 142		1
43 0	3,82 959	3,82 959	2,17 041	1,99 999	57 0
1	3 059	3 060	6 940		9
2	3 160	3 161	6 839		8
3	3 260	3 261	6 739		7
4	3 361	3 362	6 638		6
5	3 461	3 462	6 538		5
6	3 560	3 561	6 439		4
7	3 660	3 661	6 339		3
8	3 759	3 760	6 240		2
9	3 858	3 859	6 141		1
44 0	3,83 957	3,83 958	2,16 042	1,99 999	56 0
1	4 055	4 057	5 943		9
2	4 154	4 155	5 845		8
3	4 252	4 253	5 747		7
4	4 350	4 351	5 649		6
5	4 448	4 449	5 551		5
6	4 545	4 546	5 454		4
7	4 642	4 643	5 357		3
8	4 739	4 741	5 259		2
9	4 836	4 837	5 163		1
45 0	3,84 933	3,84 934	2,15 066	1,99 999	55 0
	log cos	log cotg	log tg	log sin	mgr

mgr	log sin	log tg	log cotg	log cos	
45 0	3,84 933	3,84 934	2,15 066	1,99 999	55 0
1	5 029	5 030	4 970		9
2	5 125	5 127	4 873		8
3	5 221	5 223	4 777		7
4	5 317	5 318	4 682		6
5	5 413	5 414	4 586		5
6	5 508	5 509	4 491		4
7	5 603	5 604	4 396		3
8	5 698	5 699	4 301		2
9	5 793	5 709	4 206		1
46 0	3,85 887	3,85 889	2,14 111	1,99 999	54 0
1	5 982	5 983	4 017		9
2	6 076	6 077	3 923		8
3	6 170	6 171	3 829		7
4	6 263	6 265	3 735		6
5	6 357	6 358	3 642		5
6	6 450	6 451	3 549		4
7	6 543	6 544	3 456		3
8	6 636	6 637	3 363		2
9	6 729	6 730	3 270		1
47 0	3,86 821	3,86 823	2,13 177	1,99 999	53 0
1	6 914	6 915	3 085		9
2	7 006	7 007	2 993		8
3	7 098	7 099	2 901		7
4	7 189	7 191	2 809		6
5	7 281	7 282	2 718		5
6	7 372	7 373	2 627		4
7	7 463	7 465	2 535		3
8	7 554	7 556	2 444		2
9	7 645	7 646	2 354		1
48 0	3,87 736	3,87 737	2,12 263	1,99 999	52 0
1	7 826	7 827	2 173		9
2	7 916	7 918	2 082		8
3	8 006	8 008	1 992		7
4	8 096	8 097	1 903		6
5	8 186	8 187	1 813		5
6	8 275	8 276	1 724		4
7	8 364	8 366	1 634		3
8	8 454	8 455	1 545		2
9	8 542	8 544	1 456		1
49 0	3,88 631	3,88 632	2,11 368	1,99 999	51 0
1	8 720	8 721	1 279		9
2	8 808	8 809	1 191		8
3	8 896	8 898	1 102		7
4	8 984	8 986	1 014		6
5	9 072	9 073	0 927		5
6	9 160	9 161	0 839		4
7	9 247	9 249	0 751		3
8	9 334	9 336	0 664		2
9	9 422	9 423	0 577		1
50 0	3,89 509	3,89 510	2,10 490	1,99 999	50 0
	log cos	log cotg	log tg	log sin	mgr

dmgr	108	107	106	105	104	103	102	99	98	97	96	95	94	93	92	91	90	89	88	87	dmgr
1	11	11	11	11	10	10	10	10	10	10	10	10	9	9	9	9	9	9	9	9	1
2	22	21	21	21	20	20	20	20	20	19	19	19	19	19	18	18	18	18	18	17	2
3	32	32	32	32	31	31	31	30	30	29	29	29	28	28	28	27	27	27	26	26	3
4	43	43	42	42	42	41	41	40	39	39	38	38	38	37	37	36	36	36	35	35	4
5	54	54	53	53	52	52	51	50	49	49	48	48	47	47	46	46	45	45	44	44	5
6	65	64	64	63	62	62	61	59	59	58	58	57	56	56	55	55	54	53	53	52	6
7	76	75	74	74	73	72	71	69	69	68	67	67	66	65	64	64	63	62	62	61	7
8	86	86	85	84	83	82	82	79	78	78	77	76	75	74	74	73	72	71	70	70	8
9	97	96	95	95	94	93	92	89	88	87	86	86	86	84	83	82	81	80	79	78	9

mgr	log sin	log tg	log cotg	log cos		mgr	log sin	log tg	log cotg	log cos	
500	3,89 509	3,89 510	2,10 490	I,99 999	500	550	3,93 648	3,93 649	2,06 351	I,99 998	450
1	9 595	9 597	0 403		9	1	3 727	3 728	6 272		9
2	9 682	9 683	0 317		8	2	3 805	3 807	6 193		8
3	9 768	9 770	0 230		7	3	3 884	3 886	6 114		7
4	9 855	9 856	0 144		6	4	3 962	3 964	6 036		6
5	3,89 941	3,89 942	2,10 058		5	5	4 041	4 042	5 958		5
6	3,90 027	3,90 028	2,09 972		4	6	4 119	4 121	5 879		4
7	0 112	0 114	9 886		3	7	4 197	4 199	5 801		3
8	0 198	0 199	9 801		2	8	4 275	4 277	5 723		2
9	0 283	0 285	9 715		1	9	4 353	4 354	5 646		1
510	3,90 369	3,90 370	2,09 630	I,99 999	490	560	3,94 430	3,94 432	2,05 568	I,99 998	440
1	0 454	0 455	9 545		9	1	4 508	4 509	5 491		9
2	0 539	0 540	9 460		8	2	4 585	4 587	5 413		8
3	0 623	0 625	9 375		7	3	4 662	4 664	5 336		7
4	0 708	0 709	9 291		6	4	4 739	4 741	5 259		6
5	0 792	0 794	9 206		5	5	4 816	4 818	5 182		5
6	0 876	0 878	9 122		4	6	4 893	4 895	5 105		4
7	0 961	0 962	9 038		3	7	4 970	4 971	5 029		3
8	1 044	1 046	8 954		2	8	5 046	5 048	4 952		2
9	1 128	1 130	8 870		1	9	5 123	5 124	4 876		1
520	3,91 212	3,91 213	2,08 787	I,99 999	480	570	3,95 199	3,95 201	2,04 799	I,99 998	430
1	1 295	1 297	8 703		9	1	5 275	5 277	4 723		9
2	1 379	1 380	8 620		8	2	5 351	5 353	4 647		8
3	1 462	1 463	8 537		7	3	5 427	5 429	4 571		7
4	1 545	1 546	8 454		6	4	5 503	5 504	4 496		6
5	1 627	1 629	8 371		5	5	5 578	5 580	4 420		5
6	1 710	1 712	8 288		4	6	5 654	5 655	4 345		4
7	1 793	1 794	8 206		3	7	5 729	5 731	4 269		3
8	1 875	1 876	8 124		2	8	5 804	5 806	4 194		2
9	1 957	1 959	8 041	I,99 999	1	9	5 879	5 881	4 119		1
530	3,92 039	3,92 041	2,07 959	I,99 998	470	580	3,95 954	3,95 956	2,04 044	I,99 998	420
1	2 121	2 122	7 878		9	1	6 029	6 031	3 969		9
2	2 203	2 204	7 796		8	2	6 104	6 105	3 895		8
3	2 284	2 286	7 714		7	3	6 178	6 180	3 820		7
4	2 366	2 367	7 633		6	4	6 253	6 254	3 746		6
5	2 447	2 448	7 552		5	5	6 327	6 329	3 671		5
6	2 528	2 529	7 471		4	6	6 401	6 403	3 597		4
7	2 609	2 610	7 390		3	7	6 475	6 477	3 523		3
8	2 690	2 691	7 309		2	8	6 549	6 551	3 449		2
9	2 770	2 772	7 228		1	9	6 623	6 625	3 375		1
540	3,92 851	3,92 852	2,07 148	I,99 998	460	590	3,96 697	3,96 698	2,03 302	I,99 998	410
1	2 931	2 933	7 067		9	1	6 770	6 772	3 228		9
2	3 011	3 013	6 987		8	2	6 844	6 845	3 155		8
3	3 091	3 093	6 907		7	3	6 917	6 919	3 081		7
4	3 171	3 173	6 827		6	4	6 990	6 992	3 008		6
5	3 251	3 253	6 747		5	5	7 063	7 065	2 935		5
6	3 331	3 332	6 668		4	6	7 136	7 138	2 862		4
7	3 410	3 412	6 588		3	7	7 209	7 211	2 789		3
8	3 490	3 491	6 509		2	8	7 281	7 283	2 717		2
9	3 569	3 570	6 430		1	9	7 354	7 356	2 644		1
550	3,93 648	3,93 649	2,06 351	I,99 998	450	600	3,97 426	3,97 428	2,02 572	I,99 998	400
	log cos	log cotg	log tg	log sin	mgr		log cos	log cotg	log tg	log sin	mgr

dmgr	87	86	85	84	83	82	81	80	79	78	77	76	75	74	73	72	dmgr
1	9	9	9	8	8	8	8	8	8	8	8	8	8	7	7	7	1
2	17	17	17	17	17	16	16	16	16	16	15	15	15	15	15	14	2
3	26	26	26	25	25	25	24	24	24	23	23	23	23	22	22	22	3
4	35	34	34	34	33	33	32	32	32	31	31	30	30	30	29	29	4
5	44	43	43	42	42	41	41	40	40	39	39	38	38	37	37	36	5
6	52	52	51	50	50	49	49	48	47	47	46	46	45	44	44	43	6
7	61	60	60	59	58	57	57	56	55	55	54	53	53	52	51	50	7
8	70	69	68	67	66	66	65	64	63	62	62	61	60	59	58	58	8
9	78	77	77	76	75	74	73	72	71	70	69	68	68	67	66	65	9

mgr	log sin	log tg	log cotg	log cos	
600	3,97 426	3,97 428	2,02 572	1,99 998	400
1	499	501	499		9
2	571	573	427		8
3	643	645	355		7
4	715	717	283		6
5	787	789	211		5
6	859	861	139		4
7	3,97 930	3,97 932	2,02 068		3
8	3,98 002	3,98 004	2,01 996		2
9	073	075	925		1
610	3,98 144	3,98 146	2,01 854	1,99 998	390
1	215	217	783		- 9
2	286	288	712		8
3	357	359	641		7
4	428	430	570		6
5	499	501	499		5
6	569	571	429		4
7	640	642	358		3
8	710	712	288		2
9	780	782	218		1
620	3,98 850	3,98 853	2,01 147	1,99 998	380
1	920	923	077		9
2	3,98 990	3,98 992	2,01 008		8
3	3,99 060	3,99 062	2,00 938		7
4	130	132	868		6
5	199	201	799		5
6	269	271	729		4
7	338	340	660		3
8	407	409	591		2
9	476	478	522		1
630	3,99 545	3,99 547	2,00 453	1,99 998	370
1	614	616	384		9
2	683	685	315		8
3	752	754	246		7
4	820	822	178		6
5	889	891	109		5
6	3,99 957	3,99 959	2,00 041		4
7	2,00 025	2,00 027	1,99 973		3
8	093	096	904		2
9	161	164	836		1
640	2,00 229	2,00 231	1,99 769	1,99 998	360
1	297	299	701		9
2	365	367	633		8
3	432	435	565		7
4	500	502	498		6
5	567	569	431		5
6	634	637	363		4
7	702	704	296		3
8	769	771	229		2
9	836	838	162		1
650	2,00 903	2,00 905	1,99 095	1,99 998	350
	log cos	log cotg	log tg	log sin	mgr

mgr	log sin	log tg	log cotg	log cos	
650	2,00 903	2,00 905	1,99 095	1,99 998	350
1	2,00 969	2,00 972	1,99 028		9
2	2,01 036	2,01 038	1,98 962		8
3	103	105	895		7
4	169	171	829		6
5	235	238	762		5
6	302	304	696		4
7	368	370	630		3
8	434	436	564		2
9	500	502	498		1
660	2,01 566	2,01 568	1,98 432	1,99 998	340
1	631	634	366		9
2	697	699	301		8
3	763	765	235		7
4	828	830	170		6
5	893	896	104		5
6	2,01 959	2,01 961	1,98 039		4
7	2,02 024	2,02 026	1,97 974		3
8	089	091	909		2
9	154	156	844		1
670	2,02 219	2,02 221	1,97 779	1,99 998	330
1	283	286	714		9
2	348	351	649		8
3	413	415	585		7
4	477	480	520		6
5	542	544	456		5
6	606	608	392		4
7	670	672	328		3
8	734	737	263		2
9	798	801	199		1
680	2,02 862	2,02 865	1,97 135	1,99 998	320
1	926	928	072		9
2	2,02 992	2,02 992	1,97 008		8
3	2,03 053	2,03 056	1,96 944	1,99 998	7
4	117	119	881	1,99 997	6
5	180	183	817		5
6	244	246	754		4
7	307	309	691		3
8	370	373	627		2
9	433	436	564		1
690	2,03 496	2,03 499	1,96 501	1,99 997	310
1	559	561	439		9
2	622	624	376		8
3	684	687	313		7
4	747	750	250		6
5	810	812	188		5
6	872	875	125		4
7	934	937	063		3
8	2,03 997	2,03 999	1,96 001		2
9	2,04 059	2,04 061	1,95 939		1
700	2,04 121	2,04 124	1,95 876	1,99 997	300
	log cos	log cotg	log tg	log sin	mgr

dmgr	73	72	71	70	69	68	67	66	65	64	63	62	dmgr
1	7	7	7	7	7	7	7	7	7	6	6	6	1
2	15	14	14	14	14	14	13	13	13	13	13	12	2
3	22	22	21	21	21	20	20	20	20	19	19	19	3
4	29	29	28	28	28	27	27	26	26	26	25	25	4
5	37	36	36	35	35	34	34	33	33	32	32	31	5
6	44	43	43	42	41	41	40	40	39	38	38	37	6
7	51	50	50	49	48	48	47	46	46	45	44	43	7
8	58	58	57	56	55	54	54	53	52	51	50	50	8
9	66	65	64	63	62	61	60	59	59	58	57	56	9

mgr	log sin	log tg	log cotg	log cos	
700	2,04 121	2,04 124	1,95 876	I,99 997	300
1	183	186	814		9
2	245	247	753		8
3	307	309	691		7
4	368	371	629		6
5	430	433	567		5
6	492	494	506		4
7	553	556	444		3
8	614	617	383		2
9	676	678	322		1
710	2,04 737	2,04 740	1,95 260	I,99 997	290
1	798	801	199		9
2	859	862	138		8
3	920	923	077		7
4	2,04 981	2,04 984	1,95 016		6
5	2,05 042	2,05 044	1,94 956		5
6	102	105	895		4
7	163	166	834		3
8	224	226	774		2
9	284	287	713		1
720	2,05 344	2,05 347	1,94 653	I,99 997	280
1	405	407	593		9
2	465	468	532		8
3	525	528	472		7
4	585	588	412		6
5	645	648	352		5
6	705	708	292		4
7	764	767	233		3
8	824	827	173		2
9	884	887	113		1
730	2,05 943	2,05 946	1,94 054	I,99 997	270
1	2,06 003	2,06 006	1,93 994		9
2	062	065	935		8
3	121	124	876		7
4	181	184	816		6
5	240	243	757		5
6	299	302	698		4
7	358	361	639		3
8	417	420	580		2
9	475	478	522		1
740	2,06 534	2,06 537	1,93 463	I,99 997	260
1	593	596	404		9
2	651	654	346		8
3	710	713	287		7
4	768	771	229		6
5	827	830	170		5
6	885	888	112		4
7	2,06 943	2,06 946	1,93 054		3
8	2,07 001	2,07 004	1,92 996		2
9	059	062	938		1
750	2,07 117	2,07 120	1,92 880	I,99 997	250
	log cos	log cotg	log tg	log sin	mgr

mgr	log sin	log tg	log cotg	log cos	
750	2,07 117	2,07 120	1,92 880	I,99 997	250
1	175	178	822		9
2	233	236	764		8
3	290	294	706		7
4	348	351	649		6
5	406	409	591		5
6	463	466	534		4
7	521	524	476		3
8	578	581	419		2
9	635	638	362		1
760	2,07 692	2,07 695	1,92 305	I,99 997	240
1	749	753	247		9
2	806	810	190		8
3	863	867	133		7
4	920	923	077		6
5	2,07 977	2,07 980	1,92 020		5
6	2,08 034	2,08 037	1,91 963		4
7	090	094	906		3
8	147	150	850		2
9	204	207	793		1
770	2,08 260	2,08 263	1,91 737	I,99 997	230
1	316	320	680		9
2	373	376	624		8
3	429	432	568		7
4	485	488	512		6
5	541	544	456		5
6	597	600	400		4
7	653	656	344		3
8	709	712	288		2
9	765	768	232		1
780	2,08 820	2,08 824	1,91 176	I,99 997	220
1	876	879	121		9
2	932	935	065		8
3	2,08 987	2,08 990	1,91 010		7
4	2,09 042	2,09 046	1,90 954		6
5	098	101	899		5
6	153	156	844		4
7	208	212	788		3
8	264	267	733		2
9	319	322	678		1
790	2,09 374	2,09 377	1,90 623	I,99 997	210
1	429	432	568		9
2	483	487	513		8
3	538	542	458		7
4	593	596	404		6
5	648	651	349		5
6	702	706	294		4
7	757	760	240		3
8	811	815	185		2
9	866	869	131		1
800	2,09 920	2,09 923	1,90 077	I,99 997	200
	log cos	log cotg	log tg	log sin	mgr

99gr 99gr

dmgr	62	61	60	59	58	57	56	55	54	dmgr
1	6	6	6	6	6	6	6	6	5	1
2	12	12	12	12	12	11	11	11	11	2
3	19	18	18	18	17	17	17	17	16	3
4	25	24	24	24	23	23	22	22	22	4
5	31	31	30	30	29	29	28	28	27	5
6	37	37	36	35	35	34	34	33	32	6
7	43	43	42	41	41	40	39	39	38	7
8	50	49	48	47	46	46	45	44	43	8
9	56	55	54	53	52	51	50	50	49	9

mgr	log sin	log tg	log cotg	log cos	
800	2,09 920	2,09 923	1,90 077	I,99 997	200
1	2,09 974	2,09 978	1,90 022		9
2	2,10 028	2,10 032	1,89 968		8
3	082	086	914		7
4	136	140	860		6
5	190	194	806		5
6	244	248	752		4
7	298	302	698		3
8	352	355	645	I,99 997	2
9	406	409	591	I,99 996	1
810	2,10 459	2,10 463	1,89 537	I,99 996	190
1	513	516	484		9
2	566	570	430		8
3	620	623	377		7
4	673	677	323		6
5	727	730	270		5
6	780	783	217		4
7	833	837	163		3
8	886	890	110		2
9	939	943	057		1
820	2,10 992	2,10 996	1,89 004	I,99 996	180
1	2,11 045	2,11 049	1,88 951		9
2	098	102	898		8
3	151	154	846		7
4	203	207	793		6
5	256	260	740		5
6	309	312	688		4
7	361	365	635		3
8	414	417	583		2
9	466	470	530		1
830	2,11 519	2,11 522	1,88 478	I,99 996	170
1	571	575	425		9
2	623	627	373		8
3	675	679	321		7
4	727	731	269		6
5	779	783	217		5
6	831	835	165		4
7	883	887	113		3
8	935	939	061		2
9	2,11 987	2,11 991	1,88 009		1
840	2,12 039	2,12 042	1,87 958	I,99 996	160
1	090	094	906		9
2	142	146	854		8
3	193	197	803		7
4	245	249	751		6
5	296	300	700		5
6	348	352	648		4
7	399	403	597		3
8	450	454	546		2
9	501	505	495		1
850	2,12 553	2,12 556	1,87 444	I,99 996	150
	log cos	log cotg	log tg	log sin	mgr

mgr	log sin	log tg	log cotg	log cos	
850	2,12 553	2,12 556	1,87 444	I,99 996	150
1	604	608	392		9
2	655	659	341		8
3	706	709	291		7
4	756	760	240		6
5	807	811	189		5
6	858	862	138		4
7	909	913	087		3
8	2,12 959	2,12 963	1,87 037		2
9	2,13 010	2,13 014	1,86 986		1
860	2,13 061	2,13 064	1,86 936	I,99 996	140
1	111	115	885		9
2	161	165	835		8
3	212	216	784		7
4	262	266	734		6
5	312	316	684		5
6	362	366	634		4
7	413	417	583		3
8	463	467	533		2
9	513	517	483		1
870	2,13 563	2,13 567	1,86 433	I,99 996	130
1	612	617	383		9
2	662	666	334		8
3	712	716	284		7
4	762	766	234		6
5	811	816	184		5
6	861	865	135		4
7	911	915	085		3
8	2,13 960	2,13 964	1,86 036		2
9	2,14 009	2,14 014	1,85 986		1
880	2,14 059	2,14 063	1,85 937	I,99 996	120
1	108	112	888		9
2	157	162	838		8
3	207	211	789		7
4	256	260	740		6
5	305	309	691		5
6	354	358	642		4
7	403	407	593		3
8	452	456	544		2
9	501	505	495		1
890	2,14 550	2,14 554	1,85 446	I,99 996	110
1	598	603	397		9
2	647	651	349		8
3	696	700	300		7
4	744	749	251		6
5	793	797	203		5
6	841	846	154		4
7	890	894	106		3
8	938	943	057		2
9	2,14 987	2,14 991	1,85 009		1
900	2,15 035	2,15 039	1,84 961	I,99 996	100
	log cos	log cotg	log tg	log sin	mgr

dmgr	55	54	53	52	51	50	49	48	dmgr
1	6	5	5	5	5	5	5	5	1
2	11	11	11	10	10	10	10	10	2
3	17	16	16	16	15	15	15	14	3
4	22	22	21	21	20	20	20	19	4
5	28	27	27	26	26	25	25	24	5
6	33	32	32	31	31	30	29	29	6
7	39	38	37	36	36	35	34	34	7
8	44	43	42	42	41	40	39	38	8
9	50	49	48	47	46	45	44	43	9

mgr	log sin	log tg	log cotg	log cos	
900	2,15035	2,15039	1,84961	I,99996	100
1	083	087	913		9
2	131	136	864		8
3	179	184	816		7
4	227	232	768		6
5	275	280	720		5
6	323	328	672		4
7	371	376	624		3
8	419	424	576		2
9	467	471	529		1
910	2,15515	2,15519	1,84481	I,99996	090
1	562	567	433		9
2	610	614	386		8
3	658	662	338		7
4	705	710	290		6
5	753	757	243		5
6	800	805	195	I,99996	4
7	847	852	148	I,99995	3
8	895	899	101		2
9	942	947	053		1
920	2,15989	2,15994	1,84006	I,99995	080
1	2,16036	2,16041	1,83959		9
2	084	088	912		8
3	131	135	865		7
4	178	182	818		6
5	225	229	771		5
6	272	276	724		4
7	318	323	677		3
8	365	370	630		2
9	412	417	583		1
930	2,16459	2,16463	1,83537	I,99995	070
1	505	510	490		9
2	552	557	443		8
3	599	603	397		7
4	645	650	350		6
5	692	696	304		5
6	738	743	257		4
7	784	789	211		3
8	831	835	165		2
9	877	882	118		1
940	2,16923	2,16928	1,83072	I,99995	060
1	2,16969	2,16974	1,83026		9
2	2,17015	2,17020	1,82980		8
3	062	066	934		7
4	108	112	888		6
5	154	158	842		5
6	200	204	796		4
7	245	250	750		3
8	291	296	704		2
9	337	342	658		1
950	2,17383	2,17388	1,82612	I,99995	050
	log cos	log cotg	log tg	log sin	mgr

mgr	log sin	log tg	log cotg	log cos	
950	2,17383	2,17388	1,82612	I,99995	050
1	428	433	567		9
2	474	479	521		8
3	520	525	475		7
4	565	570	430		6
5	611	616	384		5
6	656	661	339		4
7	702	706	294		3
8	747	752	248		2
9	792	797	203		1
960	2,17837	2,17842	1,82158	I,99995	040
1	883	888	112		9
2	928	933	067		8
3	2,17973	2,17978	1,82022		7
4	2,18018	2,18023	1,81977		6
5	063	068	932		5
6	108	113	887		4
7	153	158	842		3
8	198	203	797		2
9	243	248	752		1
970	2,18287	2,18293	1,81707	I,99995	030
1	332	337	663		9
2	377	382	618		8
3	422	427	573		7
4	466	471	529		6
5	511	516	484		5
6	555	560	440		4
7	600	605	395		3
8	644	649	351		2
9	689	694	306		1
980	2,18733	2,18738	1,81262	I,99995	020
1	777	782	218		9
2	821	827	173		8
3	866	871	129		7
4	910	915	085		6
5	954	2,18959	1,81041		5
6	2,18998	2,19003	1,80997		4
7	2,19042	047	953		3
8	086	091	909		2
9	130	135	865		1
990	2,19174	2,19179	1,80821	I,99995	010
1	218	223	777		9
2	261	267	733		8
3	305	310	690		7
4	349	354	646		6
5	393	398	602		5
6	436	441	559		4
7	480	485	515		3
8	523	529	471		2
9	567	572	428		1
1000	2,19610	2,19616	1,80384	I,99995	000
	log cos	log cotg	log tg	log sin	mgr

dmgr	49	48	47	46	45	44	43	dmgr
1	5	5	5	5	5	4	4	1
2	10	10	9	9	9	9	9	2
3	15	14	14	14	14	13	13	3
4	20	19	19	18	18	18	17	4
5	25	24	24	23	23	22	22	5
6	29	29	28	28	27	26	26	6
7	34	34	33	32	32	31	30	7
8	39	38	38	37	36	35	34	8
9	44	43	42	41	41	40	39	9

mgr	log sin	log tg	log cotg	log cos	
000	$\bar{2}$,19 610	$\bar{2}$,19 616	1,80 384	$\bar{1}$,99 995	1000
1	654	659	341		9
2	697	702	298		8
3	740	746	254		7
4	784	789	211		6
5	827	832	168		5
6	870	875	125		4
7	913	919	081		3
8	956	$\bar{2}$,19 962	1,80 038		2
9	$\bar{2}$,19 999	$\bar{2}$,20 005	1,79 995		1
010	$\bar{2}$,20 042	$\bar{2}$,20 048	1,79 952	$\bar{1}$,99 995	990
1	085	091	909		9
2	128	134	866		8
3	171	177	823	$\bar{1}$,99 995	7
4	214	219	781	$\bar{1}$,99 994	6
5	257	262	738		5
6	300	305	695		4
7	342	348	652		3
8	385	390	610		2
9	428	433	567		1
020	$\bar{2}$,20 470	$\bar{2}$,20 476	1,79 524	$\bar{1}$,99 994	980
1	513	518	482		9
2	555	561	439		8
3	598	603	397		7
4	640	646	354		6
5	682	688	312		5
6	725	730	270		4
7	767	773	227		3
8	809	815	185		2
9	852	857	143		1
030	$\bar{2}$,20 894	$\bar{2}$,20 899	1,79 101	$\bar{1}$,99 994	970
1	936	942	058		9
2	$\bar{2}$,20 978	$\bar{2}$,20 984	1,79 016		8
3	$\bar{2}$,21 020	$\bar{2}$,21 026	1,78 974		7
4	062	068	932		6
5	104	110	890		5
6	146	152	848		4
7	188	194	806		3
8	230	236	764		2
9	272	277	723		1
040	$\bar{2}$,21 313	$\bar{2}$,21 319	1,78 681	$\bar{1}$,99 994	960
1	355	361	639		9
2	397	403	597		8
3	438	444	556		7
4	480	486	514		6
5	522	528	472		5
6	563	569	431		4
7	605	611	389		3
8	646	652	348		2
9	688	693	307		1
050	$\bar{2}$,21 729	$\bar{2}$,21 735	1,78 265	$\bar{1}$,99 994	950
	log cos	log cotg	log tg	log sin	mgr

mgr	log sin	log tg	log cotg	log cos	
050	$\bar{2}$,21 729	$\bar{2}$,21 735	1,78 265	$\bar{1}$,99 994	950
1	770	776	224		9
2	812	818	182		8
3	853	859	141		7
4	894	900	100		6
5	935	941	059		5
6	$\bar{2}$,21 976	$\bar{2}$,21 982	1,78 018		4
7	$\bar{2}$,22 017	$\bar{2}$,22 023	1,77 977		3
8	059	065	935		2
9	100	106	894		1
060	$\bar{2}$,22 141	$\bar{2}$,22 147	1,77 853	$\bar{1}$,99 994	940
1	182	188	812		9
2	222	228	772		8
3	263	269	731		7
4	304	310	690		6
5	345	351	649		5
6	386	392	608		4
7	426	432	568		3
8	467	473	527		2
9	508	514	486		1
070	$\bar{2}$,22 548	$\bar{2}$,22 554	1,77 446	$\bar{1}$,99 994	930
1	589	595	405		9
2	629	636	364		8
3	670	676	324		7
4	710	717	283		6
5	751	757	243		5
6	791	797	203		4
7	831	838	162		3
8	872	878	122		2
9	912	918	082		1
080	$\bar{2}$,22 952	$\bar{2}$,22 959	1,77 041	$\bar{1}$,99 994	920
1	$\bar{2}$,22 992	$\bar{2}$,22 999	1,77 001		9
2	$\bar{2}$,23 033	$\bar{2}$,23 039	1,76 961		8
3	073	079	921		7
4	113	119	881		6
5	153	159	841		5
6	193	199	801		4
7	233	239	761		3
8	273	279	721		2
9	313	319	681		1
090	$\bar{2}$,23 353	$\bar{2}$,23 359	1,76 641	$\bar{1}$,99 994	910
1	392	399	601		9
2	432	439	561		8
3	472	478	522		7
4	512	518	482		6
5	551	558	442		5
6	591	597	403		4
7	631	637	363		3
8	670	677	323		2
9	710	716	284		1
100	$\bar{2}$,23 749	$\bar{2}$,23 756	1,76 244	$\bar{1}$,99 994	900
	log cos	log cotg	log tg	log sin	mgr

dmgr	44	43	42	41	40	39
1	4	4	4	4	4	4
2	9	9	8	8	8	8
3	13	13	13	12	12	12
4	18	17	17	16	16	16
5	22	22	21	21	20	20
6	26	26	25	25	24	23
7	31	30	29	29	28	27
8	35	34	34	33	32	31
9	40	39	38	37	36	35

mgr	log sin	log tg	log cotg	log cos	
100	2,23 749	2,23 756	1,76 244	Ī,99 994	90 0
1	789	795	205	Ī,99 994	9
2	828	834	166	Ī,99 993	8
3	867	874	126		7
4	907	913	087		6
5	946	953	047		5
6	2,23 985	2,23 992	1,76 008		4
7	2,24 025	2,24 031	1,75 969		3
8	064	070	930		2
9	103	110	890		1
110	2,24 142	2,24 149	1,75 851	Ī,99 993	89 0
1	181	188	812		9
2	220	227	773		8
3	259	266	734		7
4	298	305	695		6
5	337	344	656		5
6	376	383	617		4
7	415	422	578		3
8	454	461	539		2
9	493	499	501		1
120	2,24 532	2,24 538	1,75 462	Ī,99 993	88 0
1	570	577	423		9
2	609	616	384		8
3	648	654	346		7
4	686	693	307		6
5	725	732	268		5
6	764	770	230		4
7	802	809	191		3
8	841	847	153		2
9	879	886	114		1
130	2,24 918	2,24 924	1,75 076	Ī,99 993	87 0
1	956	2,24 963	1,75 037		9
2	2,24 994	2,25 001	1,74 999		8
3	2,25 033	040	960		7
4	071	078	922		6
5	109	116	884		5
6	148	154	846		4
7	186	193	807		3
8	224	231	769		2
9	262	269	731		1
140	2,25 300	2,25 307	1,74 693	Ī,99 993	86 0
1	338	345	655		9
2	376	383	617		8
3	414	421	579		7
4	452	459	541		6
5	490	497	503		5
6	528	535	465		4
7	566	573	427		3
8	604	611	389		2
9	642	649	351		1
150	2,25 679	2,25 686	1,74 314	Ī,99 993	85 0
	log cos	log cotg	log tg	log sin	mgr

mgr	log sin	log tg	log cotg	log cos	
150	2,25 679	2,25 686	1,74 314	Ī,99 993	85 0
1	717	724	276		9
2	755	762	238		8
3	793	800	200		7
4	830	837	163		6
5	868	875	125		5
6	905	913	087		4
7	943	950	050		3
8	2,25 980	2,25 988	1,74 012		2
9	2,26 018	2,26 025	1,73 975		1
160	2,26 055	2,26 063	1,73 937	Ī,99 993	84 0
1	093	100	900		9
2	130	137	863		8
3	168	175	825		7
4	205	212	788		6
5	242	249	751		5
6	279	287	713		4
7	317	324	676		3
8	354	361	639		2
9	391	398	602		1
170	2,26 428	2,26 435	1,73 565	Ī,99 993	83 0
1	465	473	527		9
2	502	510	490		8
3	539	547	453		7
4	576	584	416		6
5	613	621	379		5
6	650	658	342		4
7	687	695	305		3
8	724	731	269		2
9	761	768	232		1
180	2,26 798	2,26 805	1,73 195	Ī,99 993	82 0
1	834	842	158		9
2	871	879	121		8
3	908	915	085	Ī,99 993	7
4	945	952	048	Ī,99 992	6
5	2,26 981	2,26 989	1,73 011		5
6	2,27 018	2,27 025	1,72 975		4
7	055	062	938		3
8	091	099	901		2
9	128	135	865		1
190	2,27 164	2,27 172	1,72 828	Ī,99 992	81 0
1	201	208	792		9
2	237	245	755		8
3	273	281	719		7
4	310	318	682		6
5	346	354	646		5
6	383	390	610		4
7	419	427	573		3
8	455	463	537		2
9	491	499	501		1
200	2,27 528	2,27 535	1,72 465	Ī,99 992	80 0
	log cos	log cotg	log tg	log sin	mgr

98gr   **98gr**

dmgr	40	39	38	37	36
1	4	4	4	4	4
2	8	8	8	7	7
3	12	12	11	11	11
4	16	16	15	15	14
5	20	20	19	19	18
6	24	23	23	22	22
7	28	27	27	26	25
8	32	31	30	30	29
9	36	35	34	33	32

cgr	log sin	log tg	log cotg	log cos	
50	2,37 217	2,37 229	1,62 771	1,99 988	50
51	7 506	7 518	2 482	988	49
52	7 792	7 805	2 195	988	48
53	8 077	8 089	1 911	987	47
54	8 360	8 373	1 627	987	46
55	8 641	8 654	1 346	987	45
56	8 920	8 933	1 067	987	44
57	9 198	9 211	0 789	987	43
58	9 473	9 487	0 513	987	42
59	2,39 747	2,39 761	1,60 239	986	41
60	2,40 019	2,40 033	1,59 967	1,99 986	40
61	0 290	0 304	9 696	986	39
62	0 559	0 573	9 427	986	38
63	0 826	0 840	9 160	986	37
64	1 092	1 106	8 894	986	36
65	1 356	1 370	8 630	985	35
66	1 618	1 633	8 367	985	34
67	1 879	1 894	8 106	985	33
68	2 138	2 153	7 847	985	32
69	2 396	2 411	7 589	985	31
70	2,42 652	2,42 667	1,57 333	1,99 985	30
71	2 906	2 922	7 078	984	29
72	3 160	3 175	6 825	984	28
73	3 411	3 427	6 573	984	27
74	3 662	3 678	6 322	984	26
75	3 910	3 927	6 073	984	25
76	4 158	4 174	5 826	983	24
77	4 404	4 421	5 579	983	23
78	4 648	4 665	5 335	983	22
79	4 892	4 909	5 091	983	21
80	2,45 133	2,45 151	1,54 849	1,99 983	20
81	5 374	5 392	4 608	982	19
82	5 613	5 631	4 369	982	18
83	5 851	5 869	4 131	982	17
84	6 088	6 106	3 894	982	16
85	6 323	6 341	3 659	982	15
86	6 557	6 576	3 424	981	14
87	6 790	6 809	3 191	981	13
88	7 021	7 040	2 960	981	12
89	7 252	7 271	2 729	981	11
90	2,47 481	2,47 500	1,52 500	1,99 980	10
91	7 709	7 728	2 272	980	09
92	7 936	7 955	2 045	980	08
93	8 161	8 181	1 819	980	07
94	8 385	8 406	1 594	980	06
95	8 609	8 629	1 371	980	05
96	8 831	8 851	1 149	979	04
97	9 052	9 072	0 928	979	03
98	9 272	9 293	0 707	979	02
99	9 490	9 511	0 489	979	01
100	2,49 708	2,49 729	1,50 271	1,99 979	00
	log cos	log cotg	log tg	log sin	cgr

☞ 1gr – 1,10gr   p. 48

    1,10gr – 1,20gr   p. 49

    98,80gr — 98,90gr   p. 49

    98,90gr — 99gr   p. 48

1gr

cgr	log sin	log tg	log cotg	log cos	
20	2,27 528	2,27 535	1,72 465	1,99 992	80
21	7 888	7 896	2 104	992	79
22	8 245	8 253	1 747	992	78
23	8 600	8 608	1 392	992	77
24	8 951	8 960	1 040	992	76
25	9 300	9 309	0 691	992	75
26	9 646	9 655	0 345	991	74
27	2,29 989	2,29 998	1,70 002	991	73
28	2,30 330	2,30 339	1,69 661	991	72
29	0 668	0 677	9 323	991	71
30	2,31 003	2,31 012	1,68 988	1,99 991	70
31	1 336	1 345	8 655	991	69
32	1 666	1 676	8 324	991	68
33	1 994	2 003	7 997	991	67
34	2 319	2 329	7 671	990	66
35	2 642	2 652	7 348	990	65
36	2 963	2 972	7 028	990	64
37	3 281	3 291	6 709	990	63
38	3 596	3 607	6 393	990	62
39	3 910	3 920	6 080	990	61
40	2,34 221	2,34 232	1,65 768	1,99 989	60
41	4 541	4 541	5 459	989	59
42	4 837	4 848	5 152	989	58
43	5 142	5 153	4 847	989	57
44	5 445	5 456	4 544	989	56
45	5 745	5 756	4 244	989	55
46	6 043	6 055	3 945	989	54
47	6 340	6 351	3 649	988	53
48	6 634	6 646	3 354	988	52
49	6 927	6 939	3 061	988	51
50	2,37 217	2,37 229	1,62 771	1,99 988	50
	log cos	log cotg	log tg	log sin	cgr

mgr	361	360	357	355	352	351	349	346	343	341	338	335	333	331	mgr
1	36,1	36,0	35,7	35,5	35,2	35,1	34,9	34,6	34,3	34,1	33,8	33,5	33,3	33,1	1
2	72,2	72,0	71,4	71,0	70,4	70,2	69,8	69,2	68,6	68,2	67,6	67,0	66,6	66,2	2
3	108,3	108,0	107,1	106,5	105,6	105,3	104,7	103,8	102,9	102,3	101,4	100,5	99,9	99,3	3
4	144,4	144,0	142,8	142,0	140,8	140,4	139,6	138,4	137,2	136,4	135,2	134,0	133,2	132,4	4
5	180,5	180,0	178,5	177,5	176,0	175,5	174,5	173,0	171,5	170,5	169,0	167,5	166,5	165,5	5
6	216,6	216,0	214,2	213,0	211,2	210,6	209,4	207,6	205,8	204,6	202,8	201,0	199,8	198,6	6
7	252,7	252,0	249,9	248,5	246,4	245,7	244,3	242,2	240,1	238,7	236,6	234,5	233,1	231,7	7
8	288,8	288,0	285,6	284,0	281,6	280,8	279,2	276,8	274,4	272,8	270,4	268,0	266,4	264,8	8
9	324,9	324,0	321,3	319,5	316,8	315,9	314,1	311,4	308,7	306,9	304,2	301,5	299,7	297,9	9

mgr	330	328	327	326	325	323	321	320	319	318	316	315	314	313	mgr
1	33,0	32,8	32,7	32,6	32,5	32,3	32,1	32,0	31,9	31,8	31,6	31,5	31,4	31,3	1
2	66,0	65,6	65,4	65,2	65,0	64,6	64,2	64,0	63,8	63,6	63,2	63,0	62,8	62,6	2
3	99,0	98,4	98,1	97,8	97,5	96,9	96,3	96,0	95,7	95,4	94,8	94,5	94,2	93,9	3
4	132,0	131,2	130,8	130,4	130,0	129,2	128,4	128,0	127,6	127,2	126,4	126,0	125,6	125,2	4
5	165,0	164,0	163,5	163,0	162,5	161,5	160,5	160,0	159,5	159,0	158,0	157,5	157,0	156,5	5
6	198,0	196,8	196,2	195,6	195,0	193,8	192,6	192,0	191,4	190,8	189,6	189,0	188,4	187,8	6
7	231,0	229,6	228,9	228,2	227,5	226,1	224,7	224,0	223,3	222,6	221,2	220,5	219,8	219,1	7
8	264,0	262,4	261,6	260,8	260,0	258,4	256,8	256,0	255,2	254,4	252,8	252,0	251,2	250,4	8
9	297,0	295,2	294,3	293,4	292,5	290,7	288,9	288,0	287,1	286,2	284,4	283,5	282,6	281,7	9

mgr	312	309	307	305	303	300	299	298	297	296	295	294	293	290	mgr
1	31,2	30,9	30,7	30,5	30,3	30,0	29,9	29,8	29,7	29,6	29,5	29,4	29,3	29,0	1
2	62,4	61,8	61,4	61,0	60,6	60,0	59,8	59,6	59,4	59,2	59,0	58,8	58,6	58,0	2
3	93,6	92,7	92,1	91,5	90,9	90,0	89,7	89,4	89,1	88,8	88,5	88,2	87,9	87,0	3
4	124,8	123,6	122,8	122,0	121,2	120,0	119,6	119,2	118,8	118,4	118,0	117,6	117,2	116,0	4
5	156,0	154,5	153,5	152,5	151,5	150,0	149,5	149,0	148,5	148,0	147,5	147,0	146,5	145,0	5
6	187,2	185,4	184,2	183,0	181,8	180,0	179,4	178,8	178,2	177,6	177,0	176,4	175,8	174,0	6
7	218,4	216,3	214,9	213,5	212,1	210,0	209,3	208,6	207,9	207,2	206,5	205,8	205,1	203,0	7
8	249,6	247,2	245,6	244,0	242,4	240,0	239,2	238,4	237,6	236,8	236,0	235,2	234,4	232,0	8
9	280,8	278,1	276,3	274,5	272,7	270,0	269,1	268,2	267,3	266,4	265,5	264,6	263,7	261,0	9

mgr	289	287	286	285	284	283	281	279	278	276	275	274	272	271	mgr
1	28,9	28,7	28,6	28,5	28,4	28,3	28,1	27,9	27,8	27,6	27,5	27,4	27,2	27,1	1
2	57,8	57,4	57,2	57,0	56,8	56,6	56,2	55,8	55,6	55,2	55,0	54,8	54,4	54,2	2
3	86,7	86,1	85,8	85,5	85,2	84,9	84,3	83,7	83,4	82,8	82,5	82,2	81,6	81,3	3
4	115,6	114,8	114,4	114,0	113,6	113,2	112,4	111,6	111,2	110,4	110,0	109,6	108,8	108,4	4
5	144,5	143,5	143,0	142,5	142,0	141,5	140,5	139,5	139,0	138,0	137,5	137,0	136,0	135,5	5
6	173,4	172,2	171,6	171,0	170,4	169,8	168,6	167,4	166,8	165,6	165,0	164,4	163,2	162,6	6
7	202,3	200,9	200,2	199,5	198,8	198,1	196,7	195,3	194,6	193,2	192,5	191,8	190,4	189,7	7
8	231,2	229,6	228,8	228,0	227,2	226,4	224,8	223,2	222,4	220,8	220,0	219,2	217,6	216,8	8
9	260,1	258,3	257,4	256,5	255,6	254,7	252,9	251,1	250,2	248,4	247,5	246,6	244,8	243,9	9

mgr	269	267	266	264	263	262	261	259	258	256	255	254	253	252	mgr
1	26,9	26,7	26,6	26,4	26,3	26,2	26,1	25,9	25,8	25,6	25,5	25,4	25,3	25,2	1
2	53,8	53,4	53,2	52,8	52,6	52,4	52,2	51,8	51,6	51,2	51,0	50,8	50,6	50,4	2
3	80,7	80,1	79,8	79,2	78,9	78,6	78,3	77,7	77,4	76,8	76,5	76,2	75,9	75,6	3
4	107,6	106,8	106,4	105,6	105,2	104,8	104,4	103,6	103,2	102,4	102,0	101,6	101,2	100,8	4
5	134,5	133,5	133,0	132,0	131,5	131,0	130,5	129,5	129,0	128,0	127,5	127,0	126,5	126,0	5
6	161,4	160,2	159,6	158,4	157,8	157,2	156,6	155,4	154,8	153,6	153,0	152,4	151,8	151,2	6
7	188,3	186,9	186,2	184,8	184,1	183,4	182,7	181,3	180,6	179,2	178,5	177,8	177,1	176,4	7
8	215,2	213,6	212,8	211,2	210,4	209,6	208,8	207,2	206,4	204,8	204,0	203,2	202,4	201,6	8
9	242,1	240,3	239,4	237,6	236,7	235,8	234,9	233,1	232,2	230,4	229,5	228,6	227,7	226,8	9

mgr	251	248	247	246	244	242	241	239	238	237	235	234	233	231	mgr
1	25,1	24,8	24,7	24,6	24,4	24,2	24,1	23,9	23,8	23,7	23,5	23,4	23,3	23,1	1
2	50,2	49,6	49,4	49,2	48,8	48,4	48,2	47,8	47,6	47,4	47,0	46,8	46,6	46,2	2
3	75,3	74,4	74,1	73,8	73,2	72,6	72,3	71,7	71,4	71,1	70,5	70,2	69,9	69,3	3
4	100,4	99,2	98,8	98,4	97,6	96,8	96,4	95,6	95,2	94,8	94,0	93,6	93,2	92,4	4
5	125,5	124,0	123,5	123,0	122,0	121,0	120,5	119,5	119,0	118,5	117,5	117,0	116,5	115,5	5
6	150,6	148,8	148,2	147,6	146,4	145,2	144,6	143,4	142,8	142,2	141,0	140,4	139,8	138,6	6
7	175,7	173,6	172,9	172,2	170,8	169,4	168,7	167,3	166,6	165,9	164,5	163,8	163,1	161,7	7
8	200,8	198,4	197,6	196,8	195,2	193,6	192,8	191,2	190,4	189,6	188,0	187,2	186,4	184,8	8
9	225,9	223,2	222,3	221,4	219,6	217,8	216,9	215,1	214,2	213,3	211,5	210,6	209,7	207,9	9

mgr	229	228	227	226	225	224	223	222	221	220	218				mgr
1	22,9	22,8	22,7	22,6	22,5	22,4	22,3	22,2	22,1	22,0	21,8				1
2	45,8	45,6	45,4	45,2	45,0	44,8	44,6	44,4	44,2	44,0	43,6				2
3	68,7	68,4	68,1	67,8	67,5	67,2	66,9	66,6	66,3	66,0	65,4				3
4	91,6	91,2	90,8	90,4	90,0	89,6	89,2	88,8	88,4	88,0	87,2				4
5	114,5	114,0	113,5	113,0	112,5	112,0	111,5	111,0	110,5	110,0	109,0				5
6	137,4	136,8	136,2	135,6	135,0	134,4	133,8	133,2	132,6	132,0	130,8				6
7	160,3	159,6	158,9	158,2	157,5	156,8	156,1	155,4	154,7	154,0	152,6				7
8	183,2	182,4	181,6	180,8	180,0	179,2	178,4	177,6	176,8	176,0	174,4				8
9	206,1	205,2	204,3	203,4	202,5	201,6	200,7	199,8	198,9	198,0	196,2				9

cgr	log sin	log tg	log cotg	log cos	
00	2,49 708	2,49 729	1,50 271	1,99 979	100
01	2,49 924	2,49 946	1,50 054	978	99
02	2,50 140	2,50 162	1,49 838	978	98
03	0 354	0 376	9 624	978	97
04	0 568	0 590	9 410	978	96
05	0 780	0 802	9 198	977	95
06	0 991	1 014	8 986	977	94
07	1 201	1 224	8 776	977	93
08	1 411	1 434	8 566	977	92
09	1 619	1 642	8 358	977	91
10	2,51 826	2,51 850	1,48 150	1,99 976	90
11	2 032	2 056	7 944	976	89
12	2 238	2 262	7 738	976	88
13	2 442	2 466	7 534	976	87
14	2 645	2 670	7 330	975	86
15	2 848	2 872	7 128	975	85
16	3 049	3 074	6 926	975	84
17	3 250	3 275	6 725	975	83
18	3 449	3 475	6 525	975	82
19	3 648	3 674	6 326	974	81
20	2,53 846	2,53 872	1,46 128	1,99 974	80
21	4 042	4 069	5 931	974	79
22	4 238	4 265	5 735	974	78
23	4 434	4 460	5 540	973	77
24	4 628	4 655	5 345	973	76
25	4 821	4 848	5 152	973	75
26	5 014	5 041	4 959	973	74
27	5 205	5 233	4 767	972	73
28	5 396	5 424	4 576	972	72
29	5 586	5 614	4 386	972	71
30	2,55 775	2,55 804	1,44 196	1,99 972	70
31	5 964	5 992	4 008	971	69
32	6 151	6 180	3 820	971	68
33	6 338	6 367	3 633	971	67
34	6 524	6 553	3 447	971	66
35	6 709	6 739	3 261	970	65
36	6 893	6 923	3 077	970	64
37	7 077	7 107	2 893	970	63
38	7 260	7 290	2 710	970	62
39	7 442	7 472	2 528	969	61
40	2,57 623	2,57 654	1,42 346	1,99 969	60
41	7 803	7 834	2 166	969	59
42	7 983	8 014	1 986	969	58
43	8 162	8 194	1 806	968	57
44	8 340	8 372	1 628	968	56
45	8 518	8 550	1 450	968	55
46	8 695	8 727	1 273	968	54
47	8 871	8 903	1 097	967	53
48	9 046	9 079	0 921	967	52
49	9 221	9 254	0 746	967	51
50	2 59 395	2,59 428	1,40 572	1,99 967	50
	log cos	log cotg	log tg	log sin	cgr

cgr	log sin	log tg	log cotg	log cos	
50	2,59 395	2,59 428	1,40 572	1,99 967	50
51	9 568	9 602	0 398	966	49
52	9 741	9 775	0 225	966	48
53	2,59 913	2,59 947	1,40 053	966	47
54	2,60 084	2,60 118	1,39 882	965	46
55	0 254	0 289	9 711	965	45
56	0 424	0 459	9 541	965	44
57	0 594	0 629	9 371	965	43
58	0 762	0 798	9 202	964	42
59	0 930	0 966	9 034	964	41
60	2,61 097	2,61 133	1,38 867	1,99 964	40
61	1 264	1 300	8 700	963	39
62	1 430	1 467	8 533	963	38
63	1 595	1 632	8 368	963	37
64	1 760	1 797	8 203	963	36
65	1 924	1 962	8 038	962	35
66	2 088	2 125	7 875	962	34
67	2 250	2 289	7 711	962	33
68	2 413	2 451	7 549	962	32
69	2 574	2 613	7 387	961	31
70	2,62 735	2,62 774	1,37 226	1,99 961	30
71	2 896	2 935	7 065	961	29
72	3 056	3 095	6 905	960	28
73	3 215	3 255	6 745	960	27
74	3 374	3 414	6 586	960	26
75	3 532	3 572	6 428	959	25
76	3 689	3 730	6 270	959	24
77	3 846	3 887	6 113	959	23
78	4 003	4 044	5 956	959	22
79	4 159	4 200	5 800	958	21
80	2,64 314	2,64 356	1,35 644	1,99 958	20
81	4 469	4 511	5 489	958	19
82	4 623	4 665	5 335	957	18
83	4 776	4 819	5 181	957	17
84	4 929	4 973	5 027	957	16
85	5 082	5 126	4 874	956	15
86	5 234	5 278	4 722	956	14
87	5 385	5 430	4 570	956	13
88	5 536	5 581	4 419	956	12
89	5 687	5 732	4 268	955	11
90	2,65 837	2,65 882	1,34 118	1,99 955	10
91	5 986	6 032	3 968	955	09
92	6 135	6 181	3 819	954	08
93	6 283	6 329	3 671	954	07
94	6 431	6 478	3 522	954	06
95	6 579	6 625	3 375	953	05
96	6 726	6 772	3 228	953	04
97	6 872	6 919	3 081	953	03
98	7 018	7 065	2 935	952	02
99	7 163	7 211	2 789	952	01
100	2,67 308	2,67 356	1,32 644	1,99 952	00
	log cos	log cotg	log tg	log sin	cgr

mgr	216	214	212	211	210	208	206	204	203	202	201	200	mgr
1	21,6	21,4	21,2	21,1	21,0	20,8	20,6	20,4	20,3	20,2	20,1	20,0	1
2	43,2	42,8	42,4	42,2	42,0	41,6	41,2	40,8	40,6	40,4	40,2	40,0	2
3	64,8	64,2	63,6	63,3	63,0	62,4	61,8	61,2	60,9	60,6	60,3	60,0	3
4	86,4	85,6	84,8	84,4	84,0	83,2	82,4	81,6	81,2	80,8	80,4	80,0	4
5	108,0	107,0	106,0	105,5	105,0	104,0	103,0	102,0	101,5	101,0	100,5	100,0	5
6	129,6	128,4	127,2	126,6	126,0	124,8	123,6	122,4	121,8	121,2	120,6	120,0	6
7	151,2	149,8	148,4	147,7	147,0	145,6	144,2	142,8	142,1	141,4	140,7	140,0	7
8	172,8	171,2	169,6	168,8	168,0	166,4	164,8	163,2	162,4	161,6	160,8	160,0	8
9	194,4	192,6	190,8	189,9	189,0	187,2	185,4	183,6	182,7	181,8	180,9	180,0	9

mgr	199	198	197	196	195	194	193	192	191	190	189	188	mgr
1	19,9	19,8	19,7	19,6	19,5	19,4	19,3	19,2	19,1	19,0	18,9	18,8	1
2	39,8	39,6	39,4	39,2	39,0	38,8	38,6	38,4	38,2	38,0	37,8	37,6	2
3	59,7	59,4	59,1	58,8	58,5	58,2	57,9	57,6	57,3	57,0	56,7	56,4	3
4	79,6	79,2	78,8	78,4	78,0	77,6	77,2	76,8	76,4	76,0	75,6	75,2	4
5	99,5	99,0	98,5	98,0	97,5	97,0	96,5	96,0	95,5	95,0	94,5	94,0	5
6	119,4	118,8	118,2	117,6	117,0	116,4	115,8	115,2	114,6	114,0	113,4	112,8	6
7	139,3	138,6	137,9	137,2	136,5	135,8	135,1	134,4	133,7	133,0	132,3	131,6	7
8	159,2	158,4	157,6	156,8	156,0	155,2	154,4	153,6	152,8	152,0	151,2	150,4	8
9	179,1	178,2	177,3	176,4	175,5	174,6	173,7	172,8	171,9	171,0	170,1	169,2	9

mgr	187	186	185	184	183	182	181	180	179	178	177	176	mgr
1	18,7	18,6	18,5	18,4	18,3	18,2	18,1	18,0	17,9	17,8	17,7	17,6	1
2	37,4	37,2	37,0	36,8	36,6	36,4	36,2	36,0	35,8	35,6	35,4	35,2	2
3	56,1	55,8	55,5	55,2	54,9	54,6	54,3	54,0	53,7	53,4	53,1	52,8	3
4	74,8	74,4	74,0	73,6	73,2	72,8	72,4	72,0	71,6	71,2	70,8	70,4	4
5	93,5	93,0	92,5	92,0	91,5	91,0	90,5	90,0	89,5	89,0	88,5	88,0	5
6	112,2	111,6	111,0	110,4	109,8	109,2	108,6	108,0	107,4	106,8	106,2	105,6	6
7	130,9	130,2	129,5	128,8	128,1	127,4	126,7	126,0	125,3	124,6	123,9	123,2	7
8	149,6	148,8	148,0	147,2	146,4	145,6	144,8	144,0	143,2	142,4	141,6	140,8	8
9	168,3	167,4	166,5	165,6	164,7	163,8	162,9	162,0	161,1	160,2	159,3	158,4	9

mgr	175	174	173	172	171	170	169	168	167	166	165	164	mgr
1	17,5	17,4	17,3	17,2	17,1	17,0	16,9	16,8	16,7	16,6	16,5	16,4	1
2	35,0	34,8	34,6	34,4	34,2	34,0	33,8	33,6	33,4	33,2	33,0	32,8	2
3	52,5	52,2	51,9	51,6	51,3	51,0	50,7	50,4	50,1	49,8	49,5	49,2	3
4	70,0	69,6	69,2	68,8	68,4	68,0	67,6	67,2	66,8	66,4	66,0	65,6	4
5	87,5	87,0	86,5	86,0	85,5	85,0	84,5	84,0	83,5	83,0	82,5	82,0	5
6	105,0	104,4	103,8	103,2	102,6	102,0	101,4	100,8	100,2	99,6	99,0	98,4	6
7	122,5	121,8	121,1	120,4	119,7	119,0	118,3	117,6	116,9	116,2	115,5	114,8	7
8	140,0	139,2	138,4	137,6	136,8	136,0	135,2	134,4	133,6	132,8	132,0	131,2	8
9	157,5	156,6	155,7	154,8	153,9	153,0	152,1	151,2	150,3	149,4	148,5	147,6	9

mgr	163	162	161	160	159	158	157	156	155	154	153	152	mgr
1	16,3	16,2	16,1	16,0	15,9	15,8	15,7	15,6	15,5	15,4	15,3	15,2	1
2	32,6	32,4	32,2	32,0	31,8	31,6	31,4	31,2	31,0	30,8	30,6	30,4	2
3	48,9	48,6	48,3	48,0	47,7	47,4	47,1	46,8	46,5	46,2	45,9	45,6	3
4	65,2	64,8	64,4	64,0	63,6	63,2	62,8	62,4	62,0	61,6	61,2	60,8	4
5	81,5	81,0	80,5	80,0	79,5	79,0	78,5	78,0	77,5	77,0	76,5	76,0	5
6	97,8	97,2	96,6	96,0	95,4	94,8	94,2	93,6	93,0	92,4	91,8	91,2	6
7	114,1	113,4	112,7	112,0	111,3	110,6	109,9	109,2	108,5	107,8	107,1	106,4	7
8	130,4	129,6	128,8	128,0	127,2	126,4	125,6	124,8	124,0	123,2	122,4	121,6	8
9	146,7	145,8	144,9	144,0	143,1	142,2	141,3	140,4	139,5	138,6	137,7	136,8	9

mgr	151	150	149	148	147	146	145						mgr
1	15,1	15,0	14,9	14,8	14,7	14,6	14,5						1
2	30,2	30,0	29,8	29,6	29,4	29,2	29,0						2
3	45,3	45,0	44,7	44,4	44,1	43,8	43,5						3
4	60,4	60,0	59,6	59,2	58,8	58,4	58,0						4
5	75,5	75,0	74,5	74,0	73,5	73,0	72,5						5
6	90,6	90,0	89,4	88,8	88,2	87,6	87,0						6
7	105,7	105,0	104,3	103,6	102,9	102,2	101,5						7
8	120,8	120,0	119,2	118,4	117,6	116,8	116,0						8
9	135,9	135,0	134,1	133,2	132,3	131,4	130,5						9

cgr	log sin	log tg	log cotg	log cos		cgr	log sin	log tg	log cotg	log cos	
00	2,67 308	2,67 356	1,32 644	1,99 952	100	50	2,73 997	2,74 063	1,25 937	1,99 934	50
01	7 452	7 501	2 499	951	99	51	4 121	4 187	5 813	934	49
02	7 596	7 645	2 355	951	98	52	4 244	4 311	5 689	934	48
03	7 740	7 789	2 211	951	97	53	4 367	4 434	5 566	933	47
04	7 883	7 932	2 068	950	96	54	4 490	4 557	5 443	933	46
05	8 025	8 075	1 925	950	95	55	4 612	4 680	5 320	932	45
06	8 167	8 218	1 782	950	94	56	4 734	4 802	5 198	932	44
07	8 309	8 360	1 640	949	93	57	4 856	4 924	5 076	932	43
08	8 450	8 501	1 499	949	92	58	4 977	5 046	4 954	931	42
09	8 591	8 642	1 358	949	91	59	5 098	5 168	4 832	931	41
10	2,68 731	2,68 783	1,31 217	1,99 948	90	60	2,75 219	2,75 289	1,24 711	1,99 931	40
11	8 871	8 923	1 077	948	89	61	5 339	5 409	4 591	930	39
12	9 010	9 062	0 938	948	88	62	5 459	5 530	4 470	930	38
13	9 149	9 201	0 799	947	87	63	5 579	5 650	4 350	929	37
14	9 287	9 340	0 660	947	86	64	5 698	5 769	4 231	929	36
15	9 425	9 479	0 521	947	85	65	5 817	5 889	4 111	929	35
16	9 563	9 616	0 384	946	84	66	5 936	6 008	3 992	928	34
17	9 700	9 754	0 246	946	83	67	6 055	6 127	3 873	928	33
18	9 837	2,69 891	1,30 109	946	82	68	6 173	6 245	3 755	927	32
19	2,69 973	2,70 027	1,29 973	945	81	69	6 290	6 363	3 637	927	31
20	2,70 109	2,70 164	1,29 836	1,99 945	80	70	2,76 408	2,76 481	1,23 519	1,99 927	30
21	0 244	0 299	9 701	945	79	71	6 525	6 599	3 401	926	29
22	0 379	0 435	9 565	944	78	72	6 642	6 716	3 284	926	28
23	0 514	0 570	9 430	944	77	73	6 758	6 833	3 167	925	27
24	0 648	0 704	9 296	944	76	74	6 874	6 949	3 051	925	26
25	0 781	0 838	9 162	943	75	75	6 990	7 065	2 935	925	25
26	0 915	0 972	9 028	943	74	76	7 106	7 181	2 819	924	24
27	1 048	1 105	8 895	943	73	77	7 221	7 297	2 703	924	23
28	1 180	1 238	8 762	942	72	78	7 336	7 412	2 588	923	22
29	1 312	1 370	8 630	942	71	79	7 450	7 527	2 473	923	21
30	2,71 444	2,71 502	1,28 498	1,99 942	70	80	2,77 565	2,77 642	1,22 358	1,99 923	20
31	1 575	1 634	8 366	941	69	81	7 679	7 756	2 244	922	19
32	1 706	1 765	8 235	941	68	82	7 792	7 870	2 130	922	18
33	1 837	1 896	8 104	941	67	83	7 906	7 984	2 016	921	17
34	1 967	2 027	7 973	940	66	84	8 019	8 098	1 902	921	16
35	2 096	2 157	7 843	940	65	85	8 132	8 211	1 789	921	15
36	2 226	2 286	7 714	939	64	86	8 244	8 324	1 676	920	14
37	2 355	2 416	7 584	939	63	87	8 356	8 437	1 563	920	13
38	2 483	2 544	7 456	939	62	88	8 468	8 549	1 451	919	12
39	2 611	2 673	7 327	938	61	89	8 580	8 661	1 339	919	11
40	2,72 739	2,72 801	1,27 199	1,99 938	60	90	2,78 691	2,78 773	1,21 227	1,99 918	10
41	2 867	2 929	7 071	938	59	91	8 802	8 884	1 116	918	09
42	2 994	3 056	6 944	937	58	92	8 913	8 996	1 004	918	08
43	3 120	3 183	6 817	937	57	93	9 024	9 106	0 894	917	07
44	3 247	3 310	6 690	937	56	94	9 134	9 217	0 783	917	06
45	3 373	3 436	6 564	936	55	95	9 244	9 327	0 673	916	05
46	3 498	3 562	6 438	936	54	96	9 353	9 438	0 562	916	04
47	3 623	3 688	6 312	935	53	97	9 463	9 547	0 453	915	03
48	3 748	3 813	6 187	935	52	98	9 572	9 657	0 343	915	02
49	3 873	3 938	6 062	935	51	99	9 681	9 766	0 234	915	01
50	2,73 997	2,74 063	1,25 937	1,99 934	50	100	2,79 789	2,79 875	1,20 125	1,99 914	00
	log cos	log cotg	log tg	log sin	cgr		log cos	log cotg	log tg	log sin	cgr

mgr	144	143	142	141	140	139	138	137	mgr
1	14,4	14,3	14,2	14,1	14,0	13,9	13,8	13,7	1
2	28,8	28,6	28,4	28,2	28,0	27,8	27,6	27,4	2
3	43,2	42,9	42,6	42,3	42,0	41,7	41,4	41,1	3
4	57,6	57,2	56,8	56,4	56,0	55,6	55,2	54,8	4
5	72,0	71,5	71,0	70,5	70,0	69,5	69,0	68,5	5
6	86,4	85,8	85,2	84,6	84,0	83,4	82,8	82,2	6
7	100,8	100,1	99,4	98,7	98,0	97,3	96,6	95,9	7
8	115,2	114,4	113,6	112,8	112,0	111,2	110,4	109,6	8
9	129,6	128,7	127,8	126,9	126,0	125,1	124,2	123,3	9

mgr	136	135	134	133	132	131	130	129	mgr
1	13,6	13,5	13,4	13,3	13,2	13,1	13,0	12,9	1
2	27,2	27,0	26,8	26,6	26,4	26,2	26,0	25,8	2
3	40,8	40,5	40,2	39,9	39,6	39,3	39,0	38,7	3
4	54,4	54,0	53,6	53,2	52,8	52,4	52,0	51,6	4
5	68,0	67,5	67,0	66,5	66,0	65,5	65,0	64,5	5
6	81,6	81,0	80,4	79,8	79,2	78,6	78,0	77,4	6
7	95,2	94,5	93,8	93,1	92,4	91,7	91,0	90,3	7
8	108,8	108,0	107,2	106,4	105,6	104,8	104,0	103,2	8
9	122,4	121,5	120,6	119,7	118,8	117,9	117,0	116,1	9

mgr	128	127	126	125	124	123	122	121	mgr
1	12,8	12,7	12,6	12,5	12,4	12,3	12,2	12,1	1
2	25,6	25,4	25,2	25,0	24,8	24,6	24,4	24,2	2
3	38,4	38,1	37,8	37,5	37,2	36,9	36,6	36,3	3
4	51,2	50,8	50,4	50,0	49,6	49,2	48,8	48,4	4
5	64,0	63,5	63,0	62,5	62,0	61,5	61,0	60,5	5
6	76,8	76,2	75,6	75,0	74,4	73,8	73,2	72,6	6
7	89,6	88,9	88,2	87,5	86,8	86,1	85,4	84,7	7
8	102,4	101,6	100,8	100,0	99,2	98,4	97,6	96,8	8
9	115,2	114,3	113,4	112,5	111,6	110,7	109,8	108,9	9

mgr	120	119	118	117	116	115	114	113	mgr
1	12,0	11,9	11,8	11,7	11,6	11,5	11,4	11,3	1
2	24,0	23,8	23,6	23,4	23,2	23,0	22,8	22,6	2
3	36,0	35,7	35,4	35,1	34,8	34,5	34,2	33,9	3
4	48,0	47,6	47,2	46,8	46,4	46,0	45,6	45,2	4
5	60,0	59,5	59,0	58,5	58,0	57,5	57,0	56,5	5
6	72,0	71,4	70,8	70,2	69,6	69,0	68,4	67,8	6
7	84,0	83,3	82,6	81,9	81,2	80,5	79,8	79,1	7
8	96,0	95,2	94,4	93,6	92,8	92,0	91,2	90,4	8
9	108,0	107,1	106,2	105,3	104,4	103,5	102,6	101,7	9

mgr	112	111	110	109	108				mgr
1	11,2	11,1	11,0	10,9	10,8				1
2	22,4	22,2	22,0	21,8	21,6				2
3	33,6	33,3	33,0	32,7	32,4				3
4	44,8	44,4	44,0	43,6	43,2				4
5	56,0	55,5	55,0	54,5	54,0				5
6	67,2	66,6	66,0	65,4	64,8				6
7	78,4	77,7	77,0	76,3	75,6				7
8	89,6	88,8	88,0	87,2	86,4				8
9	100,8	99,9	99,0	98,1	97,2				9

cgr	log sin	log tg	log cotg	log cos	
00	2,79 789	2,79 875	1,20 125	1,99 914	100
01	2,79 898	2,79 984	1,20 016	914	99
02	2,80 006	2,80 092	1,19 908	913	98
03	113	201	799	913	97
04	221	308	692	912	96
05	328	416	584	912	95
06	435	524	476	912	94
07	542	631	369	911	93
08	648	738	262	911	92
09	754	844	156	910	91
10	2,80 860	2,80 950	1,19 050	1,99 910	90
11	2,80 966	2,81 057	1,18 943	909	89
12	2,81 071	162	838	909	88
13	177	268	732	909	87
14	281	373	627	908	86
15	386	478	522	908	85
16	490	583	417	907	84
17	595	688	312	907	83
18	698	792	208	906	82
19	802	2,81 896	104	906	81
20	2,81 905	2,82 000	1,18 000	1,99 905	80
21	2,82 009	104	1,17 896	905	79
22	111	207	793	905	78
23	214	310	690	904	77
24	316	413	587	904	76
25	419	515	485	903	75
26	521	618	382	903	74
27	622	720	280	902	73
28	724	822	178	902	72
29	825	2,82 924	1,17 076	901	71
30	2,82 926	2,83 025	1,16 975	1,99 901	70
31	2,83 027	126	874	900	69
32	127	227	773	900	68
33	227	328	672	890	67
34	327	428	572	899	66
35	427	529	471	899	65
36	527	629	371	898	64
37	626	728	272	898	63
38	725	828	172	897	62
39	824	2,83 927	1,16 073	897	61
40	2,83 923	2,84 026	1,15 974	1,99 896	60
41	2,84 021	125	875	896	59
42	119	224	776	895	58
43	217	323	677	895,	57
44	315	421	579	894	56
45	413	519	481	894	55
46	510	617	383	893	54
47	607	714	286	893	53
48	704	812	188	892	52
49	801	2,84 909	1,15 091	892	51
50	2,84 897	2,85 006	1,14 994	1,99 891	50
	log cos	log cotg	log tg	log sin	cgr

cgr	log sin	log tg	log cotg	log cos	
50	2,84 897	2,85 006	1,14 994	1,99 891	50
51	2,84 993	102	898	891	49
52	2,85 089	199	801	890	48
53	185	295	705	890	47
54	281	391	609	889	46
55	376	487	513	889	45
56	471	583	417	888	44
57	566	678	322	888	43
58	661	774	226	888	42
59	756	869	131	887	41
60	2,85 850	2,85 963	1,14 037	1,99 887	40
61	2,85 944	2,86 058	1,13 942	886	39
62	2,86 038	153	847	886	38
63	132	247	753	885	37
64	225	341	659	885	36
65	319	435	565	884	35
66	412	528	472	884	34
67	505	622	378	883	33
68	597	715	285	883	32
69	690	808	192	882	31
70	2,86 782	2,86 901	1,13 099	1,99 882	30
71	874	2,86 993	1,13 007	881	29
72	2,86 966	2,87 086	1,12 914	881	28
73	2,87 058	178	822	880	27
74	150	270	730	880	26
75	241	362	638	879	25
76	332	454	546	878	24
77	423	545	455	878	23
78	514	636	364	877	22
79	605	728	272	877	21
80	2,87 695	2,87 819	1,12 181	1,99 876	20
81	785	2,87 909	091	876	19
82	875	2,88 000	1,12 000	875	18
83	2,87 965	090	1,11 910	875	17
84	2,88 055	180	820	874	16
85	144	270	730	874	15
86	233	360	640	873	14
87	323	450	550	873	13
88	411	539	461	872	12
89	500	628	372	872	11
90	2,88 589	2,88 717	1,11 283	1,99 871	10
91	677	806	194	871	09
92	765	895	105	870	08
93	853	2,88 984	1,11 016	870	07
94	2,88 941	2,89 072	1,10 928	869	06
95	2,89 029	160	840	869	05
96	116	248	752	868	04
97	204	336	664	868	03
98	291	424	576	867	02
99	378	511	489	866	01
100	2,89 464	2,89 598	1,10 402	1,99 866	00
	log cos	log cotg	log tg	log sin	cgr

95gr   **95gr**

mgr	107	106	105	104	103	102	101	99	98	97	96	95	94	93	92	91	90	89	mgr
1	10,7	10,6	10,5	10,4	10,3	10,2	10,1	9,9	9,8	9,7	9,6	9,5	9,4	9,3	9,2	9,1	9,0	8,9	1
2	21,4	21,2	21,0	20,8	20,6	20,4	20,2	19,8	19,6	19,4	19,2	19,0	18,8	18,6	18,4	18,2	18,0	17,8	2
3	32,1	31,8	31,5	31,2	30,9	30,6	30,3	29,7	29,4	29,1	28,8	28,5	28,2	27,9	27,6	27,3	27,0	26,7	3
4	42,8	42,4	42,0	41,6	41,2	40,8	40,4	39,6	39,2	38,8	38,4	38,0	37,6	37,2	36,8	36,4	36,0	35,6	4
5	53,5	53,0	52,5	52,0	51,5	51,0	50,5	49,5	49,0	48,5	48,0	47,5	47,0	46,5	46,0	45,5	45,0	44,5	5
6	64,2	63,6	63,0	62,4	61,8	61,2	60,6	59,4	58,8	58,2	57,6	57,0	56,4	55,8	55,2	54,6	54,0	53,4	6
7	74,9	74,2	73,5	72,8	72,1	71,4	70,7	69,3	68,6	67,9	67,2	66,5	65,8	65,1	64,4	63,7	63,0	62,3	7
8	85,6	84,8	84,0	83,2	82,4	81,6	80,8	79,2	78,4	77,6	76,8	76,0	75,2	74,4	73,6	72,8	72,0	71,2	8
9	96,3	95,4	94,5	93,6	92,7	91,8	90,9	89,1	88,2	87,3	86,4	85,5	84,6	83,7	82,8	81,9	81,0	80,1	9

cgr	log sin	log tg	log cotg	log cos	
00	$\overline{2}$,89 464	$\overline{2}$,89 598	1,10 402	$\overline{1}$,99 866	100
01	551	686	314	865	99
02	637	773	227	865	98
03	724	859	141	864	97
04	810	$\overline{2}$,89 946	1,10 054	864	96
05	896	$\overline{2}$,90 032	1,09 968	863	95
06	$\overline{2}$,89 981	119	881	863	94
07	$\overline{2}$,90 067	205	795	862	93
08	152	291	709	862	92
09	237	376	624	861	91
10	$\overline{2}$,90 323	$\overline{2}$,90 462	1,09 538	$\overline{1}$,99 860	90
11	407	547	453	860	89
12	492	633	367	859	88
13	577	718	282	859	87
14	661	803	197	858	86
15	745	888	112	858	85
16	829	$\overline{2}$,90 972	1,09 028	857	84
17	913	$\overline{2}$,91 057	1,08 943	857	83
18	$\overline{2}$,90 997	141	859	856	82
19	$\overline{2}$,91 081	225	775	856	81
20	$\overline{2}$,91 164	$\overline{2}$,91 309	1,08 691	$\overline{1}$,99 855	80
21	247	393	607	854	79
22	330	477	523	854	78
23	413	560	440	853	77
24	496	643	357	853	76
25	579	727	273	852	75
26	661	810	190	852	74
27	743	892	108	851	73
28	826	$\overline{2}$,91 975	1,08 025	850	72
29	908	$\overline{2}$,92 058	1,07 942	850	71
30	$\overline{2}$,91 989	$\overline{2}$,92 140	1,07 860	$\overline{1}$,99 849	70
31	$\overline{2}$,92 071	222	778	849	69
32	153	304	696	848	68
33	234	386	614	848	67
34	315	468	532	847	66
35	396	550	450	846	65
36	477	631	369	846	64
37	558	713	287	845	63
38	639	794	206	845	62
39	719	875	125	844	61
40	$\overline{2}$,92 799	$\overline{2}$,92 956	1,07 044	$\overline{1}$,99 844	60
41	879	$\overline{2}$,93 036	1,06 964	843	59
42	$\overline{2}$,92 959	117	883	842	58
43	$\overline{2}$,93 039	197	803	842	57
44	119	278	722	841	56
45	199	358	642	841	55
46	278	438	562	840	54
47	357	518	482	839	53
48	436	597	403	839	52
49	515	677	323	838	51
50	$\overline{2}$,93 594	$\overline{2}$,93 756	1,06 244	$\overline{1}$,99 838	50
	log cos	log cotg	log tg	log sin	cgr

cgr	log sin	log tg	log cotg	log cos	
50	$\overline{2}$,93 594	$\overline{2}$,93 756	1,06 244	$\overline{1}$,99 838	50
51	673	836	164	837	49
52	751	915	085	837	48
53	830	$\overline{2}$,93 994	1,06 006	836	47
54	908	2,94 073	1,05 927	835	46
55	$\overline{2}$,93 986	152	848	835	45
56	$\overline{2}$,94 064	230	770	834	44
57	142	309	691	834	43
58	220	387	613	833	42
59	297	465	535	832	41
60	$\overline{2}$,94 375	$\overline{2}$,94 543	1,05 457	$\overline{1}$,99 832	40
61	452	621	379	831	39
62	529	699	301	831	38
63	606	776	224	830	37
64	683	854	146	829	36
65	760	$\overline{2}$,94 931	1,05 069	829	35
66	836	$\overline{2}$,95 008	1,04 992	828	34
67	913	085	915	828	33
68	$\overline{2}$,94 989	162	838	827	32
69	$\overline{2}$,95 065	239	761	826	31
70	$\overline{2}$,95 141	$\overline{2}$,95 316	1,04 684	$\overline{1}$,99 826	30
71	217	392	608	825	29
72	293	469	531	824	28
73	369	545	455	824	27
74	444	621	379	823	26
75	520	697	303	823	25
76	595	773	227	822	24
77	670	849	151	821	23
78	745	$\overline{2}$,95 924	076	821	22
79	820	$\overline{2}$,96 000	1,04 000	820	21
80	$\overline{2}$,95 895	$\overline{2}$,96 075	1,03 925	$\overline{1}$,99 820	20
81	$\overline{2}$,95 969	150	850	819	19
82	$\overline{2}$,96 044	226	774	818	18
83	118	300	700	818	17
84	192	375	625	817	16
85	266	450	550	816	15
86	340	525	475	816	14
87	414	599	401	815	13
88	488	673	327	814	12
89	562	748	252	814	11
90	$\overline{2}$,96 635	$\overline{2}$,96 822	1,03 178	$\overline{1}$,99 813	10
91	708	896	104	813	09
92	782	$\overline{2}$,96 970	1,03 030	812	08
93	855	$\overline{2}$,97 043	1,02 957	811	07
94	$\overline{2}$,96 928	117	883	811	06
95	$\overline{2}$,97 000	190	810	810	05
96	073	264	736	809	04
97	146	337	663	809	03
98	218	410	590	808	02
99	291	483	517	807	01
100	$\overline{2}$,97 363	$\overline{2}$,97 556	1,02 444	$\overline{1}$,99 807	00
	log cos	log cotg	log tg	log sin	cgr

94gr   **94gr**

mgr	88	87	86	85	84	83	82	81	80	79	78	77	76	75	74	73	72	mgr
1	8,8	8,7	8,6	8,5	8,4	8,3	8,2	8,1	8,0	7,9	7,8	7,7	7,6	7,5	7,4	7,3	7,2	1
2	17,6	17,4	17,2	17,0	16,8	16,6	16,4	16,2	16,0	15,8	15,6	15,4	15,2	15,0	14,8	14,6	14,4	2
3	26,4	26,1	25,8	25,5	25,2	24,9	24,6	24,3	24,0	23,7	23,4	23,1	22,8	22,5	22,2	21,9	21,6	3
4	35,2	34,8	34,4	34,0	33,6	33,2	32,8	32,4	32,0	31,6	31,2	30,8	30,4	30,0	29,6	29,2	28,8	4
5	44,0	43,5	43,0	42,5	42,0	41,5	41,0	40,5	40,0	39,5	39,0	38,5	38,0	37,5	37,0	36,5	36,0	5
6	52,8	52,2	51,6	51,0	50,4	49,8	49,2	48,6	48,0	47,4	46,8	46,2	45,6	45,0	44,4	43,8	43,2	6
7	61,6	60,9	60,2	59,5	58,8	58,1	57,4	56,7	56,0	55,3	54,6	53,9	53,2	52,5	51,8	51,1	50,4	7
8	70,4	69,6	68,8	68,0	67,2	66,4	65,6	64,8	64,0	63,2	62,4	61,6	60,8	60,0	59,2	58,4	57,6	8
9	79,2	78,3	77,4	76,5	75,6	74,7	73,8	72,9	72,0	71,1	70,2	69,3	68,4	67,5	66,6	65,7	64,8	9

cgr	log sin	log tg	log cotg	log cos	
00	2,97 363	2,97 556	1,02 444	I,99 807	100
01	435	629	371	806	99
02	507	701	299	806	98
03	579	774	226	805	97
04	651	846	154	804	96
05	722	919	081	804	95
06	794	2,97 991	1,02 009	803	94
07	865	2,98 063	1,01 937	802	93
08	2,97 936	135	865	802	92
09	2,98 007	206	794	801	91
10	2,98 078	2,98 278	1,01 722	I,99 800	90
11	149	350	650	800	89
12	220	421	579	799	88
13	291	493	507	798	87
14	361	564	436	798	86
15	432	635	365	797	85
16	502	706	294	796	84
17	572	777	223	796	83
18	643	848	152	795	82
19	713	918	082	794	81
20	2,98 782	2,98 989	1,01 011	I,99 794	80
21	852	2,99 059	1,00 941	793	79
22	922	130	870	792	78
23	2,98 991	200	800	792	77
24	2,99 061	270	730	791	76
25	130	340	660	790	75
26	199	410	590	790	74
27	269	479	521	789	73
28	337	549	451	788	72
29	406	619	381	788	71
30	2,99 475	2,99 688	1,00 312	I,99 787	70
31	544	757	243	786	69
32	612	827	173	786	68
33	681	896	104	785	67
34	749	2,99 965	1,00 035	784	66
35	817	I,00 034	0,99 966	784	65
36	885	103	897	783	64
37	2,99 953	171	829	782	63
38	I,00 021	240	760	782	62
39	089	308	692	781	61
40	I,00 157	I,00 377	0,99 623	I,99 780	60
41	224	445	555	779	59
42	292	513	487	779	58
43	359	581	419	778	57
44	426	649	351	777	56
45	494	717	283	777	55
46	561	785	215	776	54
47	628	852	148	775	53
48	694	920	080	775	52
49	761	I,00 987	0,99 013	774	51
50	I,00 828	I,01 055	0,98 945	I,99 773	50
	log cos	log cotg	log tg	log sin	cgr

cgr	log sin	log tg	log cotg	log cos	
50	I,00 828	I,01 055	0,98 945	I,99 773	50
51	894	122	878	773	49
52	I,00 961	189	811	772	48
53	I,01 027	256	744	771	47
54	093	323	677	770	46
55	159	390	610	770	45
56	225	456	544	769	44
57	291	523	477	768	43
58	357	590	410	768	42
59	423	656	344	767	41
60	I,01 489	I,01 722	0,98 278	I,99 766	40
61	554	789	211	765	39
62	619	855	145	765	38
63	685	921	079	764	37
64	750	I,01 987	0,98 013	763	36
65	815	I,02 053	0,97 947	763	35
66	880	118	882	762	34
67	I,01 945	184	816	761	33
68	I,02 010	249	751	760	32
69	075	315	685	760	31
70	I,02 139	I,02 380	0,97 620	I,99 759	30
71	204	445	555	758	29
72	268	511	489	758	28
73	333	576	424	757	27
74	397	641	359	756	26
75	461	706	294	755	25
76	525	770	230	755	24
77	589	835	165	754	23
78	653	900	100	753	22
79	717	I,02 964	0,97 036	753	21
80	I,02 780	I,03 028	0,96 972	I,99 752	20
81	844	093	907	751	19
82	907	157	843	750	18
83	I,02 971	221	779	750	17
84	I,03 034	285	715	749	16
85	097	349	651	748	15
86	160	413	587	747	14
87	223	477	523	747	13
88	286	540	460	746	12
89	349	604	396	745	11
90	I,03 412	I,03 667	0,96 333	I,99 744	10
91	474	731	269	744	09
92	537	794	206	743	08
93	600	857	143	742	07
94	662	920	080	741	06
95	724	I,03983	0,96 017	741	05
96	786	I,04 046	0,95 954	740	04
97	848	109	891	739	03
98	910	172	828	738	02
99	I,03 972	235	765	738	01
100	I,04 034	I,04 297	0,95 703	I,99 737	00
	log cos	log cotg	log tg	log sin	cgr

93gr   **93gr**

mgr	73	72	71	70	69	68	67	66	65	64	63	62	mgr
1	7,3	7,2	7,1	7,0	6,9	6,8	6,7	6,6	6,5	6,4	6,3	6,2	1
2	14,6	14,4	14,2	14,0	13,8	13,6	13,4	13,2	13,0	12,8	12,6	12,4	2
3	21,9	21,6	21,3	21,0	20,7	20,4	20,1	19,8	19,5	19,2	18,9	18,6	3
4	29,2	28,8	28,4	28,0	27,6	27,2	26,8	26,4	26,0	25,6	25,2	24,8	4
5	36,5	36,0	35,5	35,0	34,5	34,0	33,5	33,0	32,5	32,0	31,5	31,0	5
6	43,8	43,2	42,6	42,0	41,4	40,8	40,2	39,6	39,0	38,4	37,8	37,2	6
7	51,1	50,4	49,7	49,0	48,3	47,6	46,9	46,2	45,5	44,8	44,1	43,4	7
8	58,4	57,6	56,8	56,0	55,2	54,4	53,6	52,8	52,0	51,2	50,4	49,6	8
9	65,7	64,8	63,9	63,0	62,1	61,2	60,3	59,4	58,5	57,6	56,7	55,8	9

cgr	log sin	log tg	log cotg	log cos	
00	I,04 034	I,04 297	0,95 703	I,99 737	100
01	096	360	640	736	99
02	158	422	578	735	98
03	219	485	515	735	97
04	281	547	453	734	96
05	342	609	391	733	95
06	403	671	329	732	94
07	465	733	267	732	93
08	526	795	205	731	92
09	587	857	143	730	91
10	I,04 648	I,04 918	0,95 082	I,99 729	90
11	709	I,04 980	0,95 020	729	89
12	769	I,05 042	0,94 958	728	88
13	830	103	897	727	87
14	891	164	836	726	86
15	I,04 951	226	774	726	85
16	I,05 012	287	713	725	84
17	072	348	652	724	83
18	132	409	591	723	82
19	193	470	530	722	81
20	I,05 253	I,05 531	0,94 469	I,99 722	80
21	313	592	408	721	79
22	373	652	348	720	78
23	432	713	287	719	77
24	492	774	226	719	76
25	552	834	166	718	75
26	611	894	106	717	74
27	671	I,05 955	0,94 045	716	73
28	730	I,06 015	0,93 985	715	72
29	790	075	925	715	71
30	I,05 849	I,06 135	0,93 865	I,99 714	70
31	908	195	805	713	69
32	I,05 967	255	745	712	68
33	I,06 026	315	685	711	67
34	085	375	625	711	66
35	144	434	566	710	65
36	203	494	506	709	64
37	262	553	447	708	63
38	320	613	387	708	62
39	379	672	328	707	61
40	I,06 437	I,06 731	0,93 269	I,99 706	60
41	496	791	209	705	59
42	554	850	150	704	58
43	612	909	091	704	57
44	670	I,06 968	0,93 032	703	56
45	728	I,07 027	0,92 973	702	55
46	786	085	915	701	54
47	844	144	856	700	53
48	902	203	797	700	52
49	I,06 960	261	739	699	51
50	I,07 018	I,07 320	0,92 680	I,99 698	50
	log cos	log cotg	log tg	log sin	cgr

cgr	log sin	log tg	log cotg	log cos	
50	I,07 018	I,07 320	0,92 680	I,99 698	50
51	075	378	622	697	49
52	133	436	564	696	48
53	190	495	505	695	47
54	248	553	447	695	46
55	305	611	389	694	45
56	362	669	331	693	44
57	419	727	273	692	43
58	476	785	215	691	42
59	533	843	157	691	41
60	I,07 590	I,07 900	0,92 100	I,99 690	40
61	647	I,07 958	0,92 042	689	39
62	704	1,08 016	0,91 984	688	38
63	760	073	927	687	37
64	817	131	869	687	36
65	874	188	812	686	35
66	930	245	755	685	34
67	I,07 986	302	698	684	33
68	I,08 043	360	640	683	32
69	099	417	583	682	31
70	I,08 155	I,08 474	0,91 526	I,99 682	30
71	211	530	470	681	29
72	267	587	413	680	28
73	323	644	356	679	27
74	379	701	299	678	26
75	435	757	243	677	25
76	491	814	186	677	24
77	546	870	130	676	23
78	602	927	073	675	22
79	657	I,08 983	0,91 017	674	21
80	I,08 713	I,09 040	0,90 960	I,99 673	20
81	768	096	904	672	19
82	823	152	848	672	18
83	879	208	792	671	17
84	934	264	736	670	16
85	I,08 989	320	680	669	15
86	I,09 044	376	624	668	14
87	099	431	569	667	13
88	154	487	513	666	12
89	208	543	457	666	11
90	I,09 263	I,09 598	0,90 402	I,99 665	10
91	318	654	346	664	09
92	372	709	291	663	08
93	427	765	235	662	07
94	481	820	180	661	06
95	536	875	125	660	05
96	590	930	070	660	04
97	644	I,09 986	0,90 014	659	03
98	698	I,10 041	0,89 959	658	02
99	753	096	904	657	01
100	I,09 807	I,10 150	0,89 850	I,99 656	00
	log cos	log cotg	log tg	log sin	cgr

92gr   92gr

mgr	63	62	61	60	59	58	57	56	55	54	mgr
1	6,3	6,2	6,1	6,0	5,9	5,8	5,7	5,6	5,5	5,4	1
2	12,6	12,4	12,2	12,0	11,8	11,6	11,4	11,2	11,0	10,8	2
3	18,9	18,6	18,3	18,0	17,7	17,4	17,1	16,8	16,5	16,2	3
4	25,2	24,8	24,4	24,0	23,6	23,2	22,8	22,4	22,0	21,6	4
5	31,5	31,0	30,5	30,0	29,5	29,0	28,5	28,0	27,5	27,0	5
6	37,8	37,2	36,6	36,0	35,4	34,8	34,2	33,6	33,0	32,4	6
7	44,1	43,4	42,7	42,0	41,3	40,6	39,9	39,2	38,5	37,8	7
8	50,4	49,6	48,8	48,0	47,2	46,4	45,6	44,8	44,0	43,2	8
9	56,7	55,8	54,9	54,0	53,1	52,2	51,3	50,4	49,5	48,6	9

cgr	log sin	log tg	log cotg	log cos	
00	I,09 807	I,10 150	0,89 850	I,99 656	100
01	861	205	795	655	99
02	914	260	740	654	98
03	I 09 968	315	685	654	97
04	I,10 022	369	631	653	96
05	076	424	576	652	95
06	129	478	522	651	94
07	183	533	467	650	93
08	236	587	413	649	92
09	290	642	358	648	91
10	I,10 343	I 10 696	0 89 304	I,99 648	90
11	397	750	250	647	89
12	450	804	196	646	88
13	503	858	142	645	87
14	556	912	088	644	86
15	609	I,10 966	0,89 034	643	85
16	662	I,11 020	0,88 980	642	84
17	715	074	926	641	83
18	768	127	873	640	82
19	821	181	819	640	81
20	I,10 873	I,11 234	0,88 766	I,99 639	80
21	926	288	712	638	79
22	I,10 978	341	659	637	78
23	I,11 031	395	605	636	77
24	083	448	552	635	76
25	136	501	499	634	75
26	188	555	445	633	74
27	240	608	392	633	73
28	293	661	339	632	72
29	345	714	286	631	71
30	I,11 397	I,11 767	0,88 233	I,99 630	70
31	449	820	180	629	69
32	501	873	127	628	68
33	552	925	075	627	67
34	604	I,11 978	0,88 022	626	66
35	656	I,12 031	0,87 969	625	65
36	708	083	917	624	64
37	759	136	864	624	63
38	811	188	812	623	62
39	862	241	759	622	61
40	I,11 914	I,12 293	0,87 707	I,99 621	60
41	I,11 965	345	655	620	59
42	I,12 017	397	603	619	58
43	068	450	550	618	57
44	119	502	498	617	56
45	170	554	446	616	55
46	221	606	394	615	54
47	272	658	342	614	53
48	323	710	290	614	52
49	374	761	239	613	51
50	I,12 425	I,12 813	0,87 187	I,99 612	50
	log cos	log cotg	log tg	log sin	cgr

cgr	log sin	log tg	log·cotg	log cos	
50	I,12 425	I,12 813	0,87 187	I,99 612	50
51	476	865	135	611	49
52	526	916	084	610	48
53	577	I,12 968	0,87 032	609	47
54	627	I,13 019	0,86 981	608	46
55	678	071	929	607	45
56	728	122	878	606	44
57	779	174	826	605	43
58	829	225	775	604	42
59	879	276	724	603	41
60	I,12 930	I,13 327	0,86 673	I,99 603	40
61	I,12 980	378	622	602	39
62	I,13 030	429	571	601	38
63	080	480	520	600	37
64	130	531	469	599	36
65	180	582	418	598	35
66	230	633	367	597	34
67	280	684	316	596	33
68	329	734	266	595	32
69	379	785	215	594	31
70	I,13 429	I,13 835	0,86 165	I,99 593	30
71	478	886	114	592	29
72	528	936	064	591	28
73	577	I,13 987	0,86 013	590	27
74	627	I,14 037	0,85 963	589	26
75	676	087	913	588	25
76	725	138	862	588	24
77	774	188	812	587	23
78	824	238	762	586	22
79	873	288	712	585	21
80	I,13 922	I,14 338	0,85 662	I,99 584	20
81	I,13 971	388	612	583	19
82	I,14 020	438	562	582	18
83	069	488	512	581	17
84	118	538	462	580	16
85	166	587	413	579	15
86	215	637	363	578	14
87	264	687	313	577	13
88	312	736	264	576	12
89	361	786	214	575	11
90	I,14 409	I,14 835	0,85 165	I,99 574	10
91	458	885	115	573	09
92	506	934	066	572	08
93	555	I,14 983	0,85 017	571	07
94	603	I,15 033	0,84 967	570	06
95	651	082	918	569	05
96	699	131	869	568	04
97	747	180	820	567	03
98	796	229	771	566	02
99	844	278	722	566	01
100	I,14 891	I,15 327	0,84 673	I,99 565	00
	log cos	log cotg	log tg	log sin	cgr

mgr	55	54	53	52	51	50	49	48	47	mgr
1	5,5	5,4	5,3	5,2	5,1	5,0	4,9	4,8	4,7	1
2	11,0	10,8	10,6	10,4	10,2	10,0	9,8	9,6	9,4	2
3	16,5	16,2	15,9	15,6	15,3	15,0	14,7	14,4	14,1	3
4	22,0	21,6	21,2	20,8	20,4	20,0	19,6	19,2	18,8	4
5	27,5	27,0	26,5	26,0	25,5	25,0	24,5	24,0	23,5	5
6	33,0	32,4	31,8	31,2	30,6	30,0	29,4	28,8	28,2	6
7	38,5	37,8	37,1	36,4	35,7	35,0	34,3	33,6	32,9	7
8	44,0	43,2	42,4	41,6	40,8	40,0	39,2	38,4	37,6	8
9	49,5	48,6	47,7	46,8	45,9	45,0	44,1	43,2	42,3	9

cgr	log sin	log tg	log cotg	log cos	
00	I,14 891	I,15 327	0,84 673	I,99 565	100
01	939	376	624	564	99
02	I,14 987	425	575	563	98
03	I,15 035	473	527	562	97
04	083	522	478	561	96
05	130	571	429	560	95
06	178	619	381	559	94
07	226	668	332	558	93
08	273	716	284	557	92
09	321	765	235	556	91
10	I,15 368	I,15 813	0,84 187	I,99 555	90
11	416	862	138	554	89
12	463	910	090	553	88
13	510	I,15 958	0,84 042	552	87
14	557	I,16 006	0,83 994	551	86
15	604	055	945	550	85
16	652	103	897	549	84
17	699	151	849	548	83
18	746	199	801	547	82
19	793	247	753	546	81
20	I,15 840	I,16 295	0,83 705	I,99 545	80
21	886	342	658	544	79
22	933	390	610	543	78
23	I,15 980	438	562	542	77
24	I,16 027	486	514	541	76
25	073	533	467	540	75
26	120	581	419	539	74
27	166	628	372	538	73
28	213	676	324	537	72
29	259	723	277	536	71
30	I,16 306	I,16 771	0,83 229	I,99 535	70
31	352	818	182	534	69
32	398	865	135	533	68
33	445	913	087	532	67
34	491	I,16 960	0,83 040	531	66
35	537	I,17 007	0,82 993	530	65
36	583	054	946	529	64
37	629	101	899	528	63
38	675	148	852	527	62
39	721	195	805	526	61
40	I,16 767	I,17 242	0,82 758	I,99 525	60
41	813	289	711	524	59
42	858	336	664	523	58
43	904	382	618	522	57
44	950	429	571	521	56
45	I,16 996	476	524	520	55
46	I,17 041	522	478	519	54
47	087	569	431	518	53
48	132	616	384	517	52
49	178	662	338	516	51
50	I,17 223	I,17 708	0,82 292	I,99 515	50

cgr	log sin	log tg	log cotg	log cos	
50	I,17 223	I,17 708	0,82 292	I,99 515	50
51	268	755	245	514	49
52	314	801	199	513	48
53	359	847	153	512	47
54	404	894	106	511	46
55	449	940	060	510	45
56	494	I,17 986	0,82 014	508	44
57	539	I,18 032	0,81 968	507	43
58	585	078	922	506	42
59	629	124	876	505	41
60	I,17 674	I,18 170	0,81 830	I,99 504	40
61	719	216	784	503	39
62	764	262	738	502	38
63	809	308	692	501	37
64	854	353	647	500	36
65	898	399	601	499	35
66	943	445	555	498	34
67	I,17 988	490	510	497	33
68	I,18 032	536	464	496	32
69	077	582	418	495	31
70	I,18 121	I,18 627	0,81 373	I,99 494	30
71	165	673	327	493	29
72	210	718	282	492	28
73	254	763	237	491	27
74	298	809	191	490	26
75	343	854	146	489	25
76	387	899	101	488	24
77	431	944	056	487	23
78	475	I,18 989	0,81 011	485	22
79	519	I,19 035	0,80 965	484	21
80	I,18 563	I,19 080	0,80 920	I,99 483	20
81	607	125	875	482	19
82	651	170	830	481	18
83	695	214	786	480	17
84	738	259	741	479	16
85	782	304	696	478	15
86	826	349	651	477	14
87	870	394	606	476	13
88	913	438	562	475	12
89	I,18 957	483	517	474	11
90	I,19 000	I,19 528	0,80 472	I,99 473	10
91	044	572	428	472	09
92	087	617	383	471	08
93	131	661	339	470	07
94	174	706	294	468	06
95	217	750	250	467	05
96	261	794	206	466	04
97	304	839	161	465	03
98	347	883	117	464	02
99	390	927	073	463	01
100	I,19 433	I,19 971	0,80 029	I,99 462	00

log cos	log cotg	log tg	log sin	cgr

mgr	49	48	47	46	45	44	43	2	mgr
1	4,9	4,8	4,7	4,6	4,5	4,4	4,3	0,2	1
2	9,8	9,6	9,4	9,2	9,0	8,8	8,6	0,4	2
3	14,7	14,4	14,1	13,8	13,5	13,2	12,9	0,6	3
4	19,6	19,2	18,8	18,4	18,0	17,6	17,2	0,8	4
5	24,5	24,0	23,5	23,0	22,5	22,0	21,5	1,0	5
6	29,4	28,8	28,2	27,6	27,0	26,4	25,8	1,2	6
7	34,3	33,6	32,9	32,2	31,5	30,8	30,1	1,4	7
8	39,2	38,4	37,6	36,8	36,0	35,2	34,4	1,6	8
9	44,1	43,2	42,3	41,4	40,5	39,6	38,7	1,8	9

cgr	log sin	log tg	log cotg	log cos	
00	I,19 433	I,19 971	0,80 029	I,99 462	100
01	476	I,20 015	0,79 985	461	99
02	519	059	941	460	98
03	562	104	896	459	97
04	605	148	852	458	96
05	648	191	809	457	95
06	691	235	765	455	94
07	734	279	721	454	93
08	776	323	677	453	92
09	819	367	633	452	91
10	I,19 862	I,20 411	0,79 589	I,99 451	90
11	904	454	546	450	89
12	947	498	502	449	88
13	I,19 990	542	458	448	87
14	I,20 032	585	415	447	86
15	074	629	371	446	85
16	117	672	328	445	84
17	159	716	284	443	83
18	202	759	241	442	82
19	244	803	197	441	81
20	I,20 286	I,20 846	0,79 154	I,99 440	80
21	328	889	111	439	79
22	370	932	068	438	78
23	412	I,20 976	0,79 024	437	77
24	455	I,21 019	0,78 981	436	76
25	497	062	938	435	75
26	539	105	895	434	74
27	580	148	852	432	73
28	622	191	809	431	72
29	664	234	766	430	71
30	I,20 706	I,21 277	0,78 723	I,99 429	70
31	748	320	680	428	69
32	790	363	637	427	68
33	831	406	594	426	67
34	873	448	552	425	66
35	915	491	509	424	65
36	956	534	466	422	64
37	I,20 998	576	424	421	63
38	I,21 039	619	381	420	62
39	081	662	338	419	61
40	I,21 122	I,21 704	0,78 296	I,99 418	60
41	163	747	253	417	59
42	205	789	211	416	58
43	246	831	169	415	57
44	287	874	126	413	56
45	328	916	084	412	55
46	370	I,21 958	0,78 042	411	54
47	411	I,22 001	0,77 999	410	53
48	452	043	957	409	52
49	493	085	915	408	51
50	I,21 534	I,22 127	0,77 873	I,99 407	50

cgr	log sin	log tg	log cotg	log cos	
50	I,21 534	I,22 127	0,77 873	I,99 407	50
51	575	169	831	405	49
52	616	211	789	404	48
53	657	253	747	403	47
54	697	295	705	402	46
55	738	337	663	401	45
56	779	379	621	400	44
57	820	421	579	399	43
58	860	463	537	397	42
59	901	505	495	396	41
60	I,21 942	I,22 547	0,77 453	I,99 395	40
61	I,21 982	588	412	394	39
62	I,22 023	630	370	393	38
63	063	672	328	392	37
64	104	713	287	391	36
65	144	755	245	389	35
66	185	796	204	388	34
67	225	838	162	387	33
68	265	879	121	386	32
69	305	921	079	385	31
70	I,22 346	I,22 962	0,77 038	I,99 384	30
71	386	I,23 003	0,76 997	383	29
72	426	045	955	381	28
73	466	086	914	380	27
74	506	127	873	379	26
75	546	168	832	378	25
76	586	210	790	377	24
77	626	251	749	376	23
78	666	292	708	374	22
79	706	333	667	373	21
80	I,22 746	I,23 374	0,76 626	I,99 372	20
81	786	415	585	371	19
82	825	456	544	370	18
83	865	497	503	369	17
84	905	538	462	367	16
85	945	578	422	366	15
86	I,22 984	619	381	365	14
87	I,23 024	660	340	364	13
88	063	701	299	363	12
89	103	741	259	361	11
90	I,23 142	I,23 782	0,76 218	I,99 360	10
91	182	823	177	359	09
92	221	863	137	358	08
93	260	904	096	357	07
94	300	944	056	356	06
95	339	I,23 985	0,76 015	354	05
96	378	I,24 025	0,75 975	353	04
97	418	066	934	352	03
98	457	106	894	351	02
99	496	146	854	350	01
100	I,23 535	I,24 186	0,75 814	I,99 348	00

	log cos	log cotg	log tg	log sin	cgr

mgr	45	44	43	42	41	40	39	2	mgr
1	4,5	4,4	4,3	4,2	4,1	4,0	3,9	0,2	1
2	9,0	8,8	8,6	8,4	8,2	8,0	7,8	0,4	2
3	13,5	13,2	12,9	12,6	12,3	12,0	11,7	0,6	3
4	18,0	17,6	17,2	16,8	16,4	16,0	15,6	0,8	4
5	22,5	22,0	21,5	21,0	20,5	20,0	19,5	1,0	5
6	27,0	26,4	25,8	25,2	24,6	24,0	23,4	1,2	6
7	31,5	30,8	30,1	29,4	28,7	28,0	27,3	1,4	7
8	36,0	35,2	34,4	33,6	32,8	32,0	31,2	1,6	8
9	40,5	39,6	38,7	37,8	36,9	36,0	35,1	1,8	9

cgr	log sin	log tg	log cotg	log cos	
00	I,23 535	I,24 186	0,75 814	I,99 348	100
01	574	227	773	347	99
02	613	267	733	346	98
03	652	307	693	345	97
04	691	347	653	344	96
05	730	387	613	342	95
06	769	428	572	341	94
07	808	468	532	340	93
08	846	508	492	339	92
09	885	548	452	338	91
10	I,23 924	I,24 588	0,75 412	I,99 336	90
11	I,23 963	627	373	335	89
12	I,24 001	667	333	334	88
13	040	707	293	333	87
14	079	747	253	332	86
15	117	787	213	330	85
16	156	826	174	329	84
17	194	866	134	328	83
18	233	906	094	327	82
19	271	946	054	326	81
20	I,24 310	I,24 985	0,75 015	I,99 324	80
21	348	I,25 025	0,74 975	323	79
22	386	064	936	322	78
23	424	104	896	321	77
24	463	143	857	320	76
25	501	183	817	318	75
26	539	222	778	317	74
27	577	261	739	316	73
28	615	301	699	315	72
29	653	340	660	313	71
30	I,24 692	I,25 379	0,74 621	I,99 312	70
31	730	419	581	311	69
32	768	458	542	310	68
33	805	497	503	309	67
34	843	536	464	307	66
35	881	575	425	306	65
36	919	614	386	305	64
37	957	653	347	304	63
38	I,24 995	692	308	302	62
39	I,25 032	731	269	301	61
40	I,25 070	I,25 770	0,74 230	I,99 300	60
41	108	809	191	299	59
42	145	848	152	297	58
43	183	887	113	296	57
44	221	926	074	295	56
45	258	I,25 964	0,74 036	294	55
46	296	I,26 003	0,73 997	293	54
47	333	042	958	291	53
48	371	081	919	290	52
49	408	119	881	289	51
50	I,25 445	I,26 158	0,73 842	I,99 288	50
	log cos	log cotg	log tg	log sin	cgr

cgr	log sin	log tg	log cotg	log cos	
50	I,25 445	I,26 158	0,73 842	I,99 288	50
51	483	196	804	286	49
52	520	235	765	285	48
53	557	273	727	284	47
54	594	312	688	283	46
55	632	350	650	281	45
56	669	389	611	280	44
57	706	427	573	279	43
58	743	466	534	278	42
59	780	504	496	276	41
60	I,25 817	I,26 542	0,73 458	I,99 275	40
61	854	580	420	274	39
62	891	619	381	273	38
63	928	657	343	271	37
64	I,25 965	695	305	270	36
65	I,26 002	733	267	269	35
66	039	771	229	267	34
67	076	809	191	266	33
68	112	847	153	265	32
69	149	885	115	264	31
70	I,26 186	I,26 923	0,73 077	I,99 262	30
71	223	961	039	261	29
72	259	I,26 999	0,73 001	260	28
73	296	I,27 037	0,72 963	259	27
74	332	075	925	257	26
75	369	113	887	256	25
76	405	151	849	255	24
77	442	188	812	253	23
78	478	226	774	252	22
79	515	264	736	251	21
80	I,26 551	I,27 302	0,72 698	I,99 250	20
81	588	339	661	248	19
82	624	377	623	247	18
83	660	414	586	246	17
84	697	452	548	245	16
85	733	489	511	243	15
86	769	527	473	242	14
87	805	564	436	241	13
88	841	602	398	239	12
89	877	639	361	238	11
90	I,26 913	I,27 677	0,72 323	I,99 237	10
91	950	714	286	236	09
92	I,26 986	751	249	234	08
93	I,27 022	789	211	233	07
94	058	826	174	232	06
95	093	863	137	230	05
96	129	900	100	229	04
97	165	937	063	228	03
98	201	I,27 975	0,72 025	226	02
99	237	I,28 012	0,71 988	225	01
100	I,27 273	I,28 049	0,71 951	I,99 224	00
	log cos	log cotg	log tg	log sin	cgr

88gr   **88gr**

mgr	41	40	39	38	37	36	35	2	mgr
1	4,1	4,0	3,9	3,8	3,7	3,6	3,5	0,2	1
2	8,2	8,0	7,8	7,6	7,4	7,2	7,0	0,4	2
3	12,3	12,0	11,7	11,4	11,1	10,8	10,5	0,6	3
4	16,4	16,0	15,6	15,2	14,8	14,4	14,0	0,8	4
5	20,5	20,0	19,5	19,0	18,5	18,0	17,5	1,0	5
6	24,6	24,0	23,4	22,8	22,2	21,6	21,0	1,2	6
7	28,7	28,0	27,3	26,6	25,9	25,2	24,5	1,4	7
8	32,8	32,0	31,2	30,4	29,6	28,8	28,0	1,6	8
9	36,9	36,0	35,1	34,2	33,3	32,4	31,5	1,8	9

cgr	log sin	log tg	log cotg	log cos	
00	Ī,27 273	Ī,28 049	0,71 951	Ī,99 224	100
01	308	086	914	223	99
02	344	123	877	221	98
03	380	160	840	220	97
04	415	197	803	219	96
05	451	234	766	217	95
06	487	271	729	216	94
07	522	308	692	215	93
08	558	344	656	213	92
09	593	381	619	212	91
10	Ī,27 629	Ī,28 418	0,71 582	Ī,99 211	90
11	664	455	545	209	89
12	700	491	509	208	88
13	735	528	472	207	87
14	770	565	435	206	86
15	806	601	399	204	85
16	841	638	362	203	84
17	876	675	325	202	83
18	911	711	289	200	82
19	947	748	252	199	81
20	Ī,27 982	Ī,28 784	0,71 216	Ī,99 198	80
21	Ī,28 017	821	179	196	79
22	052	857	143	195	78
23	087	894	106	194	77
24	122	930	070	192	76
25	157	Ī,28 966	0,71 034	191	75
26	192	Ī,29 003	0,70 997	190	74
27	227	039	961	188	73
28	262	075	925	187	72
29	297	111	889	186	71
30	Ī,28 332	Ī,29 148	0,70 852	Ī,99 184	70
31	367	184	816	183	69
32	402	220	780	182	68
33	436	256	744	180	67
34	471	292	708	179	66
35	506	328	672	178	65
36	541	364	636	176	64
37	575	400	600	175	63
38	610	436	564	174	62
39	645	472	528	172	61
40	Ī,28 679	Ī,29 508	0,70 492	Ī,99 171	60
41	714	544	456	170	59
42	748	580	420	168	58
43	783	616	384	167	57
44	817	652	348	166	56
45	852	688	312	164	55
46	886	723	277	163	54
47	921	759	241	161	53
48	955	795	205	160	52
49	Ī,28 989	831	169	159	51
50	Ī,29 024	Ī,29 866	0,70 134	Ī,99 157	50
	log cos	log cotg	log tg	log sin	cgr

cgr	log sin	log tg	log cotg	log cos	
50	Ī,29 024	Ī,29 866	0,70 134	Ī,99 157	50
51	058	902	098	156	49
52	092	937	063	155	48
53	126	Ī,29 973	0,70 027	153	47
54	161	Ī,30 009	0,69 991	152	46
55	195	044	956	151	45
56	229	080	920	149	44
57	263	115	885	148	43
58	297	151	849	147	42
59	331	186	814	145	41
60	Ī,29 365	Ī,30 221	0,69 779	Ī,99 144	40
61	399	257	743	142	39
62	433	292	708	141	38
63	467	327	673	140	37
64	501	363	637	138	36
65	535	398	602	137	35
66	569	433	567	136	34
67	603	468	532	134	33
68	636	504	496	133	32
69	670	539	461	131	31
70	Ī,29 704	Ī,30 574	0,69 426	Ī,99 130	30
71	738	609	391	129	29
72	771	644	356	127	28
73	805	679	321	126	27
74	839	714	286	125	26
75	872	749	251	123	25
76	906	784	216	122	24
77	939	819	181	120	23
78	Ī,29 973	854	146	119	22
79	Ī,30 006	889	111	118	21
80	Ī,30 040	Ī,30 924	0,69 076	Ī,99 116	20
81	073	959	041	115	19
82	107	Ī,30 993	0,69 007	113	18
83	140	Ī,31 028	0,68 972	112	17
84	174	063	937	111	16
85	207	098	902	109	15
86	240	132	868	108	14
87	274	167	833	106	13
88	307	202	798	105	12
89	340	237	763	104	11
90	Ī,30 373	Ī,31 271	0,68 729	Ī,99 102	10
91	407	306	694	101	09
92	440	340	660	099	08
93	473	375	625	098	07
94	506	409	591	097	06
95	539	444	556	095	05
96	572	478	522	094	04
97	605	513	487	092	03
98	638	547	453	091	02
99	671	582	418	090	01
100	Ī,30 704	Ī,31 616	0,68 384	Ī,99 088	00
	log cos	log cotg	log tg	log sin	cgr

mgr	37	36	35	34	33	2
1	3,7	3,6	3,5	3,4	3,3	0,2
2	7,4	7,2	7,0	6,8	6,6	0,4
3	11,1	10,8	10,5	10,2	9,9	0,6
4	14,8	14,4	14,0	13,6	13,2	0,8
5	18,5	18,0	17,5	17,0	16,5	1,0
6	22,2	21,6	21,0	20,4	19,8	1,2
7	25,9	25,2	24,5	23,8	23,1	1,4
8	29,6	28,8	28,0	27,2	26,4	1,6
9	33,3	32,4	31,5	30,6	29,7	1,8

cgr	log sin	log tg	log cotg	log cos	
00	I,30 704	I,31 616	0,68 384	I,99 088	100
01	737	650	350	087	99
02	770	685	315	085	98
03	803	719	281	084	97
04	836	753	247	082	96
05	868	787	213	081	95
06	901	822	178	080	94
07	934	856	144	078	93
08	967	890	110	077	92
09	I,30 999	924	076	075	91
10	I,31 032	I,31 958	0,68 042	I,99 074	90
11	065	I,31 992	0,68 008	073	89
12	098	I,32 026	0,67 974	071	88
13	130	060	940	070	87
14	163	094	906	068	86
15	195	128	872	067	85
16	228	162	838	065	84
17	260	196	804	064	83
18	293	230	770	063	82
19	325	264	736	061	81
20	I,31 358	I,32 298	0,67 702	I,99 060	80
21	390	332	668	058	79
22	423	366	634	057	78
23	455	400	600	055	77
24	487	433	567	054	76
25	520	467	533	052	75
26	552	501	499	051	74
27	584	535	465	050	73
28	616	568	432	048	72
29	649	602	398	047	71
30	I,31 681	I,32 636	0,67 364	I,99 045	70
31	713	669	331	044	69
32	745	703	297	042	68
33	777	736	264	041	67
34	809	770	230	039	66
35	841	803	197	038	65
36	873	837	163	037	64
37	905	870	130	035	63
38	937	904	096	034	62
39	I,31 969	937	063	032	61
40	I,32 001	I,32 971	0,67 029	I,99 031	60
41	033	I,33 004	0,66 996	029	59
42	065	037	963	028	58
43	097	071	929	026	57
44	129	104	896	025	56
45	161	137	863	023	55
46	192	170	830	022	54
47	224	204	796	021	53
48	256	237	763	019	52
49	288	270	730	018	51
50	I,32 319	I,33 303	0,66 697	I,99 016	50
	log cos	log cotg	log tg	log sin	cgr

cgr	log sin	log tg	log cotg	log cos	
50	I,32 319	I,33 303	0,66 697	I,99 016	50
51	351	336	664	015	49
52	383	370	630	013	48
53	414	403	597	012	47
54	446	436	564	010	46
55	478	469	531	009	45
56	509	502	498	007	44
57	541	535	465	006	43
58	572	568	432	004	42
59	604	601	399	003	41
60	I,32 635	I,33 634	0,66 366	I,99 001	40
61	666	667	333	I,99 000	39
62	698	699	301	I,98 998	38
63	729	732	268	997	37
64	761	765	235	995	36
65	792	798	202	994	35
66	823	831	169	992	34
67	855	864	136	991	33
68	886	896	104	989	32
69	917	929	071	988	31
70	I,32 948	I,33 962	0,66 038	I,98 987	30
71	I,32 980	I,33 994	0,66 006	985	29
72	I,33 011	I,34 027	0,65 973	984	28
73	042	060	940	982	27
74	073	092	908	981	26
75	104	125	875	979	25
76	135	158	842	978	24
77	166	190	810	976	23
78	197	223	777	975	22
79	228	255	745	973	21
80	I,33 259	I,34 288	0,65 712	I,98 972	20
81	290	320	680	970	19
82	321	353	647	969	18
83	352	385	615	967	17
84	383	417	583	966	16
85	414	450	550	964	15
86	445	482	518	963	14
87	476	515	485	961	13
88	506	547	453	959	12
89	537	579	421	958	11
90	I,33 568	I,34 611	0,65 389	I,98 956	10
91	599	644	356	955	09
92	629	676	324	953	08
93	660	708	292	952	07
94	691	740	260	950	06
95	721	772	228	949	05
96	752	805	195	947	04
97	783	837	163	946	03
98	813	869	131	944	02
99	844	901	099	943	01
100	I,33 874	I,34 933	0,65 067	I,98 941	00
	log cos	log cotg	log tg	log sin	cgr

mgr	35	34	33	32	31	30	2
I	3,5	3,4	3,3	3,2	3,1	3,0	0,2
2	7,0	6,8	6,6	6,4	6,2	6,0	0,4
3	10,5	10,2	9,9	9,6	9,3	9,0	0,6
4	14,0	13,6	13,2	12,8	12,4	12,0	0,8
5	17,5	17,0	16,5	16,0	15,5	15,0	1,0
6	21,0	20,4	19,8	19,2	18,6	18,0	1,2
7	24,5	23,8	23,1	22,4	21,7	21,0	1,4
8	28,0	27,2	26,4	25,6	24,8	24,0	1,6
9	31,5	30,6	29,7	28,8	27,9	27,0	1,8

cgr	log sin	log tg	log cotg	log cos	
00	I,33 874	I,34 933	0,65 067	I,98 941	100
01	905	965	035	940	99
02	935	I,34 997	0,65 003	938	98
03	966	I,35 029	0,64 971	937	97
04	I,33 996	061	939	935	96
05	I,34 026	093	907	934	95
06	057	125	875	932	94
07	087	157	843	931	93
08	118	189	811	929	92
09	148	220	780	928	91
10	I,34 178	I,35 252	0,64 748	I,98 926	90
11	209	284	716	924	89
12	239	316	684	923	88
13	269	348	652	921	87
14	299	379	621	920	86
15	329	411	589	918	85
16	360	443	557	917	84
17	390	475	525	915	83
18	420	506	494	914	82
19	450	538	462	912	81
20	I,34 480	I,35 570	0,64 430	I,98 911	80
21	510	601	399	909	79
22	540	633	367	907	78
23	570	664	336	906	77
24	600	696	304	904	76
25	630	727	273	903	75
26	660	759	241	901	74
27	690	790	210	900	73
28	720	822	178	898	72
29	750	853	147	897	71
30	I,34 780	I,35 885	0,64 115	I,98 895	70
31	810	916	084	893	69
32	839	948	052	892	68
33	869	I,35 979	0,64 021	890	67
34	899	I,36 010	0,63 990	889	66
35	929	042	958	887	65
36	959	073	927	886	64
37	I,34 988	104	896	884	63
38	I,35 018	135	865	883	62
39	048	167	833	881	61
40	I,35 077	I,36 198	0,63 802	I,98 879	60
41	107	229	771	878	59
42	137	260	740	876	58
43	166	291	709	875	57
44	196	323	677	873	56
45	225	354	646	872	55
46	255	385	615	870	54
47	284	416	584	868	53
48	314	447	553	867	52
49	343	478	522	865	51
50	I,35 373	I,36 509	0,63 491	I,98 864	50
	log cos	log cotg	log tg	log sin	cgr

cgr	log sin	log tg	log cotg	log cos	
50	I,35 373	I,36 509	0,63 491	I,98 864	50
51	402	540	460	862	49
52	431	571	429	860	48
53	461	602	398	859	47
54	490	633	367	857	46
55	520	664	336	856	45
56	549	695	305	854	44
57	578	726	274	853	43
58	607	756	244	851	42
59	637	787	213	849	41
60	I,35 666	I,36 818	0,63 182	I,98 848	40
61	695	849	151	846	39
62	724	880	120	845	38
63	753	911	089	843	37
64	783	941	059	841	36
65	812	I,36 972	0,63 028	840	35
66	841	I,37 003	0,62 997	838	34
67	870	033	967	837	33
68	899	064	936	835	32
69	928	095	905	833	31
70	I,35 957	I,37 125	0,62 875	I,98 832	30
71	I,35 986	156	844	830	29
72	I,36 015	187	813	829	28
73	044	217	783	827	27
74	073	248	752	825	26
75	102	278	722	824	25
76	131	309	691	822	24
77	160	339	661	821	23
78	189	370	630	819	22
79	217	400	600	817	21
80	I,36 246	I,37 431	0,62 569	I,98 816	20
81	275	461	539	814	19
82	304	491	509	812	18
83	333	522	478	811	17
84	361	552	448	809	16
85	390	582	418	808	15
86	419	613	387	806	14
87	447	643	357	804	13
88	476	673	327	803	12
89	505	704	296	801	11
90	I,36 533	I,37 734	0,62 266	I,98 799	10
91	562	764	236	798	09
92	591	794	206	796	08
93	619	825	175	795	07
94	648	855	145	793	06
95	676	885	115	791	05
96	705	915	085	790	04
97	733	945	055	788	03
98	762	I,37 975	0,62 025	786	02
99	790	I,38 005	0,61 995	785	01
100	I,36 819	I,38 035	0,61 965	I,98 783	00
	log cos	log cotg	log tg	log sin	cgr

85gr   **85gr**

mgr	32	31	30	29	28	2
1	3,2	3,1	3,0	2,9	2,8	0,2
2	6,4	6,2	6,0	5,8	5,6	0,4
3	9,6	9,3	9,0	8,7	8,4	0,6
4	12,8	12,4	12,0	11,6	11,2	0,8
5	16,0	15,5	15,0	14,5	14,0	1,0
6	19,2	18,6	18,0	17,4	16,8	1,2
7	22,4	21,7	21,0	20,3	19,6	1,4
8	25,6	24,8	24,0	23,2	22,4	1,6
9	28,8	27,9	27,0	26,1	25,2	1,8

cgr	log sin	log tg	log cotg	log cos		cgr	log sin	log tg	log cotg	log cos	
00	I,36 819	I,38 035	0,61 965	I,98 783	100	50	I,38 215	I,39 515	0,60 485	I,98 700	50
01	847	065	935	782	99	51	243	545	455	698	49
02	875	095	905	780	98	52	270	574	426	696	48
03	904	125	875	778	97	53	298	603	397	695	47
04	932	155	845	777	96	54	325	632	368	693	46
05	960	185	815	775	95	55	352	661	339	691	45
06	I,36 989	215	785	773	94	56	380	690	310	690	44
07	I,37 017	245	755	772	93	57	407	719	281	688	43
08	045	275	725	770	92	58	434	748	252	686	42
09	073	305	695	768	91	59	462	777	223	685	41
10	I,37 102	I,38 335	0,61 665	I,98 767	90	60	I,38 489	I,39 806	0,60 194	I,98 683	40
11	130	365	635	765	89	61	516	835	165	681	39
12	158	395	605	763	88	62	543	864	136	679	38
13	186	425	575	762	87	63	571	893	107	678	37
14	214	454	546	760	86	64	598	922	078	676	36
15	243	484	516	758	85	65	625	951	049	674	35
16	271	514	486	757	84	66	652	I,39 980	0,60 020	673	34
17	299	544	456	755	83	67	679	I,40 009	0,59 991	671	33
18	327	573	427	753	82	68	707	037	963	669	32
19	355	603	397	752	81	69	734	066	934	667	31
20	I,37 383	I,38 633	0,61 367	I,98 750	80	70	I,38 761	I,40 095	0,59 905	I,98 666	30
21	411	662	338	749	79	71	788	124	876	664	29
22	439	692	308	747	78	72	815	153	847	662	28
23	467	722	278	745	77	73	842	181	819	661	27
24	495	751	249	744	76	74	869	210	790	659	26
25	523	781	219	742	75	75	896	239	761	657	25
26	551	811	189	740	74	76	923	268	732	655	24
27	579	840	160	739	73	77	950	296	704	654	23
28	607	870	130	737	72	78	I,38 977	325	675	652	22
29	634	899	101	735	71	79	I,39 004	354	646	650	21
30	I,37 662	I,38 929	0,61 071	I,98 734	70	80	I,39 031	I,40 382	0,59 618	I,98 648	20
31	690	958	042	732	69	81	058	411	589	647	19
32	718	I,38 988	0,61 012	730	68	82	085	440	560	645	18
33	746	I,39 017	0,60 983	728	67	83	112	468	532	643	17
34	773	047	953	727	66	84	138	497	503	642	16
35	801	076	924	725	65	85	165	525	475	640	15
36	829	105	895	723	64	86	192	554	446	638	14
37	857	135	865	722	63	87	219	583	417	636	13
38	884	164	836	720	62	88	246	611	389	635	12
39	912	194	806	718	61	89	272	640	360	633	11
40	I,37 940	I,39 223	0,60 777	I,98 717	60	90	I,39 299	I,40 668	0,59 332	I,98 631	10
41	967	252	748	715	59	91	326	697	303	629	09
42	I,37 995	282	718	713	58	92	353	725	275	628	08
43	I,38 023	311	689	712	57	93	379	753	247	626	07
44	050	340	660	710	56	94	406	782	218	624	06
45	078	369	631	708	55	95	433	810	190	622	05
46	105	399	601	707	54	96	459	839	161	621	04
47	133	428	572	705	53	97	486	867	133	619	03
48	160	457	543	703	52	98	513	895	105	617	02
49	188	486	514	702	51	99	539	924	076	615	01
50	I,38 215	I,39 515	0,60 485	I,98 700	50	100	I,39 566	I,40 952	0,59 048	I,98 614	00
	log cos	log cotg	log tg	log sin	cgr		log cos	log cotg	log tg	log sin	cgr

mgr	30	29	28	27	26	2
1	3,0	2,9	2,8	2,7	2,6	0,2
2	6,0	5,8	5,6	5,4	5,2	0,4
3	9,0	8,7	8,4	8,1	7,8	0,6
4	12,0	11,6	11,2	10,8	10,4	0,8
5	15,0	14,5	14,0	13,5	13,0	1,0
6	18,0	17,4	16,8	16,2	15,6	1,2
7	21,0	20,3	19,6	18,9	18,2	1,4
8	24,0	23,2	22,4	21,6	20,8	1,6
9	27,0	26,1	25,2	24,3	23,4	1,8

cgr	log sin	log tg	log cotg	log cos	
00	I,39 566	I,40 952	0,59 048	I,98 614	100
01	592	I,40 980	0,59 020	612	99
02	619	I,41 009	0,58 991	610	98
03	645	037	963	608	97
04	672	065	935	607	96
05	698	094	906	605	95
06	725	122	878	603	94
07	751	150	850	601	93
08	778	178	822	600	92
09	804	206	794	598	91
10	I,39 831	I,41 235	0,58 765	I,98 596	90
11	857	263	737	594	89
12	883	291	709	593	88
13	910	319	681	591	87
14	936	347	653	589	86
15	962	375	625	587	85
16	I,39 989	403	597	586	84
17	I,40 015	431	569	584	83
18	041	459	541	582	82
19	068	487	513	580	81
20	I,40 094	I,41 515	0,58 485	I,98 578	80
21	120	543	457	577	79
22	146	571	429	575	78
23	172	599	401	573	77
24	199	627	373	571	76
25	225	655	345	570	75
26	251	683	317	568	74
27	277	711	289	566	73
28	303	739	261	564	72
29	329	767	233	562	71
30	I,40 355	I,41 795	0,58 205	I,98 561	70
31	381	822	178	559	69
32	407	850	150	557	68
33	433	878	122	555	67
34	459	906	094	553	66
35	485	934	066	552	65
36	511	961	039	550	64
37	537	I,41 989	0,58 011	548	63
38	563	I,42 017	0,57 983	546	62
39	589	045	955	545	61
40	I,40 615	I,42 072	0,57 928	I,98 543	60
41	641	100	900	541	59
42	667	128	872	539	58
43	693	155	845	537	57
44	718	183	817	536	56
45	744	210	790	534	55
46	770	238	762	532	54
47	796	266	734	530	53
48	822	293	707	528	52
49	847	321	679	526	51
50	I,40 873	I,42 348	0,57 652	I,98 525	50
	log cos	log cotg	log tg	log sin	cgr

cgr	log sin	log tg	log cotg	log cos	
50	I,40 873	I,42 348	0,57 652	I,98 525	50
51	899	376	624	523	49
52	924	403	597	521	48
53	950	431	569	519	47
54	I,40 976	458	542	517	46
55	I,41 002	486	514	516	45
56	027	513	487	514	44
57	053	541	459	512	43
58	078	568	432	510	42
59	104	596	404	508	41
60	I,41 130	I,42 623	0,57 377	I,98 507	40
61	155	650	350	505	39
62	181	678	322	503	38
63	206	705	295	501	37
64	232	732	268	499	36
65	257	760	240	497	35
66	283	787	213	496	34
67	308	814	186	494	33
68	334	842	158	492	32
69	359	869	131	490	31
70	I,41 384	I,42 896	0,57 104	I,98 488	30
71	410	923	077	486	29
72	435	951	049	485	28
73	461	I,42 978	0,57 022	483	27
74	486	I,43 005	0,56 995	481	26
75	511	032	968	479	25
76	537	059	941	477	24
77	562	086	914	475	23
78	587	114	886	474	22
79	612	141	859	472	21
80	I,41 638	I,43 168	0,56 832	I,98 470	20
81	663	195	805	468	19
82	688	222	778	466	18
83	713	249	751	464	17
84	739	276	724	463	16
85	764	303	697	461	15
86	789	330	670	459	14
87	814	357	643	457	13
88	839	384	616	455	12
89	864	411	589	453	11
90	I,41 889	I,43 438	0,56 562	I,98 451	10
91	914	465	535	450	09
92	940	492	508	448	08
93	965	519	481	446	07
94	I,41 990	546	454	444	06
95	I,42 015	573	427	442	05
96	040	599	401	440	04
97	065	626	374	438	03
98	090	653	347	437	02
99	115	680	320	435	01
100	I,42 140	I,43 707	0,56 293	I,98 433	00
	log cos	log cotg	log tg	log sin	cgr

mgr	29	28	27	26	25	2
1	2,9	2,8	2,7	2,6	2,5	0,2
2	5,8	5,6	5,4	5,2	5,0	0,4
3	8,7	8,4	8,1	7,8	7,5	0,6
4	11,6	11,2	10,8	10,4	10,0	0,8
5	14,5	14,0	13,5	13,0	12,5	1,0
6	17,4	16,8	16,2	15,6	15,0	1,2
7	20,3	19,6	18,9	18,2	17,5	1,4
8	23,2	22,4	21,6	20,8	20,0	1,6
9	26,1	25,2	24,3	23,4	22,5	1,8

cgr	log sin	log tg	log cotg	log cos	
00	I,42 140	I,43 707	0,56 293	I,98 433	100
01	164	733	267	431	99
02	189	760	240	429	98
03	214	787	213	427	97
04	239	814	186	425	96
05	264	841	159	423	95
06	289	867	133	422	94
07	314	894	106	420	93
08	339	921	079	418	92
09	363	947	053	416	91
10	I,42 388	I,43 974	0,56 026	I,98 414	90
11	413	I,44 001	0,55 999	412	89
12	438	027	973	410	88
13	462	054	946	408	87
14	487	081	919	407	86
15	512	107	893	405	85
16	537	134	866	403	84
17	561	160	840	401	83
18	586	187	813	399	82
19	611	213	787	397	81
20	I,42 635	I,44 240	0,55 760	I,98 395	80
21	660	266	734	393	79
22	684	293	707	391	78
23	709	319	681	390	77
24	734	346	654	388	76
25	758	372	628	386	75
26	783	399	601	384	74
27	807	425	575	382	73
28	832	452	548	380	72
29	856	478	522	378	71
30	I,42 881	I,44 504	0,55 496	I,98 376	70
31	905	531	469	374	69
32	930	557	443	372	68
33	954	584	416	371	67
34	I,42 979	610	390	369	66
35	I,43 003	636	364	367	65
36	027	663	337	365	64
37	052	689	311	363	63
38	076	715	285	361	62
39	100	741	259	359	61
40	I,43 125	I,44 768	0,55 232	I,98 357	60
41	149	794	206	355	59
42	173	820	180	353	58
43	198	846	154	351	57
44	222	872	128	350	56
45	246	899	101	348	55
46	271	925	075	346	54
47	295	951	049	344	53
48	319	I,44 977	0,55 023	342	52
49	343	I,45 003	0,54 997	340	51
50	I,43 367	I,45 029	0,54 971	I,98 338	50
	log cos	log cotg	log tg	log sin	cgr

cgr	log sin	log tg	log cotg	log cos	
50	I,43 367	I,45 029	0,54 971	I,98 338	50
51	392	056	944	336	49
52	416	082	918	334	48
53	440	108	892	332	47
54	464	134	866	330	46
55	488	160	840	328	45
56	512	186	814	326	44
57	536	212	788	325	43
58	561	238	762	323	42
59	585	264	736	321	41
60	I,43 609	I,45 290	0,54 710	I,98 319	40
61	633	316	684	317	39
62	657	342	658	315	38
63	681	368	632	313	37
64	705	394	606	311	36
65	729	420	580	309	35
66	753	446	554	307	34
67	777	471	529	305	33
68	801	497	503	303	32
69	824	523	477	301	31
70	I,43 848	I,45 549	0,54 451	I,98 299	30
71	872	575	425	297	29
72	896	601	399	295	28
73	920	626	374	293	27
74	944	652	348	292	26
75	968	678	322	290	25
76	I,43 991	704	296	288	24
77	I,44 015	730	270	286	23
78	039	755	245	284	22
79	063	781	219	282	21
80	I,44 087	I,45 807	0,54 193	I,98 280	20
81	110	833	167	278	19
82	134	858	142	276	18
83	158	884	116	274	17
84	182	910	090	272	16
85	205	935	065	270	15
86	229	961	039	268	14
87	253	I,45 987	0,54 013	266	13
88	276	I,46 012	0,53 988	264	12
89	300	038	962	262	11
90	I,44 324	I,46 063	0,53 937	I,98 260	10
91	347	089	911	258	09
92	371	115	885	256	08
93	394	140	860	254	07
94	418	166	834	252	06
95	441	191	809	250	05
96	465	217	783	248	04
97	489	242	758	246	03
98	512	268	732	244	02
99	536	293	707	242	01
100	I,44 559	I,46 319	0,53 681	I,98 240	00
	log cos	log cotg	log tg	log sin	cgr

mgr	27	26	25	24	23	2
1	2,7	2,6	2,5	2,4	2,3	0,2
2	5,4	5,2	5,0	4,8	4,6	0,4
3	8,1	7,8	7,5	7,2	6,9	0,6
4	10,8	10,4	10,0	9,6	9,2	0,8
5	13,5	13,0	12,5	12,0	11,5	1,0
6	16,2	15,6	15,0	14,4	13,8	1,2
7	18,9	18,2	17,5	16,8	16,1	1,4
8	21,6	20,8	20,0	19,2	18,4	1,6
9	24,3	23,4	22,5	21,6	20,7	1,8

cgr	log sin	log tg	log cotg	log cos		cgr	log sin	log tg	log cotg	log cos	
00	I,44 559	I,46 319	0,53 681	I 98 240	100	50	I,45 716	I,47 576	0,52 424	I,98 140	50
01	583	344	656	238	99	51	739	601	399	138	49
02	606	370	630	236	98	52	762	626	374	136	48
03	629	395	605	234	97	53	785	651	349	134	47
04	653	420	580	232	96	54	807	676	324	132	46
05	676	446	554	230	95	55	830	700	300	130	45
06	700	471	529	228	94	56	853	725	275	128	44
07	723	497	503	227	93	57	876	750	250	126	43
08	746	522	478	225	92	58	898	775	225	123	42
09	770	547	453	223	91	59	921	800	200	121	41
10	I,44 793	I,46 573	0,53 427	I,98 221	90	60	I,45 944	I,47 824	0,52 176	I,98 119	40
11	816	598	402	219	89	61	966	849	151	117	39
12	840	623	377	217	88	62	I,45 989	874	126	115	38
13	863	649	351	215	87	63	I,46 012	898	102	113	37
14	886	674	326	213	86	64	034	923	077	111	36
15	910	699	301	211	85	65	057	948	052	109	35
16	933	724	276	209	84	66	079	972	028	107	34
17	956	750	250	207	83	67	102	I,47 997	0,52 003	105	33
18	I,44 979	775	225	205	82	68	125	I,48 022	0,51 978	103	32
19	I,45 003	800	200	203	81	69	147	046	954	101	31
20	I,45 026	I,46 825	0,53 175	I,98 201	80	70	I,46 170	I,48 071	0,51 929	I,98 099	30
21	049	851	149	199	79	71	192	096	904	097	29
22	072	876	124	197	78	72	215	120	880	095	28
23	095	901	099	195	77	73	237	145	855	093	27
24	119	926	074	193	76	74	260	169	831	091	26
25	142	951	049	190	75	75	282	194	806	088	25
26	165	I,46 976	0,53 024	188	74	76	305	218	782	086	24
27	188	I,47 002	0,52 998	186	73	77	327	243	757	084	23
28	211	027	973	184	72	78	350	268	732	082	22
29	234	052	948	182	71	79	372	292	708	080	21
30	I,45 257	I,47 077	0,52 923	I,98 180	70	80	I,46 395	I,48 317	0,51 683	I,98 078	20
31	280	102	898	178	69	81	417	341	659	076	19
32	303	127	873	176	68	82	440	366	634	074	18
33	327	152	848	174	67	83	462	390	610	072	17
34	350	177	823	172	66	84	484	414	586	070	16
35	373	202	798	170	65	85	507	439	561	068	15
36	396	227	773	168	64	86	529	463	537	066	14
37	419	252	748	166	63	87	551	488	512	064	13
38	442	277	723	164	62	88	574	512	488	061	12
39	464	302	698	162	61	89	596	537	463	059	11
40	I,45 487	I,47 327	0,52 673	I,98 160	60	90	I,46 618	I,48 561	0,51 439	I,98 057	10
41	510	352	648	158	59	91	641	585	415	055	09
42	533	377	623	156	58	92	663	610	390	053	08
43	556	402	598	154	57	93	685	634	366	051	07
44	579	427	573	152	56	94	707	658	342	049	06
45	602	452	548	150	55	95	730	683	317	047	05
46	625	477	523	148	54	96	752	707	293	045	04
47	648	502	498	146	53	97	774	731	269	043	03
48	671	527	473	144	52	98	796	756	244	041	02
49	693	551	449	142	51	99	819	780	220	038	01
50	I,45 716	I,47 576	0,52 424	I,98 140	50	100	I,46 841	I,48 804	0,51 196	I,98 036	00
	log cos	log cotg	log tg	log sin	cgr		log cos	log cotg	log tg	log sin	cgr

mgr	26	25	24	23	22	3	2
1	2,6	2,5	2,4	2,3	2,2	0,3	0,2
2	5,2	5,0	4,8	4,6	4,4	0,6	0,4
3	7,8	7,5	7,2	6,9	6,6	0,9	0,6
4	10,4	10,0	9,6	9,2	8,8	1,2	0,8
5	13,0	12,5	12,0	11,5	11,0	1,5	1,0
6	15,6	15,0	14,4	13,8	13,2	1,8	1,2
7	18,2	17,5	16,8	16,1	15,4	2,1	1,4
8	20,8	20,0	19,2	18,4	17,6	2,4	1,6
9	23,4	22,5	21,6	20,7	19,8	2,7	1,8

cgr	log sin	log tg	log cotg	log cos	
00	I,46 841	I,48 804	0,51 196	I,98 036	100
01	863	829	171	034	99
02	885	853	147	032	98
03	907	877	123	030	97
04	929	901	099	028	96
05	951	926	074	026	95
06	974	950	050	024	94
07	I,46 996	974	026	022	93
08	I,47 018	I,48 998	0,51 002	020	92
09	040	I,49 022	0,50 978	017	91
10	I,47 062	I,49 046	0,50 954	I,98 015	90
11	084	071	929	013	89
12	106	095	905	011	88
13	128	119	881	009	87
14	150	143	857	007	86
15	172	167	833	005	85
16	194	191	809	003	84
17	216	215	785	I,98 001	83
18	238	239	761	I,97 998	82
19	260	263	737	996	81
20	I,47 282	I,49 288	0,50 712	I,97 994	80
21	304	312	688	992	79
22	326	336	664	990	78
23	347	360	640	988	77
24	369	384	616	986	76
25	391	408	592	984	75
26	413	432	568	981	74
27	435	456	544	979	73
28	457	480	520	977	72
29	479	504	496	975	71
30	I,47 500	I,49 528	0,50 472	I,97 973	70
31	522	551	449	971	69
32	544	575	425	969	68
33	566	599	401	966	67
34	588	623	377	964	66
35	609	647	353	962	65
36	631	671	329	960	64
37	653	695	305	958	63
38	675	719	281	956	62
39	696	743	257	954	61
40	I,47 718	I,49 766	0,50 234	I,97 951	60
41	740	790	210	949	59
42	761	814	186	947	58
43	783	838	162	945	57
44	805	862	138	943	56
45	826	885	115	941	55
46	848	909	091	939	54
47	869	933	067	936	53
48	891	957	043	934	52
49	913	I,49 980	0,50 020	932	51
50	I,47 934	I,50 004	0,49 996	I,97 930	50
	log cos	log cotg	log tg	log sin	cgr

cgr	log sin	log tg	log cotg	og cos	
50	I,47 934	I,50 004	0,49 996	I,97 930	50
51	956	028	972	928	49
52	977	052	948	926	48
53	I,47 999	075	925	924	47
54	I,48 020	099	901	921	46
55	042	123	877	919	45
56	063	146	854	917	44
57	085	170	830	915	43
58	106	194	806	913	42
59	128	217	783	911	41
60	I,48 149	I,50 241	0,49 759	I,97 908	40
61	171	265	735	906	39
62	192	288	712	904	38
63	214	312	688	902	37
64	235	335	665	900	36
65	256	359	641	897	35
66	278	383	617	895	34
67	299	406	594	893	33
68	321	430	570	891	32
69	342	453	547	889	31
70	I,48 363	I,50 477	0,49 523	I,97 887	30
71	385	500	500	884	29
72	406	524	476	882	28
73	427	547	453	880	27
74	449	571	429	878	26
75	470	594	406	876	25
76	491	618	382	873	24
77	512	641	359	871	23
78	534	664	336	869	22
79	555	688	312	867	21
80	I,48 576	I,50 711	0,49 289	I,97 865	20
81	597	735	265	863	19
82	618	758	242	860	18
83	640	782	218	858	17
84	661	805	195	856	16
85	682	828	172	854	15
86	703	852	148	852	14
87	724	875	125	849	13
88	745	898	102	847	12
89	767	922	078	845	11
90	I,48 788	I,50 945	0,49 055	I,97 843	10
91	809	968	032	841	09
92	830	I,50 992	0,49 008	838	08
93	851	I,51 015	0,48 985	836	07
94	872	038	962	834	06
95	893	061	939	832	05
96	914	085	915	829	04
97	935	108	892	827	03
98	956	131	869	825	02
99	977	154	846	823	01
100	I,48 998	I,51 178	0,48 822	I,97 821	00
	log cos	log cotg	log tg	log sin	cgr

mgr	25	24	23	22	21	3	2
1	2,5	2,4	2,3	2,2	2,1	0,3	0,2
2	5,0	4,8	4,6	4,4	4,2	0,6	0,4
3	7,5	7,2	6,9	6,6	6,3	0,9	0,6
4	10,0	9,6	9,2	8,8	8,4	1,2	0,8
5	12,5	12,0	11,5	11,0	10,5	1,5	1,0
6	15,0	14,4	13,8	13,2	12,6	1,8	1,2
7	17,5	16,8	16,1	15,4	14,7	2,1	1,4
8	20,0	19,2	18,4	17,6	16,8	2,4	1,6
9	22,5	21,6	20,7	19,8	18,9	2,7	1,8

cgr	log sin	log tg	log cotg	log cos	
00	I,48 998	I,51 178	0,48 822	I,97 821	100
01	I,49 019	201	799	818	99
02	040	224	776	816	98
03	061	247	753	814	97
04	082	270	730	812	96
05	103	294	706	810	95
06	124	317	683	807	94
07	145	340	660	805	93
08	166	363	637	803	92
09	187	386	614	801	91
10	I,49 208	I,51 409	0,48 591	I,97 798	90
11	229	432	568	796	89
12	249	455	545	794	88
13	270	479	521	792	87
14	291	502	498	789	86
15	312	525	475	787	85
16	333	548	452	785	84
17	354	571	429	783	83
18	374	594	406	781	82
19	395	617	383	778	81
20	I,49 416	I,51 640	0,48 360	I,97 776	80
21	437	663	337	774	79
22	457	686	314	772	78
23	478	709	291	769	77
24	499	732	268	767	76
25	520	755	245	765	75
26	540	778	222	763	74
27	561	801	199	760	73
28	582	824	176	758	72
29	602	847	153	756	71
30	I,49 623	I,51 870	0,48 130	I,97 754	70
31	644	892	108	751	69
32	664	915	085	749	68
33	685	938	062	747	67
34	706	961	039	745	66
35	726	I,51 984	0,48 016	742	65
36	747	I,52 007	0,47 993	740	64
37	767	030	970	738	63
38	788	053	947	736	62
39	809	075	925	733	61
40	I,49 829	I,52 098	0,47 902	I,97 731	60
41	850	121	879	729	59
42	870	144	856	726	58
43	891	167	833	724	57
44	911	189	811	722	56
45	932	212	788	720	55
46	952	235	765	717	54
47	973	258	742	715	53
48	I,49 993	280	720	713	52
49	I,50 014	303	697	711	51
50	I,50 034	I,52 326	0,47 674	I,97 708	50
	log cos	log cotg	log tg	log sin	cgr

cgr	log sin	log tg	log cotg	log cos	
50	I,50 034	I,52 326	0,47 674	I,97 708	50
51	055	349	651	706	49
52	075	371	629	704	48
53	096	394	606	701	47
54	116	417	583	699	46
55	136	439	561	697	45
56	157	462	538	695	44
57	177	485	515	692	43
58	197	507	493	690	42
59	218	530	470	688	41
60	I,50 238	I,52 553	0,47 447	I,97 686	40
61	258	575	425	683	39
62	279	598	402	681	38
63	299	620	380	679	37
64	319	643	357	676	36
65	340	666	334	674	35
66	360	688	312	672	34
67	380	711	289	669	33
68	401	733	267	667	32
69	421	756	244	665	31
70	I,50 441	I,52 778	0,47 222	I,97 663	30
71	461	801	199	660	29
72	481	824	176	658	28
73	502	846	154	656	27
74	522	869	131	653	26
75	542	891	109	651	25
76	562	914	086	649	24
77	582	936	064	646	23
78	603	958	042	644	22
79	623	I,52 981	0,47 019	642	21
80	I,50 643	I,53 003	0,46 997	I,97 640	20
81	663	026	974	637	19
82	683	048	952	635	18
83	703	071	929	633	17
84	723	093	907	630	16
85	743	115	885	628	15
86	763	138	862	626	14
87	784	160	840	623	13
88	804	183	817	621	12
89	824	205	795	619	11
90	I,50 844	I,53 227	0,46 773	I,97 616	10
91	864	250	750	614	09
92	884	272	728	612	08
93	904	294	706	609	07
94	924	317	683	607	06
95	944	339	661	605	05
96	964	361	639	602	04
97	I,50 984	384	616	600	03
98	I,51 004	406	594	598	02
99	024	428	572	595	01
100	I,51 043	I,53 450	0,46 550	I,97 593	00
	log cos	log cotg	log tg	log sin	cgr

mgr	24	23	22	21	20	19	3	2
I	2,4	2,3	2,2	2,1	2,0	1,9	0,3	0,2
2	4,8	4,6	4,4	4,2	4,0	3,8	0,6	0,4
3	7,2	6,9	6,6	6,3	6,0	5,7	0,9	0,6
4	9,6	9,2	8,8	8,4	8,0	7,6	1,2	0,8
5	12,0	11,5	11,0	10,5	10,0	9,5	1,5	1,0
6	14,4	13,8	13,2	12,6	12,0	11,4	1,8	1,2
7	16,8	16,1	15,4	14,7	14,0	13,3	2,1	1,4
8	19,2	18,4	17,6	16,8	16,0	15,2	2,4	1,6
9	21,6	20,7	19,8	18,9	18,0	17,1	2,7	1,8

cgr	log sin	log tg	log cotg	log cos	
00	1,51 043	1,53 450	0,46 550	1,97 593	100
01	063	473	527	591	99
02	083	495	505	588	98
03	103	517	483	586	97
04	123	539	461	584	96
05	143	562	438	581	95
06	163	584	416	579	94
07	183	606	394	577	93
08	203	628	372	574	92
09	222	650	350	572	91
10	1,51 242	1,53 673	0,46 327	1,97 570	90
11	262	695	305	567	89
12	282	717	283	565	88
13	302	739	261	563	87
14	321	761	239	560	86
15	341	783	217	558	85
16	361	805	195	556	84
17	381	828	172	553	83
18	400	850	150	551	82
19	420	872	128	548	81
20	1,51 440	1,53 894	0,46 106	1,97 546	80
21	460	916	084	544	79
22	479	938	062	541	78
23	499	960	040	539	77
24	519	1,53 982	0,46 018	537	76
25	538	1,54 004	0,45 996	534	75
26	558	026	974	532	74
27	578	048	952	530	73
28	597	070	930	527	72
29	617	092	908	525	71
30	1,51 637	1,54 114	0,45 886	1,97 522	70
31	656	136	864	520	69
32	676	158	842	518	68
33	695	180	820	515	67
34	715	202	798	513	66
35	735	224	776	511	65
36	754	246	754	508	64
37	774	268	732	506	63
38	793	290	710	503	62
39	813	312	688	501	61
40	1,51 832	1,54 334	0,45 666	1,97 499	60
41	852	356	644	496	59
42	871	378	622	494	58
43	891	399	601	491	57
44	910	421	579	489	56
45	930	443	557	487	55
46	949	465	535	484	54
47	969	487	513	482	53
48	1,51 988	509	491	480	52
49	1,52 008	531	469	477	51
50	1,52 027	1,54 552	0,45 448	1,97 475	50
	log cos	log cotg	log tg	log sin	cgr

cgr	log sin	log tg	log cotg	log cos	
50	1,52 027	1,54 552	0,45 448	1,97 475	50
51	047	574	426	472	49
52	066	596	404	470	48
53	085	618	382	468	47
54	105	640	360	465	46
55	124	661	339	463	45
56	143	683	317	460	44
57	163	705	295	458	43
58	182	727	273	456	42
59	202	748	252	453	41
60	1,52 221	1,54 770	0,45 230	1,97 451	40
61	240	792	208	448	39
62	260	814	186	446	38
63	279	835	165	444	37
64	298	857	143	441	36
65	317	879	121	439	35
66	337	900	100	436	34
67	356	922	078	434	33
68	375	944	056	431	32
69	394	965	035	429	31
70	1,52 414	1,54 987	0,45 013	1,97 427	30
71	433	1,55 009	0,44 991	424	29
72	452	030	970	422	28
73	471	052	948	419	27
74	491	074	926	417	26
75	510	095	905	414	25
76	529	117	883	412	24
77	548	138	862	410	23
78	567	160	840	407	22
79	586	182	818	405	21
80	1,52 606	1,55 203	0,44 797	1,97 402	20
81	625	225	775	400	19
82	644	246	754	397	18
83	663	268	732	395	17
84	682	289	711	393	16
85	701	311	689	390	15
86	720	332	668	388	14
87	739	354	646	385	13
88	758	375	625	383	12
89	777	397	603	380	11
90	1,52 796	1,55 418	0,44 582	1,97 378	10
91	815	440	560	376	09
92	834	461	539	373	08
93	854	483	517	371	07
94	873	504	496	368	06
95	892	526	474	366	05
96	911	547	453	363	04
97	929	569	431	361	03
98	948	590	410	358	02
99	967	612	388	356	01
100	1,52 986	1,55 633	0,44 367	1,97 353	00
	log cos	log cotg	log tg	log sin	cgr

mgr	23	22	21	20	19	18	3	2
1	2,3	2,2	2,1	2,0	1,9	1,8	0,3	0,2
2	4,6	4,4	4,2	4,0	3,8	3,6	0,6	0,4
3	6,9	6,6	6,3	6,0	5,7	5,4	0,9	0,6
4	9,2	8,8	8,4	8,0	7,6	7,2	1,2	0,8
5	11,5	11,0	10,5	10,0	9,5	9,0	1,5	1,0
6	13,8	13,2	12,6	12,0	11,4	10,8	1,8	1,2
7	16,1	15,4	14,7	14,0	13,3	12,6	2,1	1,4
8	18,4	17,6	16,8	16,0	15,2	14,4	2,4	1,6
9	20,7	19,8	18,9	18,0	17,1	16,2	2,7	1,8

cgr	log sin	log tg	log cotg	log cos	
00	1̄,52 986	1̄,55 633	0,44 367	1̄,97 353	100
01	1̄,53 005	654	346	351	99
02	024	676	324	349	98
03	043	697	303	346	97
04	062	718	282	344	96
05	081	740	260	341	95
06	100	761	239	339	94
07	119	783	217	336	93
08	138	804	196	334	92
09	157	825	175	331	91
10	1̄,53 175	1̄,55 847	0,44 153	1̄,97 329	90
11	194	868	132	326	89
12	213	889	111	324	88
13	232	910	090	321	87
14	251	932	068	319	86
15	270	953	047	316	85
16	288	974	026	314	84
17	307	1̄,55 996	0,44 004	312	83
18	326	1̄,56 017	0,43 983	309	82
19	345	038	962	307	81
20	1̄,53 363	1̄,56 059	0,43 941	1̄,97 304	80
21	382	081	919	302	79
22	401	102	898	299	78
23	420	123	877	297	77
24	438	144	856	294	76
25	457	166	834	292	75
26	476	187	813	289	74
27	495	208	792	287	73
28	513	229	771	284	72
29	532	250	750	282	71
30	1̄,53 551	1̄,56 271	0,43 729	1̄,97 279	70
31	569	293	707	277	69
32	588	314	686	274	68
33	607	335	665	272	67
34	625	356	644	269	66
35	644	377	623	267	65
36	663	398	602	264	64
37	681	419	581	262	63
38	700	441	559	259	62
39	718	462	538	257	61
40	1̄,53 737	1̄,56 483	0,43 517	1̄,97 254	60
41	756	504	496	252	59
42	774	525	475	249	58
43	793	546	454	247	57
44	811	567	433	244	56
45	830	588	412	242	55
46	848	609	391	239	54
47	867	630	370	237	53
48	885	651	349	234	52
49	904	672	328	232	51
50	1̄,53 922	1̄,56 693	0,43 307	1̄,97 229	50
	log cos	log cotg	log tg	log sin	cgr

cgr	log sin	log tg	log cotg	log cos	
50	1̄,53 922	1̄,56 693	0,43 307	1̄,97 229	50
51	941	714	286	227	49
52	959	735	265	224	48
53	978	756	244	222	47
54	1̄,53 996	777	223	219	46
55	1̄,54 015	798	202	217	45
56	033	819	181	214	44
57	052	840	160	211	43
58	070	861	139	209	42
59	088	882	118	206	41
60	1̄,54 107	1̄,56 903	0,43 097	1̄,97 204	40
61	125	924	076	201	39
62	144	945	055	199	38
63	162	966	034	196	37
64	180	1̄,56 987	0,43 013	194	36
65	199	1̄,57 007	0,42 993	191	35
66	217	028	972	189	34
67	235	049	951	186	33
68	254	070	930	184	32
69	272	091	909	181	31
70	1̄,54 290	1̄,57 112	0,42 888	1̄,97 179	30
71	309	133	867	176	29
72	327	153	847	173	28
73	345	174	826	171	27
74	364	195	805	168	26
75	382	216	784	166	25
76	400	237	763	163	24
77	418	258	742	161	23
78	437	278	722	158	22
79	455	299	701	156	21
80	1̄,54 473	1̄,57 320	0,42 680	1̄,97 153	20
81	491	341	659	151	19
82	509	362	638	148	18
83	528	382	618	145	17
84	546	403	597	143	16
85	564	424	576	140	15
86	582	445	555	138	14
87	600	465	535	135	13
88	619	486	514	133	12
89	637	507	493	130	11
90	1̄,54 655	1̄,57 527	0,42 473	1̄,97 128	10
91	673	548	452	125	09
92	691	569	431	122	08
93	709	589	411	120	07
94	727	610	390	117	06
95	745	631	369	115	05
96	764	651	349	112	04
97	782	672	328	110	03
98	800	693	307	107	02
99	818	713	287	104	01
100	1̄,54 836	1̄,57 734	0,42 266	1̄,97 102	00
	log cos	log cotg	log tg	log sin	cgr

77gr   **77gr**

mgr	22	21	20	19	18	3	2
1	2,2	2,1	2,0	1,9	1,8	0,3	0,2
2	4,4	4,2	4,0	3,8	3,6	0,6	0,4
3	6,6	6,3	6,0	5,7	5,4	0,9	0,6
4	8,8	8,4	8,0	7,6	7,2	1,2	0,8
5	11,0	10,5	10,0	9,5	9,0	1,5	1,0
6	13,2	12,6	12,0	11,4	10,8	1,8	1,2
7	15,4	14,7	14,0	13,3	12,6	2,1	1,4
8	17,6	16,8	16,0	15,2	14,4	2,4	1,6
9	19,8	18,9	18,0	17,1	16,2	2,7	1,8

cgr	log sin	log tg	log cotg	log cos	
00	$\bar{1}$,54 836	$\bar{1}$,57 734	0,42 266	$\bar{1}$,97 102	100
01	854	755	245	099	99
02	872	775	225	097	98
03	890	796	204	094	97
04	908	817	183	091	96
05	926	837	163	089	95
06	944	858	142	086	94
07	962	878	122	084	93
08	980	899	101	081	92
09	$\bar{1}$,54 998	919	081	079	91
10	$\bar{1}$,55 016	$\bar{1}$,57 940	0,42 060	$\bar{1}$,97 076	90
11	034	961	039	073	89
12	052	$\bar{1}$,57 981	0,42 019	071	88
13	070	$\bar{1}$,58 002	0,41 998	068	87
14	088	022	978	066	86
15	106	043	957	063	85
16	124	063	937	060	84
17	142	084	916	058	83
18	159	104	896	055	82
19	177	125	875	053	81
20	$\bar{1}$,55 195	$\bar{1}$,58 145	0,41 855	$\bar{1}$,97 050	80
21	213	166	834	047	79
22	231	186	814	045	78
23	249	207	793	042	77
24	267	227	773	040	76
25	285	248	752	037	75
26	302	268	732	034	74
27	320	288	712	032	73
28	338	309	691	029	72
29	356	329	671	027	71
30	$\bar{1}$,55 374	$\bar{1}$,58 350	0,41 650	$\bar{1}$,97 024	70
31	391	370	630	021	69
32	409	391	609	019	68
33	427	411	589	016	67
34	445	431	569	013	66
35	463	452	548	011	65
36	480	472	528	008	64
37	498	492	508	006	63
38	516	513	487	003	62
39	533	533	467	$\bar{1}$,97 000	61
40	$\bar{1}$,55 551	$\bar{1}$,58 554	0,41 446	$\bar{1}$,96 998	60
41	569	574	426	995	59
42	587	594	406	992	58
43	604	615	385	990	57
44	622	635	365	987	56
45	640	655	345	985	55
46	657	675	325	982	54
47	675	696	304	979	53
48	693	716	284	977	52
49	710	736	264	974	51
50	$\bar{1}$,55 728	$\bar{1}$,58 757	0,41 243	$\bar{1}$,96 971	50
	log cos	log cotg	log tg	log sin	cgr

cgr	log sin	log tg	log cotg	log cos	
50	$\bar{1}$,55 728	$\bar{1}$,58 757	0,41 243	$\bar{1}$,96 971	50
51	746	777	223	969	49
52	763	797	203	966	48
53	781	817	183	963	47
54	798	838	162	961	46
55	816	858	142	958	45
56	834	878	122	956	44
57	851	898	102	953	43
58	869	919	081	950	42
59	886	939	061	948	41
60	$\bar{1}$,55 904	$\bar{1}$,58 959	0,41 041	$\bar{1}$,96 945	40
61	921	979	021	942	39
62	939	$\bar{1}$,58 999	0,41 001	940	38
63	956	$\bar{1}$,59 020	0,40 980	937	37
64	974	040	960	934	36
65	$\bar{1}$,55 992	060	940	932	35
66	$\bar{1}$,56 009	080	920	929	34
67	027	100	900	926	33
68	044	120	880	924	32
69	062	141	859	921	31
70	$\bar{1}$,56 079	$\bar{1}$,59 161	0,40 839	$\bar{1}$,96 918	30
71	096	181	819	916	29
72	114	201	799	913	28
73	131	221	779	910	27
74	149	241	759	908	26
75	166	261	739	905	25
76	184	281	719	902	24
77	201	301	699	900	23
78	218	322	678	897	22
79	236	342	658	894	21
80	$\bar{1}$,56 253	$\bar{1}$,59 362	0,40 638	$\bar{1}$,96 892	20
81	271	382	618	889	19
82	288	402	598	886	18
83	305	422	578	884	17
84	323	442	558	881	16
85	340	462	538	878	15
86	357	482	518	876	14
87	375	502	498	873	13
88	392	522	478	870	12
89	409	542	458	867	11
90	$\bar{1}$,56 427	$\bar{1}$,59 562	0,40 438	$\bar{1}$,96 865	10
91	444	582	418	862	09
92	461	602	398	859	08
93	479	622	378	857	07
94	496	642	358	854	06
95	513	662	338	851	05
96	530	682	318	849	04
97	548	702	298	846	03
98	565	722	278	843	02
99	582	742	258	841	01
100	$\bar{1}$,56 599	$\bar{1}$,59 762	0,40 238	$\bar{1}$,96 838	00
	log cos	log cotg	log tg	log sin	cgr

76gr   **76gr**

mgr	21	20	18	17	3	2
1	2,1	2,0	1,8	1,7	0,3	0,2
2	4,2	4,0	3,6	3,4	0,6	0,4
3	6,3	6,0	5,4	5,1	0,9	0,6
4	8,4	8,0	7,2	6,8	1,2	0,8
5	10,5	10,0	9,0	8,5	1,5	1,0
6	12,6	12,0	10,8	10,2	1,8	1,2
7	14,7	14,0	12,6	11,9	2,1	1,4
8	16,8	16,0	14,4	13,6	2,4	1,6
9	18,9	18,0	16,2	15,3	2,7	1,8

cgr	log sin	log tg	log cotg	log cos	
00	I,56 599	I,59 762	0,40 238	I,96 838	100
01	617	782	218	835	99
02	634	801	199	832	98
03	651	821	179	830	97
04	668	841	159	827	96
05	686	861	139	824	95
06	703	881	119	822	94
07	720	901	099	819	93
08	737	921	079	816	92
09	754	941	059	813	91
10	I,56 771	I,59 961	0,40 039	I,96 811	90
11	789	I,59 980	020	808	89
12	806	I,60 000	0,40 000	805	88
13	823	020	0,39 980	803	87
14	840	040	960	800	86
15	857	060	940	797	85
16	874	080	920	794	84
17	891	099	901	792	83
18	908	119	881	789	82
19	925	139	861	786	81
20	I,56 943	I,60 159	0,39 841	I,96 784	80
21	960	179	821	781	79
22	977	199	801	778	78
23	I,56 994	218	782	775	77
24	I,57 011	238	762	773	76
25	028	258	742	770	75
26	045	278	722	767	74
27	062	297	703	764	73
28	079	317	683	762	72
29	096	337	663	759	71
30	I,57 113	I,60 357	0,39 643	I,96 756	70
31	130	376	624	754	69
32	147	396	604	751	68
33	164	416	584	748	67
34	181	435	565	745	66
35	198	455	545	743	65
36	215	475	525	740	64
37	232	495	505	737	63
38	249	514	486	734	62
39	266	534	466	731	61
40	I,57 282	I,60 554	0,39 446	I,96 729	60
41	299	573	427	726	59
42	316	593	407	723	58
43	333	613	387	721	57
44	350	632	368	718	56
45	367	652	348	715	55
46	384	672	328	712	54
47	401	691	309	710	53
48	418	711	289	707	52
49	434	730	270	704	51
50	I,57 451	I,60 750	0,39 250	I,96 701	50
	log cos	log cotg	log tg	log sin	cgr

cgr	log sin	log tg	log cotg	log cos	
50	I,57 451	I,60 750	0,39 250	I,96 701	50
51	468	770	230	698	49
52	485	789	211	696	48
53	502	809	191	693	47
54	519	828	172	690	46
55	535	848	152	687	45
56	552	867	133	685	44
57	569	887	113	682	43
58	586	907	093	679	42
59	603	926	074	676	41
60	I,57 619	I,60 946	0,39 054	I,96 674	40
61	636	965	035	671	39
62	653	I,60 985	0,39 015	668	38
63	670	I,61 004	0,38 996	665	37
64	686	024	976	662	36
65	703	043	957	660	35
66	720	063	937	657	34
67	736	082	918	654	33
68	753	102	898	651	32
69	770	121	879	649	31
70	I,57 787	I,61 141	0,38 859	I,96 646	30
71	803	160	840	643	29
72	820	180	820	640	28
73	837	199	801	.637	27
74	853	219	781	635	26
75	870	238	762	632	25
76	887	258	742	629	24
77	903	277	723	626	23
78	920	296	704	623	22
79	936	316	684	621	21
80	I,57 953	I,61 335	0,38 665	I,96 618	20
81	970	355	645	615	19
82	I,57 986	374	626	612	18
83	I,58 003	394	606	609	17
84	020	413	587	607	16
85	036	432	568	604	15
86	053	452	548	601	14
87	069	471	529	598	13
88	086	490	510	595	12
89	102	510	490	593	11
90	I,58 119	I,61 529	0,38 471	I,96 590	10
91	135	549	451	587	09
92	152	568	432	584	08
93	169	587	413	581	07
94	185	607	393	578	06
95	202	626	374	576	05
96	218	645	355	573	04
97	235	665	335	570	03
98	251	684	316	567	02
99	267	703	297	564	01
100	I,58 284	I,61 722	0,38 278	I,96 562	00
	log cos	log cotg	log tg	log sin	cgr

mgr	20	19	18	17	16	3	2
1	2,0	1,9	1,8	1,7	1,6	0,3	0,2
2	4,0	3,8	3,6	3,4	3,2	0,6	0,4
3	6,0	5,7	5,4	5,1	4,8	0,9	0,6
4	8,0	7,6	7,2	6,8	6,4	1,2	0,8
5	10,0	9,5	9,0	8,5	8,0	1,5	1,0
6	12,0	11,4	10,8	10,2	9,6	1,8	1,2
7	14,0	13,3	12,6	11,9	11,2	2,1	1,4
8	16,0	15,2	14,4	13,6	12,8	2,4	1,6
9	18,0	17,1	16,2	15,3	14,4	2,7	1,8

cgr	log sin	log tg	log cotg	log cos	
00	I,58 284	I,61 722	0,38 278	I,96 562	100
01	300	742	258	559	99
02	317	761	239	556	98
03	333	780	220	553	97
04	350	800	200	550	96
05	366	819	181	547	95
06	383	838	162	545	94
07	399	857	143	542	93
08	415	877	123	539	92
09	432	896	104	536	91
10	I,58 448	I,61 915	0,38 085	I,96 533	90
11	465	934	066	530	89
12	481	954	046	528	88
13	497	973	027	525	87
14	514	I,61 992	0,38 008	522	86
15	530	I,62 011	0,37 989	519	85
16	547	030	970	516	84
17	563	050	950	513	83
18	579	069	931	510	82
19	596	088	912	508	81
20	I,58 612	I,62 107	0,37 893	I,96 505	80
21	628	126	874	502	79
22	645	145	855	499	78
23	661	165	835	496	77
24	677	184	816	493	76
25	693	203	797	490	75
26	710	222	778	488	74
27	726	241	759	485	73
28	742	260	740	482	72
29	759	279	721	479	71
30	I,58 775	I,62 299	0,37 701	I,96 476	70
31	791	318	682	473	69
32	807	337	663	470	68
33	824	356	644	468	67
34	840	375	625	465	66
35	856	394	606	462	65
36	872	413	587	459	64
37	888	432	568	456	63
38	905	451	549	453	62
39	921	470	530	450	61
40	I,58 937	I,62 489	0,37 511	I,96 447	60
41	953	509	491	445	59
42	969	528	472	442	58
43	I,58 985	547	453	439	57
44	I,59 002	566	434	436	56
45	018	585	415	433	55
46	034	604	396	430	54
47	050	623	377	427	53
48	066	642	358	424	52
49	082	661	339	422	51
50	I,59 098	I,62 680	0,37 320	I,96 419	50
	log cos	log cotg	log tg	log sin	cgr

cgr	log sin	log tg	log cotg	log cos	cgr
50	I,59 098	I,62 680	0,37 320	I,96 419	50
51	115	699	301	416	49
52	131	718	282	413	48
53	147	737	263	410	47
54	163	756	244	407	46
55	179	775	225	404	45
56	195	794	206	401	44
57	211	813	187	398	43
58	227	832	168	396	42
59	243	850	150	393	41
60	I,59 259	I,62 869	0,37 131	I,96 390	40
61	275	888	112	387	39
62	291	907	093	384	38
63	307	926	074	381	37
64	323	945	055	378	36
65	339	964	036	375	35
66	355	I,62 983	0,37 017	372	34
67	371	I,63 002	0,36 998	369	33
68	387	021	979	366	32
69	403	040	960	364	31
70	I,59 419	I,63 059	0,36 941	I,96 361	30
71	435	077	923	358	29
72	451	096	904	355	28
73	467	115	885	352	27
74	483	134	866	349	26
75	499	153	847	346	25
76	515	172	828	343	24
77	531	191	809	340	23
78	547	209	791	337	22
79	563	228	772	334	21
80	I,59 579	I,63 247	0,36 753	I,96 331	20
81	594	266	734	329	19
82	610	285	715	326	18
83	626	304	696	323	17
84	642	322	678	320	16
85	658	341	659	317	15
86	674	360	640	314	14
87	690	379	621	311	13
88	706	398	602	308	12
89	721	416	584	305	11
90	I,59 737	I,63 435	0,36 565	I,96 302	10
91	753	454	546	299	09
92	769	473	527	296	08
93	785	491	509	293	07
94	801	510	490	290	06
95	816	529	471	287	05
96	832	548	452	284	04
97	848	566	434	282	03
98	864	585	415	279	02
99	879	604	396	276	01
100	I,59 895	I,63 623	0,36 377	I,96 273	00
	log cos	log cotg	log tg	log sin	cgr

mgr	20	19	18	17	16	15	3	2	mgr
1	2,0	1,9	1,8	1,7	1,6	1,5	0,3	0,2	1
2	4,0	3,8	3,6	3,4	3,2	3,0	0,6	0,4	2
3	6,0	5,7	5,4	5,1	4,8	4,5	0,9	0,6	3
4	8,0	7,6	7,2	6,8	6,4	6,0	1,2	0,8	4
5	10,0	9,5	9,0	8,5	8,0	7,5	1,5	1,0	5
6	12,0	11,4	10,8	10,2	9,6	9,0	1,8	1,2	6
7	14,0	13,3	12,6	11,9	11,2	10,5	2,1	1,4	7
8	16,0	15,2	14,4	13,6	12,8	12,0	2,4	1,6	8
9	18,0	17,1	16,2	15,3	14,4	13,5	2,7	1,8	9

cgr	log sin	log tg	log cotg	log cos	
00	I,59 895	I,63 623	0,36 377	I,96 273	100
01	911	641	359	270	99
02	927	660	340	267	98
03	942	679	321	264	97
04	958	697	303	261	96
05	974	716	284	258	95
06	I,59 990	735	265	255	94
07	I,60 005	753	247	252	93
08	021	772	228	249	92
09	037	791	209	246	91
10	I,60 053	I,63 809	0,36 191	I,96 243	90
11	068	828	172	240	89
12	084	847	153	237	88
13	100	865	135	234	87
14	115	884	116	231	86
15	131	903	097	228	85
16	147	921	079	225	84
17	162	940	060	222	83
18	178	959	041	219	82
19	194	977	023	216	81
20	I,60 209	I,63 996	0,36 004	I,96 213	80
21	225	I,64 014	0,35 986	210	79
22	240	033	967	207	78
23	256	052	948	204	77
24	272	070	930	201	76
25	287	089	911	198	75
26	303	107	893	195	74
27	318	126	874	192	73
28	334	144	856	190	72
29	350	163	837	187	71
30	I,60 365	I,64 182	0,35 818	I,96 184	70
31	381	200	800	181	69
32	396	219	781	178	68
33	412	237	763	175	67
34	427	256	744	172	66
35	443	274	726	169	65
36	458	293	707	166	64
37	474	311	689	163	63
38	489	330	670	160	62
39	505	348	652	157	61
40	I,60 520	I,64 367	0,35 633	I,96 154	60
41	536	385	615	151	59
42	551	404	596	148	58
43	567	422	578	145	57
44	582	441	559	142	56
45	598	459	541	139	55
46	613	478	522	136	54
47	629	496	504	133	53
48	644	515	485	129	52
49	660	533	467	126	51
50	I,60 675	I,64 552	0,35 448	I,96 123	50
	log cos	log cotg	log tg	log sin	cgr

cgr	log sin	log tg	log cotg	log cos	
50	I,60 675	I,64 552	0,35 448	I,96 123	50
51	690	570	430	120	49
52	706	588	412	117	48
53	721	607	393	114	47
54	737	625	375	111	46
55	752	644	356	108	45
56	768	662	338	105	44
57	783	681	319	102	43
58	798	699	301	099	42
59	814	717	283	096	41
60	I,60 829	I,64 736	0,35 264	I,96 093	40
61	844	754	246	090	39
62	860	773	227	087	38
63	875	791	209	084	37
64	890	809	191	081	36
65	906	828	172	078	35
66	921	846	154	075	34
67	936	864	136	072	33
68	952	883	117	069	32
69	967	901	099	066	31
70	I,60 982	I,64 919	0,35 081	I,96 063	30
71	I,60 998	938	062	060	29
72	I,61 013	956	044	057	28
73	028	974	026	054	27
74	044	I,64 993	0,35 007	051	26
75	059	I,65 011	0,34 989	048	25
76	074	029	971	045	24
77	089	048	952	042	23
78	105	066	934	039	22
79	120	084	916	036	21
80	I,61 135	I,65 103	0,34 897	I,96 032	20
81	150	121	879	029	19
82	166	139	861	026	18
83	181	157	843	023	17
84	196	176	824	020	16
85	211	194	806	017	15
86	226	212	788	014	14
87	242	231	769	011	13
88	257	249	751	008	12
89	272	267	733	005	11
90	I,61 287	I,65 285	0,34 715	I,96 002	10
91	302	304	696	I,95 999	09
92	317	322	678	996	08
93	333	340	660	993	07
94	348	358	642	990	06
95	363	376	624	986	05
96	378	395	605	983	04
97	393	413	587	980	03
98	408	431	569	977	02
99	423	449	551	974	01
100	I,61 438	I,65 467	0,34 533	I,95 971	00
	log cos	log cotg	log tg	log sin	cgr

73gr   **73gr**

mgr	19	18	16	15	4	3	2
1	1,9	1,8	1,6	1,5	0,4	0,3	0,2
2	3,8	3,6	3,2	3,0	0,8	0,6	0,4
3	5,7	5,4	4,8	4,5	1,2	0,9	0,6
4	7,6	7,2	6,4	6,0	1,6	1,2	0,8
5	9,5	9,0	8,0	7,5	2,0	1,5	1,0
6	11,4	10,8	9,6	9,0	2,4	1,8	1,2
7	13,3	12,6	11,2	10,5	2,8	2,1	1,4
8	15,2	14,4	12,8	12,0	3,2	2,4	1,6
9	17,1	16,2	14,4	13,5	3,6	2,7	1,8

cgr	log sin	log tg	log cotg	log cos	
00	Ī,61 438	Ī,65 467	0,34 533	Ī,95 971	100
01	454	486	514	968	99
02	469	504	496	965	98
03	484	522	478	962	97
04	499	540	460	959	96
05	514	558	442	956	95
06	529	576	424	953	94
07	544	595	405	949	93
08	559	613	387	946	92
09	574	631	369	943	91
10	Ī,61 589	Ī,65 649	0,34 351	Ī,95 940	90
11	604	667	333	937	89
12	619	685	315	934	88
13	634	703	297	931	87
14	649	722	278	928	86
15	664	740	260	925	85
16	679	758	242	922	84
17	694	776	224	919	83
18	709	794	206	915	82
19	724	812	188	912	81
20	Ī,61 739	Ī,65 830	0,34 170	Ī,95 909	80
21	754	848	152	906	79
22	769	866	134	903	78
23	784	884	116	900	77
24	799	903	097	897	76
25	814	921	079	894	75
26	829	939	061	891	74
27	844	957	043	887	73
28	859	975	025	884	72
29	874	Ī,65 993	0,34 007	881	71
30	Ī,61 889	Ī,66 011	0,33 989	Ī,95 878	70
31	904	029	971	875	69
32	919	047	953	872	68
33	934	065	935	869	67
34	949	083	917	866	66
35	963	101	899	862	65
36	978	119	881	859	64
37	Ī,61 993	137	863	856	63
38	Ī,62 008	155	845	853	62
39	173	173	827	850	61
40	Ī,62 038	Ī,66 191	0,33 809	Ī,95 847	60
41	053	209	791	844	59
42	068	227	773	841	58
43	082	245	755	837	57
44	097	263	737	834	56
45	112	281	719	831	55
46	127	299	701	828	54
47	142	317	683	825	53
48	157	335	665	822	52
49	171	353	647	819	51
50	Ī,62 186	Ī,66 371	0,33 629	Ī,95 815	50
	log cos	log cotg	log tg	log sin	cgr

cgr	log sin	log tg	log cotg	log cos	
50	Ī,62 186	Ī,66 371	0,33 629	Ī,95 815	50
51	201	389	611	812	49
52	216	407	593	809	48
53	230	424	576	806	47
54	245	442	558	803	46
55	260	460	540	800	45
56	275	478	522	797	44
57	290	496	504	793	43
58	304	514	486	790	42
59	319	532	468	787	41
60	Ī,62 334	Ī,66 550	0,33 450	Ī,95 784	40
61	349	568	432	781	39
62	363	586	414	778	38
63	378	604	396	774	37
64	393	621	379	771	36
65	407	639	361	768	35
66	422	657	343	765	34
67	437	675	325	762	33
68	451	693	307	759	32
69	466	711	289	755	31
70	Ī,62 481	Ī,66 729	0,33 271	Ī,95 752	30
71	496	746	254	749	29
72	510	764	236	746	28
73	525	782	218	743	27
74	540	800	200	740	26
75	554	818	182	736	25
76	569	836	164	733	24
77	583	853	147	730	23
78	598	871	129	727	22
79	613	889	111	724	21
80	Ī,62 627	Ī,66 907	0,33 093	Ī,95 720	20
81	642	925	075	717	19
82	657	942	058	714	18
83	671	960	040	711	17
84	686	978	022	708	16
85	700	Ī,66 996	0,33 004	705	15
86	715	Ī,67 014	0,32 986	701	14
87	729	031	969	698	13
88	744	049	951	695	12
89	759	067	933	692	11
90	Ī,62 773	Ī,67 085	0,32 915	Ī,95 689	10
91	788	102	898	685	09
92	802	120	880	682	08
93	817	138	862	679	07
94	831	156	844	676	06
95	846	173	827	673	05
96	860	191	809	669	04
97	875	209	791	666	03
98	889	226	774	663	02
99	904	244	756	660	01
100	Ī,62 918	Ī,67 262	0,32 738	Ī,95 657	00
	log cos	log cotg	log tg	log sin	cgr

mgr	19	18	17	16	15	14	4	3	mgr
1	1,9	1,8	1,7	1,6	1,5	1,4	0,4	0,3	1
2	3,8	3,6	3,4	3,2	3,0	2,8	0,8	0,6	2
3	5,7	5,4	5,1	4,8	4,5	4,2	1,2	0,9	3
4	7,6	7,2	6,8	6,4	6,0	5,6	1,6	1,2	4
5	9,5	9,0	8,5	8,0	7,5	7,0	2,0	1,5	5
6	11,4	10,8	10,2	9,6	9,0	8,4	2,4	1,8	6
7	13,3	12,6	11,9	11,2	10,5	9,8	2,8	2,1	7
8	15,2	14,4	13,6	12,8	12,0	11,2	3,2	2,4	8
9	17,1	16,2	15,3	14,4	13,5	12,6	3,6	2,7	9

cgr	log sin	log tg	log cotg	log cos	
00	Ī,62 918	Ī,67 262	0,32 738	Ī,95 657	100
01	933	280	720	653	99
02	947	297	703	650	98
03	962	315	685	647	97
04	976	333	667	644	96
05	Ī,62 991	350	650	640	95
06	Ī,63 005	368	632	637	94
07	020	386	614	634	93
08	034	403	597	631	92
09	049	421	579	628	91
10	Ī,63 063	Ī,67 439	0,32 561	Ī,95 624	90
11	078	456	544	621	89
12	092	474	526	618	88
13	106	492	508	615	87
14	121	509	491	611	86
15	135	527	473	608	85
16	150	545	455	605	84
17	164	562	438	602	83
18	178	580	420	599	82
19	193	598	402	595	81
20	Ī,63 207	Ī,67 615	0,32 385	Ī,95 592	80
21	222	633	367	589	79
22	236	650	350	586	78
23	250	668	332	582	77
24	265	686	314	579	76
25	279	703	297	576	75
26	293	721	279	573	74
27	308	738	262	569	73
28	322	756	244	566	72
29	336	773	227	563	71
30	Ī,63 351	Ī,67 791	0,32 209	Ī,95 560	70
31	365	809	191	556	69
32	379	826	174	553	68
33	394	844	156	550	67
34	408	861	139	547	66
35	422	879	121	543	65
36	437	896	104	540	64
37	451	914	086	537	63
38	465	931	069	534	62
39	479	949	051	530	61
40	Ī,63 494	Ī,67 967	0,32 033	Ī,95 527	60
41	508	Ī,67 984	0,32 016	524	59
42	522	Ī,68 002	0,31 998	521	58
43	536	019	981	517	57
44	551	037	963	514	56
45	565	054	946	511	55
46	579	072	928	508	54
47	593	089	911	504	53
48	608	107	893	501	52
49	622	124	876	498	51
50	Ī,63 636	Ī,68 142	0,31 858	Ī,95 494	50
	log cos	log cotg	log tg	log sin	cgr

cgr	log sin	log tg	log cotg	log cos	
50	Ī,63 636	Ī,68 142	0,31 858	Ī,95 494	50
51	650	159	841	491	49
52	664	177	823	488	48
53	679	194	806	485	47
54	693	211	789	481	46
55	707	229	771	478	45
56	721	246	754	475	44
57	735	264	736	471	43
58	749	281	719	468	42
59	764	299	701	465	41
60	Ī,63 778	Ī,68 316	0,31 684	Ī,95 462	40
61	792	334	666	458	39
62	806	351	649	455	38
63	820	368	632	452	37
64	834	386	614	448	36
65	848	403	597	445	35
66	863	421	579	442	34
67	877	438	562	439	33
68	891	456	544	435	32
69	905	473	527	432	31
70	Ī,63 919	Ī,68 490	0,31 510	Ī,95 429	30
71	933	508	492	425	29
72	947	525	475	422	28
73	961	543	457	419	27
74	975	560	440	415	26
75	Ī,63 989	577	423	412	25
76	Ī,64 003	595	405	409	24
77	018	612	388	405	23
78	032	629	371	402	22
79	046	647	353	399	21
80	Ī,64 060	Ī,68 664	0,31 336	Ī,95 396	20
81	074	681	319	392	19
82	088	699	301	389	18
83	102	716	284	386	17
84	116	733	267	382	16
85	130	751	249	379	15
86	144	768	232	376	14
87	158	785	215	372	13
88	172	803	197	369	12
89	186	820	180	366	11
90	Ī,64 200	Ī,68 837	0,31 163	Ī,95 362	10
91	214	855	145	359	09
92	228	872	128	356	08
93	242	889	111	352	07
94	256	907	093	349	06
95	270	924	076	346	05
96	284	941	059	342	04
97	297	958	042	339	03
98	311	976	024	336	02
99	325	Ī,68 993	0,31 007	332	01
100	Ī,64 339	Ī,69 010	0,30 990	Ī,95 329	00
	log cos	log cotg	log tg	log sin	cgr

mgr	18	17	15	14	13	4	3
1	1,8	1,7	1,5	1,4	1,3	0,4	0,3
2	3,6	3,4	3,0	2,8	2,6	0,8	0,6
3	5,4	5,1	4,5	4,2	3,9	1,2	0,9
4	7,2	6,8	6,0	5,6	5,2	1,6	1,2
5	9,0	8,5	7,5	7,0	6,5	2,0	1,5
6	10,8	10,2	9,0	8,4	7,8	2,4	1,8
7	12,6	11,9	10,5	9,8	9,1	2,8	2,1
8	14,4	13,6	12,0	11,2	10,4	3,2	2,4
9	16,2	15,3	13,5	12,6	11,7	3,6	2,7

cgr	log sin	log tg	log cotg	log cos	
00	I,64 339	I,69 010	0,30 990	I,95 329	100
01	353	028	972	326	99
02	367	045	955	322	98
03	381	062	938	319	97
04	395	079	921	316	96
05	409	097	903	312	95
06	423	114	886	309	94
07	437	131	869	306	93
08	450	148	852	302	92
09	464	166	834	299	91
10	I,64 478	I,69 183	0,30 817	I,95 295	90
11	492	200	800	292	89
12	506	217	783	289	88
13	520	234	766	285	87
14	534	252	748	282	86
15	548	269	731	279	85
16	561	286	714	275	84
17	575	303	697	272	83
18	589	320	680	269	82
19	603	338	662	265	81
20	I,64 617	I,69 355	0,30 645	I,95 262	80
21	630	372	628	258	79
22	644	389	611	255	78
23	658	406	594	252	77
24	672	424	576	248	76
25	686	441	559	245	75
26	699	458	542	242	74
27	713	475	525	238	73
28	727	492	508	235	72
29	741	509	491	231	71
30	I,64 755	I,69 526	0,30 474	I,95 228	70
31	768	544	456	225	69
32	782	561	439	221	68
33	796	578	422	218	67
34	810	595	405	215	66
35	823	612	388	211	65
36	837	629	371	208	64
37	851	646	354	204	63
38	864	663	337	201	62
39	878	681	319	198	61
40	I,64 892	I,69 698	0,30 302	I,95 194	60
41	906	715	285	191	59
42	919	732	268	187	58
43	933	749	251	184	57
44	947	766	234	181	56
45	960	783	217	177	55
46	974	800	200	174	54
47	I,64 988	817	183	170	53
48	I,65 001	834	166	167	52
49	015	851	149	164	51
50	I,65 029	I,69 868	0,30 132	I,95 160	50
	log cos	log cotg	log tg	log sin	cgr

cgr	log sin	log tg	log cotg	log cos	
50	I,65 029	I,69 868	0,30 132	I,95 160	50
51	042	886	114	157	49
52	056	903	097	153	48
53	070	920	080	150	47
54	083	937	063	147	46
55	097	954	046	143	45
56	110	971	029	140	44
57	124	I,69 988	0,30 012	136	43
58	138	I,70 005	0,29 995	133	42
59	151	022	978	129	41
60	I,65 165	I,70 039	0,29 961	I,95 126	40
61	179	056	944	123	39
62	192	073	927	119	38
63	206	090	910	116	37
64	219	107	893	112	36
65	233	124	876	109	35
66	246	141	859	105	34
67	260	158	842	102	33
68	274	175	825	099	32
69	287	192	808	095	31
70	I,65 301	I,70 209	0,29 791	I,95 092	30
71	314	226	774	088	29
72	328	243	757	085	28
73	341	260	740	081	27
74	355	277	723	078	26
75	368	294	706	075	25
76	382	311	689	071	24
77	395	328	672	068	23
78	409	345	655	064	22
79	422	362	638	061	21
80	I,65 436	I,70 379	0,29 621	I,95 057	20
81	449	395	605	054	19
82	463	412	588	050	18
83	476	429	571	047	17
84	490	446	554	044	16
85	503	463	537	040	15
86	517	480	520	037	14
87	530	497	503	033	13
88	544	514	486	030	12
89	557	531	469	026	11
90	I,65 571	I,70 548	0,29 452	I,95 023	10
91	584	565	435	019	09
92	597	582	418	016	08
93	611	598	402	012	07
94	624	615	385	009	06
95	638	632	368	005	05
96	651	649	351	I,95 002	04
97	664	666	334	I,94 999	03
98	678	683	317	995	02
99	691	700	300	992	01
100	I,65 705	I,70 717	0,29 283	I,94 988	00
	log cos	log cotg	log tg	log sin	cgr

mgr	18	17	16	14	13	4	3
I	1,8	1,7	1,6	1,4	1,3	0,4	0,3
2	3,6	3,4	3,2	2,8	2,6	0,8	0,6
3	5,4	5,I	4,8	4,2	3,9	1,2	0,9
4	7,2	6,8	6,4	5,6	5,2	1,6	1,2
5	9,0	8,5	8,0	7,0	6,5	2,0	1,5
6	10,8	10,2	9,6	8,4	7,8	2,4	1,8
7	12,6	11,9	11,2	9,8	9,I	2,8	2,I
8	14,4	13,6	12,8	11,2	10,4	3,2	2,4
9	16,2	15,3	14,4	12,6	11,7	3,6	2,7

cgr	log sin	log tg	log cotg	log cos	
00	I,65 705	I,70 717	0,29 283	I,94 988	100
01	718	733	267	985	99
02	731	750	250	981	98
03	745	767	233	978	97
04	758	784	216	974	96
05	772	801	199	971	95
06	785	818	182	967	94
07	798	835	165	964	93
08	812	851	149	960	92
09	825	868	132	957	91
10	I,65 838	I,70 885	0,29 115	I,94 953	90
11	852	902	098	950	89
12	865	919	081	946	88
13	878	936	064	943	87
14	892	952	048	939	86
15	905	969	031	936	85
16	918	I,70 986	0,29 014	932	84
17	932	I,71 003	0,28 997	929	83
18	945	020	980	925	82
19	958	036	964	922	81
20	I,65 971	I,71 053	0,28 947	I,94 918	80
21	985	070	930	915	79
22	I,65 998	087	913	911	78
23	I,66 011	103	897	908	77
24	025	120	880	904	76
25	038	137	863	901	75
26	051	154	846	897	74
27	064	171	829	894	73
28	078	187	813	890	72
29	091	204	796	887	71
30	I,66 104	I,71 221	0,28 779	I,94 883	70
31	117	238	762	880	69
32	130	254	746	876	68
33	144	271	729	873	67
34	157	288	712	869	66
35	170	305	695	866	65
36	183	321	679	862	64
37	197	338	662	859	63
38	210	355	645	855	62
39	223	371	629	851	61
40	I,66 236	I,71 388	0,28 612	I,94 848	60
41	249	405	595	844	59
42	262	422	578	841	58
43	276	438	562	837	57
44	289	455	545	834	56
45	302	472	528	830	55
46	315	488	512	827	54
47	328	505	495	823	53
48	341	522	478	820	52
49	355	538	462	816	51
50	I,66 368	I,71 555	0,28 445	I,94 813	50
	log cos	log cotg	log tg	log sin	cgr

cgr	log sin	log tg	log cotg	log cos	
50	I,66 368	I,71 555	0,28 445	I,94 813	50
51	381	572	428	809	49
52	394	588	412	806	48
53	407	605	395	802	47
54	420	622	378	798	46
55	433	638	362	795	45
56	446	655	345	791	44
57	459	672	328	788	43
58	473	688	312	784	42
59	486	705	295	781	41
60	I,66 499	I,71 722	0,28 278	I,94 777	40
61	512	738	262	774	39
62	525	755	245	770	38
63	538	772	228	766	37
64	551	788	212	763	36
65	564	805	195	759	35
66	577	821	179	756	34
67	590	838	162	752	33
68	603	855	145	749	32
69	616	871	129	745	31
70	I,66 629	I,71 888	0,28 112	I,94 741	30
71	642	904	096	738	29
72	655	921	079	734	28
73	668	938	062	731	27
74	681	954	046	727	26
75	694	971	029	724	25
76	707	I,71 987	0,28 013	720	24
77	720	I,72 004	0,27 996	716	23
78	733	021	979	713	22
79	746	037	963	709	21
80	I,66 759	I,72 054	0,27 946	I,94 706	20
81	772	070	930	702	19
82	785	087	913	699	18
83	798	103	897	695	17
84	811	120	880	691	16
85	824	137	863	688	15
86	837	153	847	684	14
87	850	170	830	681	13
88	863	186	814	677	12
89	876	203	797	673	11
90	I,66 889	I,72 219	0,27 781	I,94 670	10
91	902	236	764	666	09
92	915	252	748	663	08
93	928	269	731	659	07
94	941	285	715	655	06
95	954	302	698	652	05
96	966	318	682	648	04
97	979	335	665	645	03
98	I,66 992	351	649	641	02
99	I,67 005	368	632	637	01
100	I,67 018	I,72 384	0,27 616	I,94 634	00
	log cos	log cotg	log tg	log sin	cgr

mgr	17	16	14	13	12	4	3
1	1,7	1,6	1,4	1,3	1,2	0,4	0,3
2	3,4	3,2	2,8	2,6	2,4	0,8	0,6
3	5,1	4,8	4,2	3,9	3,6	1,2	0,9
4	6,8	6,4	5,6	5,2	4,8	1,6	1,2
5	8,5	8,0	7,0	6,5	6,0	2,0	1,5
6	10,2	9,6	8,4	7,8	7,2	2,4	1,8
7	11,9	11,2	9,8	9,1	8,4	2,8	2,1
8	13,6	12,8	11,2	10,4	9,6	3,2	2,4
9	15,3	14,4	12,6	11,7	10,8	3,6	2,7

cgr	log sin	log tg	log cotg	log cos		cgr	log sin	log tg	log cotg	log cos	
00	Ī,67 018	Ī,72 384	0,27 616	Ī,94 634	100	50	Ī,67 656	Ī,73 205	0,26 795	Ī,94 451	50
01	031	401	599	630	99	51	669	221	779	448	49
02	044	417	583	626	98	52	682	237	763	444	48
03	057	434	566	623	97	53	694	254	746	440	47
04	070	450	550	619	96	54	707	270	730	437	46
05	082	467	533	616	95	55	719	286	714	433	45
06	095	483	517	612	94	56	732	303	697	429	44
07	108	500	500	608	93	57	745	319	681	426	43
08	121	516	484	605	92	58	757	335	665	422	42
09	134	533	467	601	91	59	770	352	648	418	41
10	Ī,67 147	Ī,72 549	0,27 451	Ī,94 598	90	60	Ī,67 782	Ī,73 368	0,26 632	Ī,94 415	40
11	160	566	434	594	89	61	795	384	616	411	39
12	172	582	418	590	88	62	808	400	600	407	38
13	185	599	401	587	87	63	820	417	583	403	37
14	198	615	385	583	86	64	833	433	567	400	36
15	211	631	369	579	85	65	845	449	551	396	35
16	224	648	352	576	84	66	858	466	534	392	34
17	236	664	336	572	83	67	870	482	518	389	33
18	249	681	319	568	82	68	883	498	502	385	32
19	262	697	303	565	81	69	896	514	486	381	31
20	Ī,67 275	Ī,72 714	0,27 286	Ī,94 561	80	70	Ī,67 908	Ī,73 531	0,26 469	Ī,94 377	30
21	288	730	270	558	79	71	921	547	453	374	29
22	300	746	254	554	78	72	933	563	437	370	28
23	313	763	237	550	77	73	946	579	421	366	27
24	326	779	221	547	76	74	958	596	404	363	26
25	339	796	204	543	75	75	971	612	388	359	25
26	351	812	188	539	74	76	983	628	372	355	24
27	364	828	172	536	73	77	Ī,67 996	644	356	352	23
28	377	845	155	532	72	78	Ī,68 008	661	339	348	22
29	390	861	139	528	71	79	021	677	323	344	21
30	Ī,67 402	Ī,72 878	0,27 122	Ī,94 525	70	80	Ī,68 033	Ī,73 693	0,26 307	Ī,94 340	20
31	415	894	106	521	69	81	046	709	291	337	19
32	428	910	090	517	68	82	058	725	275	333	18
33	441	927	073	514	67	83	071	742	258	329	17
34	453	943	057	510	66	84	083	758	242	325	16
35	466	960	040	506	65	85	096	774	226	322	15
36	479	976	024	503	64	86	108	790	210	318	14
37	491	Ī,72 992	0,27 008	499	63	87	121	807	193	314	13
38	504	Ī,73 009	0,26 991	495	62	88	133	823	177	311	12
39	517	025	975	492	61	89	146	839	161	307	11
40	Ī,67 530	Ī,73 041	0,26 959	Ī,94 488	60	90	Ī,68 158	Ī,73 855	0,26 145	Ī,94 303	10
41	542	058	942	484	59	91	171	871	129	299	09
42	555	074	926	481	58	92	183	888	112	296	08
43	568	090	910	477	57	93	196	904	096	292	07
44	580	107	893	473	56	94	208	920	080	288	06
45	593	123	877	470	55	95	220	936	064	284	05
46	606	140	860	466	54	96	233	952	048	281	04
47	618	156	844	462	53	97	245	968	032	277	03
48	631	172	828	459	52	98	258	Ī,73 985	0,26 015	273	02
49	644	189	811	455	51	99	270	Ī,74 001	0,25 999	269	01
50	Ī,67 656	Ī,73 205	0,26 795	Ī,94 451	50	100	Ī,68 283	Ī,74 017	0,25 983	Ī,94 266	00
	log cos	log cotg	log tg	log sin	cgr		log cos	log cotg	log tg	log sin	cgr

mgr	17	16	13	12	4	3
1	1,7	1,6	1,3	1,2	0,4	0,3
2	3,4	3,2	2,6	2,4	0,8	0,6
3	5,1	4,8	3,9	3,6	1,2	0,9
4	6,8	6,4	5,2	4,8	1,6	1,2
5	8,5	8,0	6,5	6,0	2,0	1,5
6	10,2	9,6	7,8	7,2	2,4	1,8
7	11,9	11,2	9,1	8,4	2,8	2,1
8	13,6	12,8	10,4	9,6	3,2	2,4
9	15,3	14,4	11,7	10,8	3,6	2,7

cgr	log sin	log tg	log cotg	log cos	
00	I,68 283	I,74 017	0,25 983	I,94 266	100
01	295	033	967	262	99
02	307	049	951	258	98
03	320	065	935	254	97
04	332	082	918	251	96
05	344	098	902	247	95
06	357	114	886	243	94
07	369	130	870	239	93
08	382	146	854	236	92
09	394	162	838	232	91
10	I,68 406	I,74 178	0,25 822	I,94 228	90
11	419	194	806	224	89
12	431	211	789	221	88
13	443	227	773	217	87
14	456	243	757	213	86
15	468	259	741	209	85
16	480	275	725	205	84
17	493	291	709	202	83
18	505	307	693	198	82
19	517	323	677	194	81
20	I,68 530	I,74 339	0,25 661	I,94 190	80
21	542	356	644	187	79
22	554	372	628	183	78
23	567	388	612	179	77
24	579	404	596	175	76
25	591	420	580	171	75
26	604	436	564	168	74
27	616	452	548	164	73
28	628	468	532	160	72
29	640	484	516	156	71
30	I,68 653	I,74 500	0,25 500	I,94 152	70
31	665	516	484	149	69
32	677	532	468	145	68
33	690	548	452	141	67
34	702	564	436	137	66
35	714	581	419	133	65
36	726	597	403	130	64
37	738	613	387	126	63
38	751	629	371	122	62
39	763	645	355	118	61
40	I,68 775	I,74 661	0,25 339	I,94 114	60
41	787	677	323	111	59
42	800	693	307	107	58
43	812	709	291	103	57
44	824	725	275	099	56
45	836	741	259	095	55
46	848	757	243	092	54
47	861	773	227	088	53
48	873	789	211	084	52
49	885	805	195	080	51
50	I,68 897	I,74 821	0,25 179	I,94 076	50
	log cos	log cotg	log tg	log sin	cgr

cgr	log sin	log tg	log cotg	log cos	
50	I,68 897	I,74 821	0,25 179	I,94 076	50
51	909	837	163	073	49
52	922	853	147	069	48
53	934	869	131	065	47
54	946	885	115	061	46
55	958	901	099	057	45
56	970	917	083	053	44
57	982	933	067	050	43
58	I,68 995	949	051	046	42
59	I,69 007	965	035	042	41
60	I,69 019	I,74 981	0,25 019	I,94 038	40
61	031	I,74 997	0,25 003	034	39
62	043	I,75 013	0,24 987	030	38
63	055	029	971	027	37
64	067	045	955	023	36
65	079	061	939	019	35
66	092	077	923	015	34
67	104	092	908	011	33
68	116	108	892	007	32
69	128	124	876	004	31
70	I,69 140	I,75 140	0,24 860	I,94 000	30
71	152	156	844	I,93 996	29
72	164	172	828	992	28
73	176	188	812	988	27
74	188	204	796·	984	26
75	200	220	780	980	25
76	212	236	764	977	24
77	225	252	748	973	23
78	237	268	732	969	22
79	249	284	716	965	21
80	I,69 261	I,75 300	0,24 700	I,93 961	20
81	273	315	685	957	19
82	285	331	669	953	18
83	297	347	653	950	17
84	309	363	637	946	16
85	321	379	621	942	15
86	333	395	605	938	14
87	345	411	589	934	13
88	357	427	573	930	12
89	369	443	557	926	11
90	I,69 381	I,75 459	0,24 541	I,93 922	10
91	393	474	526	919	09
92	405	490	510	915	08
93	417	506	494	911	07
94	429	522	478	907	06
95	441	538	462	903	05
96	453	554	446	899	04
97	465	570	430	895	03
98	477	585	415	891	02
99	489	601	399	887	01
100	I,69 501	I,75 617	0,24 383	I,93 884	00
	log cos	log cotg	log tg	log sin	cgr

67gr   **67gr**

mgr	17	16	15	13	12	4	3
1	1,7	1,6	1,5	1,3	1,2	0,4	0,3
2	3,4	3,2	3,0	2,6	2,4	0,8	0,6
3	5,1	4,8	4,5	3,9	3,6	1,2	0,9
4	6,8	6,4	6,0	5,2	4,8	1,6	1,2
5	8,5	8,0	7,5	6,5	6,0	2,0	1,5
6	10,2	9,6	9,0	7,8	7,2	2,4	1,8
7	11,9	11,2	10,5	9,1	8,4	2,8	2,1
8	13,6	12,8	12,0	10,4	9,6	3,2	2,4
9	15,3	14,4	13,5	11,7	10,8	3,6	2,7

cgr	log sin	log tg	log cotg	log cos	
00	I,69 501	I,75 617	0,24 383	I,93 884	100
01	513	633	367	880	99
02	525	649	351	876	98
03	537	665	335	872	97
04	549	681	319	868	96
05	560	696	304	864	95
06	572	712	288	860	94
07	584	728	272	856	93
08	596	744	256	852	92
09	608	760	240	848	91
10	I,69 620	I,75 776	0,24 224	I,93 845	90
11	632	791	209	841	89
12	644	807	193	837	88
13	656	823	177	833	87
14	668	839	161	829	86
15	680	855	145	825	85
16	692	870	130	821	84
17	703	886	114	817	83
18	715	902	098	813	82
19	727	918	082	809	81
20	I,69 739	I,75 934	0,24 066	I,93 805	80
21	751	949	051	802	79
22	763	965	035	798	78
23	775	981	019	794	77
24	787	I,75 997	0,24 003	790	76
25	798	I,76 013	0,23 987	786	75
26	810	028	972	782	74
27	822	044	956	778	73
28	834	060	940	774	72
29	846	076	924	770	71
30	I,69 858	I,76 091	0,23 909	I,93 766	70
31	869	107	893	762	69
32	881	123	877	758	68
33	893	139	861	754	67
34	905	154	846	750	66
35	917	170	830	746	65
36	928	186	814	743	64
37	940	202	798	739	63
38	952	217	783	735	62
39	964	233	767	731	61
40	I,69 976	I,76 249	0,23 751	I,93 727	60
41	987	265	735	723	59
42	I,69 999	280	720	719	58
43	I,70 011	296	704	715	57
44	023	312	688	711	56
45	035	328	672	707	55
46	046	343	657	703	54
47	058	359	641	699	53
48	070	375	625	695	52
49	082	390	610	691	51
50	I,70 093	I,76 406	0,23 594	I,93 687	50
	log cos	log cotg	log tg	log sin	cgr

cgr	log sin	log tg	log cotg	log cos	
50	I,70 093	I,76 406	0,23 594	I,93 687	50
51	105	422	578	683	49
52	117	438	562	679	48
53	129	453	547	675	47
54	140	469	531	671	46
55	152	485	515	667	45
56	164	500	500	663	44
57	175	516	484	659	43
58	187	532	468	655	42
59	199	547	453	652	41
60	I,70 211	I,76 563	0,23 437	I,93 648	40
61	222	579	421	644	39
62	234	594	406	640	38
63	246	610	390	636	37
64	257	626	374	632	36
65	269	641	359	628	35
66	281	657	343	624	34
67	292	673	327	620	33
68	304	688	312	616	32
69	316	704	296	612	31
70	I,70 327	I,76 720	0,23 280	I,93 608	30
71	339	735	265	604	29
72	351	751	249	600	28
73	362	767	233	596	27
74	374	782	218	592	26
75	386	798	202	588	25
76	397	814	186	584	24
77	409	829	171	580	23
78	421	845	155	576	22
79	432	860	140	572	21
80	I,70 444	I,76 876	0,23 124	I,93 568	20
81	455	892	108	564	19
82	467	907	093	560	18
83	479	923	077	556	17
84	490	939	061	552	16
85	502	954	046	548	15
86	513	970	030	544	14
87	525	I,76 985	0,23 015	540	13
88	537	I,77 001	0,22 999	536	12
89	548	017	983	532	11
90	I,70 560	I,77 032	0,22 968	I,93 528	10
91	571	048	952	524	09
92	583	063	937	520	08
93	594	079	921	516	07
94	606	095	905	511	06
95	618	110	890	507	05
96	629	126	874	503	04
97	641	141	859	499	03
98	652	157	843	495	02
99	664	172	828	491	01
100	I,70 675	I,77 188	0,22 812	I,93 487	00
	log cos	log cotg	log tg	log sin	cgr

mgr	16	15	12	11	5	4	3
1	1,6	1,5	1,2	1,1	0,5	0,4	0,3
2	3,2	3,0	2,4	2,2	1,0	0,8	0,6
3	4,8	4,5	3,6	3,3	1,5	1,2	0,9
4	6,4	6,0	4,8	4,4	2,0	1,6	1,2
5	8,0	7,5	6,0	5,5	2,5	2,0	1,5
6	9,6	9,0	7,2	6,6	3,0	2,4	1,8
7	11,2	10,5	8,4	7,7	3,5	2,8	2,1
8	12,8	12,0	9,6	8,8	4,0	3,2	2,4
9	14,4	13,5	10,8	9,9	4,5	3,6	2,7

cgr	log sin	log tg	log cotg	log cos	
00	I,70 675	I,77 188	0,22 812	I,93 487	100
01	687	204	796	483	99
02	698	219	781	479	98
03	710	235	765	475	97
04	721	250	750	471	96
05	733	266	734	467	95
06	744	281	719	463	94
07	756	297	703	459	93
08	767	312	688	455	92
09	779	328	672	451	91
10	I,70 790	I,77 344	0,22 656	I,93 447	90
11	802	359	641	443	89
12	813	375	625	439	88
13	825	390	610	435	87
14	836	406	594	431	86
15	848	421	579	427	85
16	859	437	563	423	84
17	871	452	548	419	83
18	882	468	532	414	82
19	894	483	517	410	81
20	I,70 905	I,77 499	0,22 501	I,93 406	80
21	917	514	486	402	79
22	928	530	470	398	78
23	940	545	455	394	77
24	951	561	439	390	76
25	962	576	424	386	75
26	974	592	408	382	74
27	985	607	393	378	73
28	I,70 997	623	377	374	72
29	I,71 008	638	362	370	71
30	I,71 020	I,77 654	0,22 346	I,93 366	70
31	031	669	331	362	69
32	042	685	315	357	68
33	054	700	300	353	67
34	065	716	284	349	66
35	077	731	269	345	65
36	088	747	253	341	64
37	099	762	238	337	63
38	111	778	222	333	62
39	122	793	207	329	61
40	I,71 133	I,77 809	0,22 191	I,93 325	60
41	145	824	176	321	59
42	156	840	160	317	58
43	168	855	145	312	57
44	179	871	129	308	56
45	190	886	114	304	55
46	202	901	099	300	54
47	213	917	083	296	53
48	224	932	068	292	52
49	236	948	052	288	51
50	I,71 247	I,77 963	0,22 037	I,93 284	50
	log cos	log cotg	log tg	log sin	cgr

cgr	log sin	log tg	log cotg	log cos	
50	I,71 247	I,77 963	0,22 037	I,93 284	50
51	258	979	021	280	49
52	270	I,77 994	0,22 006	276	48
53	281	I,78 009	0,21 991	271	47
54	292	025	975	267	46
55	304	040	960	263	45
56	315	056	944	259	44
57	326	071	929	255	43
58	337	087	913	251	42
59	349	102	898	247	41
60	I,71 360	I,78 117	0,21 883	I,93 243	40
61	371	133	867	238	39
62	383	148	852	234	38
63	394	164	836	230	37
64	405	179	821	226	36
65	416	194	806	222	35
66	428	210	790	218	34
67	439	225	775	214	33
68	450	241	759	210	32
69	462	256	744	205	31
70	I,71 473	I,78 271	0,21 729	I,93 201	30
71	484	287	713	197	29
72	495	302	698	193	28
73	507	318	682	189	27
74	518	333	667	185	26
75	529	348	652	181	25
76	540	364	636	176	24
77	551	379	621	172	23
78	563	394	606	168	22
79	574	410	590	164	21
80	I,71 585	I,78 425	0,21 575	I,93 160	20
81	596	441	559	156	19
82	607	456	544	152	18
83	619	471	529	147	17
84	630	487	513	143	16
85	641	502	498	139	15
86	652	517	483	135	14
87	663	533	467	131	13
88	675	548	452	127	12
89	686	563	437	122	11
90	I,71 697	I,78 579	0,21 421	I,93 118	10
91	708	594	406	114	09
92	719	609	391	110	08
93	730	625	375	106	07
94	742	640	360	102	06
95	753	655	345	097	05
96	764	671	329	093	04
97	775	686	314	089	03
98	786	701	299	085	02
99	797	717	283	081	01
100	I,71 809	I,78 732	0,21 268	I,93 077	00
	log cos	log cotg	log tg	log sin	cgr

mgr	16	15	12	11	5	4
1	1,6	1,5	1,2	1,1	0,5	0,4
2	3,2	3,0	2,4	2,2	1,0	0,8
3	4,8	4,5	3,6	3,3	1,5	1,2
4	6,4	6,0	4,8	4,4	2,0	1,6
5	8,0	7,5	6,0	5,5	2,5	2,0
6	9,6	9,0	7,2	6,6	3,0	2,4
7	11,2	10,5	8,4	7,7	3,5	2,8
8	12,8	12,0	9,6	8,8	4,0	3,2
9	14,4	13,5	10,8	9,9	4,5	3,6

cgr	log sin	log tg	log cotg	log cos	
00	I,71 809	I,78 732	0,21 268	I,93 077	100
01	820	747	253	072	99
02	831	763	237	068	98
03	842	778	222	064	97
04	853	793	207	060	96
05	864	808	192	056	95
06	875	824	176	051	94
07	886	839	161	047	93
08	897	854	146	043	92
09	909	870	130	039	91
10	I,71 920	I,78 885	0,21 115	I,93 035	90
11	931	900	100	031	89
12	942	916	084	026	88
13	953	931	069	022	87
14	964	946	054	018	86
15	975	961	039	014	85
16	986	977	023	010	84
17	I,71 997	I,78 992	0,21 008	005	83
18	I,72 008	I,79 007	0,20 993	I,93 001	82
19	019	022	978	I,92 997	81
20	I,72 030	I,79 038	0,20 962	I,92 993	80
21	041	053	947	988	79
22	052	068	932	984	78
23	064	083	917	980	77
24	075	099	901	976	76
25	086	114	886	972	75
26	097	129	871	967	74
27	108	144	856	963	73
28	119	160	840	959	72
29	130	175	825	955	71
30	I,72 141	I,79 190	0,20 810	I,92 951	70
31	152	205	795	946	69
32	163	221	779	942	68
33	174	236	764	938	67
34	185	251	749	934	66
35	196	266	734	929	65
36	207	282	718	925	64
37	218	297	703	921	63
38	229	312	688	917	62
39	240	327	673	912	61
40	I,72 251	I,79 343	0,20 657	I,92 908	60
41	262	358	642	904	59
42	273	373	627	900	58
43	284	388	612	895	57
44	295	403	597	891	56
45	306	419	581	887	55
46	316	434	566	883	54
47	327	449	551	878	53
48	338	464	536	874	52
49	349	479	521	870	51
50	I,72 360	I,79 495	0,20 505	I,92 866	50
	log cos	log cotg	log tg	log sin	cgr

cgr	log sin	log tg	log cotg	log cos	
50	I,72 360	I,79 495	0,20 505	I,92 866	50
51	371	510	490	861	49
52	382	525	475	857	48
53	393	540	460	853	47
54	404	555	445	849	46
55	415	570	430	844	45
56	426	586	414	840	44
57	437	601	399	836	43
58	448	616	384	832	42
59	459	631	369	827	41
60	I,72 469	I,79 646	0,20 354	I,92 823	40
61	480	662	338	819	39
62	491	677	323	815	38
63	502	692	308	810	37
64	513	707	293	806	36
65	524	722	278	802	35
66	535	737	263	797	34
67	546	752	248	793	33
68	557	768	232	789	32
69	567	783	217	785	31
70	I,72 578	I,79 798	0,20 202	I,92 780	30
71	589	813	187	776	29
72	600	828	172	772	28
73	611	843	157	767	27
74	622	859	141	763	26
75	633	874	126	759	25
76	643	889	111	755	24
77	654	904	096	750	23
78	665	919	081	746	22
79	676	934	066	742	21
80	I,72 687	I,79 949	0,20 051	I,92 737	20
81	698	964	036	733	19
82	708	980	020	729	18
83	719	I,79 995	0,20 005	724	17
84	730	I,80 010	0,19 990	720	16
85	741	025	975	716	15
86	752	040	960	712	14
87	762	055	945	707	13
88	773	070	930	703	12
89	784	085	915	699	11
90	I,72 795	I,80 100	0,19 900	I,92 694	10
91	806	116	884	690	09
92	816	131	869	686	08
93	827	146	854	681	07
94	838	161	839	677	06
95	849	176	824	673	05
96	859	191	809	668	04
97	870	206	794	664	03
98	881	221	779	660	02
99	892	236	764	655	01
100	I,72 902	I,80 251	0,19 749	I,92 651	00
	log cos	log cotg	log tg	log sin	cgr

mgr	16	15	12	11	10	5	4
1	1,6	1,5	1,2	1,1	1,0	0,5	0,4
2	3,2	3,0	2,4	2,2	2,0	1,0	0,8
3	4,8	4,5	3,6	3,3	3,0	1,5	1,2
4	6,4	6,0	4,8	4,4	4,0	2,0	1,6
5	8,0	7,5	6,0	5,5	5,0	2,5	2,0
6	9,6	9,0	7,2	6,6	6,0	3,0	2,4
7	11,2	10,5	8,4	7,7	7,0	3,5	2,8
8	12,8	12,0	9,6	8,8	8,0	4,0	3,2
9	14,4	13,5	10,8	9,9	9,0	4,5	3,6

cgr	log sin	log tg	log cotg	log cos	
00	1,72 902	1,80 251	0,19 749	1,92 651	100
01	913	266	734	647	99
02	924	281	719	642	98
03	935	297	703	638	97
04	945	312	688	634	96
05	956	327	673	629	95
06	967	342	658	625	94
07	978	357	643	621	93
08	988	372	628	616	92
09	1,72 999	387	613	612	91
10	1,73 010	1,80 402	0,19 598	1,92 608	90
11	020	417	583	603	89
12	031	432	568	599	88
13	042	447	553	595	87
14	053	462	538	590	86
15	063	477	523	586	85
16	074	492	508	582	84
17	085	507	493	577	83
18	095	522	478	573	82
19	106	537	463	569	81
20	1,73 117	1,80 552	0,19 448	1,92 564	80
21	127	567	433	560	79
22	138	583	417	556	78
23	149	598	402	551	77
24	159	613	387	547	76
25	170	628	372	542	75
26	181	643	357	538	74
27	191	658	342	534	73
28	202	673	327	529	72
29	213	688	312	525	71
30	1,73 223	1,80 703	0,19 297	1,92 521	70
31	234	718	282	516	69
32	245	733	267	512	68
33	255	748	252	507	67
34	266	763	237	503	66
35	276	778	222	499	65
36	287	793	207	494	64
37	298	808	192	490	63
38	308	823	177	486	62
39	319	838	162	481	61
40	1,73 329	1,80 853	0,19 147	1,92 477	60
41	340	868	132	472	59
42	351	883	117	468	58
43	361	898	102	464	57
44	372	913	087	459	56
45	382	928	072	455	55
46	393	943	057	450	54
47	404	958	042	446	53
48	414	973	027	442	52
49	425	1,80 988	0,19 012	437	51
50	1,73 435	1,81 003	0,18 997	1,92 433	50
	log cos	log cotg	log tg	log sin	cgr

cgr	log sin	log tg	log cotg	log cos	
50	1,73 435	1,81 003	0,18 997	1,92 433	50
51	446	017	983	428	49
52	456	032	968	424	48
53	467	047	953	420	47
54	478	062	938	415	46
55	488	077	923	411	45
56	499	092	908	406	44
57	509	107	893	402	43
58	520	122	878	397	42
59	530	137	863	393	41
60	1,73 541	1,81 152	0,18 848	1,92 389	40
61	551	167	833	384	39
62	562	182	818	380	38
63	572	197	803	375	37
64	583	212	788	371	36
65	593	227	773	367	35
66	604	242	758	362	34
67	614	257	743	358	33
68	625	272	728	353	32
69	635	287	713	349	31
70	1,73 646	1,81 302	0,18 698	1,92 344	30
71	656	316	684	340	29
72	667	331	669	335	28
73	677	346	654	331	27
74	688	361	639	327	26
75	698	376	624	322	25
76	709	391	609	318	24
77	719	406	594	313	23
78	730	421	579	309	22
79	740	436	564	304	21
80	1,73 751	1,81 451	0,18 549	1,92 300	20
81	761	466	534	295	19
82	772	480	520	291	18
83	782	495	505	287	17
84	792	510	490	282	16
85	803	525	475	278	15
86	813	540	460	273	14
87	824	555	445	269	13
88	834	570	430	264	12
89	845	585	415	260	11
90	1,73 855	1,81 600	0,18 400	1,92 255	10
91	865	615	385	251	09
92	876	629	371	246	08
93	886	644	356	242	07
94	897	659	341	237	06
95	907	674	326	233	05
96	917	689	311	229	04
97	928	704	296	224	03
98	938	719	281	220	02
99	949	734	266	215	01
100	1,73 959	1,81 748	0,18 252	1,92 211	00
	log cos	log cotg	log tg	log sin	cgr

63gr 63gr

mgr	16	15	14	11	10	5	4
1	1,6	1,5	1,4	1,1	1,0	0,5	0,4
2	3,2	3,0	2,8	2,2	2,0	1,0	0,8
3	4,8	4,5	4,2	3,3	3,0	1,5	1,2
4	6,4	6,0	5,6	4,4	4,0	2,0	1,6
5	8,0	7,5	7,0	5,5	5,0	2,5	2,0
6	9,6	9,0	8,4	6,6	6,0	3,0	2,4
7	11,2	10,5	9,8	7,7	7,0	3,5	2,8
8	12,8	12,0	11,2	8,8	8,0	4,0	3,2
9	14,4	13,5	12,6	9,9	9,0	4,5	3,6

cgr	log sin	log tg	log cotg	log cos	
00	1,73 959	1,81 748	0,18 252	1,92 211	100
01	969	763	237	206	99
02	980	778	222	202	98
03	1,73 990	793	207	197	97
04	1,74 001	808	192	193	96
05	011	823	177	188	95
06	021	838	162	184	94
07	032	852	148	179	93
08	042	867	133	175	92
09	052	882	118	170	91
10	1,74 063	1,81 897	0,18 103	1,92 166	90
11	073	912	088	161	89
12	083	927	073	157	88
13	094	942	058	152	87
14	104	956	044	148	86
15	114	971	029	143	85
16	125	1,81 986	0,18 014	139	84
17	135	1,82 001	0,17 999	134	83
18	145	016	984	130	82
19	156	031	969	125	81
20	1,74 166	1,82 045	0,17 955	1,92 121	80
21	176	060	940	116	79
22	187	075	925	112	78
23	197	090	910	107	77
24	207	105	895	103	76
25	218	119	881	098	75
26	228	134	866	094	74
27	238	149	851	089	73
28	248	164	836	085	72
29	259	179	821	080	71
30	1,74 269	1,82 194	0,17 806	1,92 075	70
31	279	208	792	071	69
32	290	223	777	066	68
33	300	238	762	062	67
34	310	253	747	057	66
35	320	268	732	053	65
36	331	282	718	048	64
37	341	297	703	044	63
38	351	312	688	039	62
39	361	327	673	035	61
40	1,74 372	1,82 341	0,17 659	1,92 030	60
41	382	356	644	026	59
42	392	371	629	021	58
43	402	386	614	017	57
44	413	401	599	012	56
45	423	415	585	007	55
46	433	430	570	1,92 003	54
47	443	445	555	1,91 998	53
48	453	460	540	994	52
49	464	474	526	989	51
50	1,74 474	1,82 489	0,17 511	1,91 985	50
	log cos	log cotg	log tg	log sin	cgr

cgr	log sin	log tg	log cotg	log cos	
50	1,74 474	1,82 489	0,17 511	1,91 985	50
51	484	504	496	980	49
52	494	519	481	976	48
53	505	534	466	971	47
54	515	548	452	966	46
55	525	563	437	962	45
56	535	578	422	957	44
57	545	593	407	953	43
58	555	607	393	948	42
59	566	622	378	944	41
60	1,74 576	1,82 637	0,17 363	1,91 939	40
61	586	652	348	934	39
62	596	666	334	930	38
63	606	681	319	925	37
64	616	696	304	921	36
65	627	711	289	916	35
66	637	725	275	912	34
67	647	740	260	907	33
68	657	755	245	902	32
69	667	770	230	898	31
70	1,74 677	1,82 784	0,17 216	1,91 893	30
71	688	799	201	889	29
72	698	814	186	884	28
73	708	828	172	879	27
74	718	843	157	875	26
75	728	858	142	870	25
76	738	873	127	866	24
77	748	887	113	861	23
78	758	902	098	856	22
79	769	917	083	852	21
80	1,74 779	1,82 931	0,17 069	1,91 847	20
81	789	946	054	843	19
82	799	961	039	838	18
83	809	976	024	833	17
84	819	1,82 990	0,17 010	829	16
85	829	1,83 005	0,16 995	824	15
86	839	020	980	820	14
87	849	034	966	815	13
88	859	049	951	810	12
89	869	064	936	806	11
90	1,74 880	1,83 078	0,16 922	1,91 801	10
91	890	093	907	796	09
92	900	108	892	792	08
93	910	123	877	787	07
94	920	137	863	783	06
95	930	152	848	778	05
96	940	167	833	773	04
97	950	181	819	769	03
98	960	196	804	764	02
99	970	211	789	759	01
100	1,74 980	1,83 225	0,16 775	1,91 755	00
	log cos	log cotg	log tg	log sin	cgr

62gr   **62gr**

mgr	15	14	11	10	5	4
1	1,5	1,4	1,1	1,0	0,5	0,4
2	3,0	2,8	2,2	2,0	1,0	0,8
3	4,5	4,2	3,3	3,0	1,5	1,2
4	6,0	5,6	4,4	4,0	2,0	1,6
5	7,5	7,0	5,5	5,0	2,5	2,0
6	9,0	8,4	6,6	6,0	3,0	2,4
7	10,5	9,8	7,7	7,0	3,5	2,8
8	12,0	11,2	8,8	8,0	4,0	3,2
9	13,5	12,6	9,9	9,0	4,5	3,6

cgr	log sin	log tg	log cotg	log cos	
00	I,74 980	I,83 225	0,16 775	I,91 755	100
01	I,74 990	240	760	750	99
02	I,75 000	255	745	746	98
03	010	269	731	741	97
04	020	284	716	736	96
05	030	299	701	732	95
06	040	313	687	727	94
07	050	328	672	722	93
08	060	343	657	718	92
09	070	357	643	713	91
10	I,75 080	I,83 372	0,16 628	I,91 708	90
11	090	387	613	704	89
12	100	401	599	699	88
13	110	416	584	694	87
14	120	431	569	690	86
15	130	445	555	685	85
16	140	460	540	680	84
17	150	474	526	676	83
18	160	489	511	671	82
19	170	504	496	666	81
20	I,75 180	I,83 518	0,16 482	I,91 662	80
21	190	533	467	657	79
22	200	548	452	652	78
23	210	562	438	648	77
24	220	577	423	643	76
25	230	592	408	638	75
26	240	606	394	634	74
27	250	621	379	629	73
28	260	635	365	624	72
29	270	650	350	620	71
30	I,75 280	I,83 665	0,16 335	I,91 615	70
31	290	679	321	610	69
32	300	694	306	606	68
33	309	709	291	601	67
34	319	723	277	596	66
35	329	738	262	592	65
36	339	752	248	587	64
37	349	767	233	582	63
38	359	782	218	577	62
39	369	796	204	573	61
40	I,75 379	I,83 811	0,16 189	I,91 568	60
41	389	825	175	563	59
42	399	840	160	559	58
43	409	855	145	554	57
44	418	869	131	549	56
45	428	884	116	545	55
46	438	898	102	540	54
47	448	913	087	535	53
48	458	928	072	530	52
49	468	942	058	526	51
50	I,75 478	I,83 957	0,16 043	I,91 521	50
	log cos	log cotg	log tg	log sin	cgr

cgr	log sin	log tg	log cotg	log cos	
50	I,75 478	I,83 957	0,16 043	I,91 521	50
51	488	971	029	516	49
52	498	I,83 986	0,16 014	512	48
53	507	I,84 001	0,15 999	507	47
54	517	015	985	502	46
55	527	030	970	497	45
56	537	044	956	493	44
57	547	059	941	488	43
58	557	073	927	483	42
59	566	088	912	479	41
60	I,75 576	I,84 103	0,15 897	I,91 474	40
61	586	117	883	469	39
62	596	132	868	464	38
63	606	146	854	460	37
64	616	161	839	455	36
65	625	175	825	450	35
66	635	190	810	445	34
67	645	204	796	441	33
68	655	219	781	436	32
69	665	234	766	431	31
70	I,75 675	I,84 248	0,15 752	I,91 426	30
71	684	263	737	422	29
72	694	277	723	417	28
73	704	292	708	412	27
74	714	306	694	407	26
75	724	321	679	403	25
76	733	335	665	398	24
77	743	350	650	393	23
78	753	364	636	388	22
79	763	379	621	384	21
80	I,75 772	I,84 394	0,15 606	I,91 379	20
81	782	408	592	374	19
82	792	423	577	369	18
83	802	437	563	365	17
84	811	452	548	360	16
85	821	466	534	355	15
86	831	481	519	350	14
87	841	495	505	345	13
88	850	510	490	341	12
89	860	524	476	336	11
90	I,75 870	I,84 539	0,15 461	I,91 331	10
91	880	553	447	326	09
92	889	568	432	322	08
93	899	582	418	317	07
94	909	597	403	312	06
95	919	611	389	307	05
96	928	626	374	302	04
97	938	640	360	298	03
98	948	655	345	293	02
99	957	669	331	288	01
100	I,75 967	I,84 684	0,15 316	I,91 283	00
	log cos	log cotg	log tg	log sin	cgr

61gr   **61gr**

mgr	15	14	10	9	5	4
1	1,5	1,4	1,0	0,9	0,5	0,4
2	3,0	2,8	2,0	1,8	1,0	0,8
3	4,5	4,2	3,0	2,7	1,5	1,2
4	6,0	5,6	4,0	3,6	2,0	1,6
5	7,5	7,0	5,0	4,5	2,5	2,0
6	9,0	8,4	6,0	5,4	3,0	2,4
7	10,5	9,8	7,0	6,3	3,5	2,8
8	12,0	11,2	8,0	7,2	4,0	3,2
9	13,5	12,6	9,0	8,1	4,5	3,6

cgr	log sin	log tg	log cotg	log cos	
00	Ī,75 967	Ī,84 684	0,15 316	Ī,91 283	100
01	977	698	302	278	99
02	987	713	287	274	98
03	Ī,75 996	727	273	269	97
04	Ī,76 006	742	258	264	96
05	016	756	244	259	95
06	025	771	229	254	94
07	035	785	215	250	93
08	045	800	200	245	92
09	054	814	186	240	91
10	Ī,76 064	Ī,84 829	0,15 171	Ī,91 235	90
11	074	843	157	230	89
12	083	858	142	226	88
13	093	872	128	221	87
14	103	887	113	216	86
15	112	901	099	211	85
16	122	916	084	206	84
17	132	930	070	202	83
18	141	945	055	197	82
19	151	959	041	192	81
20	Ī,76 161	Ī,84 974	0,15 026	Ī,91 187	80
21	170	Ī,84 988	0,15 012	182	79
22	180	Ī,85 003	0,14 997	177	78
23	190	017	983	173	77
24	199	031	969	168	76
25	209	046	954	163	75
26	218	060	940	158	74
27	228	075	925	153	73
28	238	089	911	148	72
29	247	104	896	144	71
30	Ī,76 257	Ī,85 118	0,14 882	Ī,91 139	70
31	267	133	867	134	69
32	276	147	853	129	68
33	286	162	838	124	67
34	295	176	824	119	66
35	305	190	810	114	65
36	315	205	795	110	64
37	324	219	781	105	63
38	334	234	766	100	62
39	343	248	752	095	61
40	Ī,76 353	Ī,85 263	0,14 737	Ī,91 090	60
41	362	277	723	085	59
42	372	292	708	080	58
43	382	306	694	076	57
44	391	320	680	071	56
45	401	335	665	066	55
46	410	349	651	061	54
47	420	364	636	056	53
48	429	378	622	051	52
49	439	393	607	046	51
50	Ī,76 448	Ī,85 407	0,14 593	Ī,91 042	50
	log cos	log cotg	log tg	log sin	cgr

cgr	log sin	log tg	log cotg	log cos	
50	Ī,76 448	Ī,85 407	0,14 593	Ī,91 042	50
51	458	421	579	037	49
52	468	436	564	032	48
53	477	450	550	027	47
54	487	465	535	022	46
55	496	479	521	017	45
56	506	493	507	012	44
57	515	508	492	007	43
58	525	522	478	Ī,91 002	42
59	534	537	463	Ī,90 998	41
60	Ī,76 544	Ī,85 551	0,14 449	Ī,90 993	40
61	553	565	435	988	39
62	563	580	420	983	38
63	572	594	406	978	37
64	582	609	391	973	36
65	591	623	377	968	35
66	601	637	363	963	34
67	610	652	348	958	33
68	620	666	334	954	32
69	629	681	319	949	31
70	Ī,76 639	Ī,85 695	0,14 305	Ī,90 944	30
71	648	709	291	939	29
72	658	724	276	934	28
73	667	738	262	929	27
74	677	753	247	924	26
75	686	767	233	919	25
76	696	781	219	914	24
77	705	796	204	909	23
78	715	810	190	904	22
79	724	825	175	899	21
80	Ī,76 733	Ī,85 839	0,14 161	Ī,90 895	20
81	743	853	147	890	19
82	752	868	132	885	18
83	762	882	118	880	17
84	771	896	104	875	16
85	781	911	089	870	15
86	790	925	075	865	14
87	800	939	061	860	13
88	809	954	046	855	12
89	818	968	032	850	11
90	Ī,76 828	Ī,85 983	0,14 017	Ī,90 845	10
91	837	Ī,85 997	0,14 003	840	09
92	847	Ī,86 011	0,13 989	835	08
93	856	026	974	830	07
94	865	040	960	825	06
95	875	054	946	821	05
96	884	069	931	816	04
97	894	083	917	811	03
98	903	097	903	806	02
99	912	112	888	801	01
100	Ī,76 922	Ī,86 126	0,13 874	Ī,90 796	00
	log cos	log cotg	log tg	log sin	cgr

mgr	15	14	10	9	5	4
1	1,5	1,4	1,0	0,9	0,5	0,4
2	3,0	2,8	2,0	1,8	1,0	0,8
3	4,5	4,2	3,0	2,7	1,5	1,2
4	6,0	5,6	4,0	3,6	2,0	1,6
5	7,5	7,0	5,0	4,5	2,5	2,0
6	9,0	8,4	6,0	5,4	3,0	2,4
7	10,5	9,8	7,0	6,3	3,5	2,8
8	12,0	11,2	8,0	7,2	4,0	3,2
9	13,5	12,6	9,0	8,1	4,5	3,6

cgr	log sin	log tg	log cotg	log cos	
00	I,76 922	I,86 126	0,13 874	I,90 796	100
01	931	140	860	791	99
02	941	155	845	786	98
03	950	169	831	781	97
04	959	183	817	776	96
05	969	198	802	771	95
06	978	212	788	766	94
07	988	226	774	761	93
08	I,76 997	241	759	756	92
09	I,77 006	255	745	751	91
10	I,77 016	I,86 269	0,13 731	I,90 746	90
11	025	284	716	741	89
12	034	298	702	736	88
13	044	312	688	731	87
14	053	327	673	726	86
15	062	341	659	721	85
16	072	355	645	716	84
17	081	370	630	711	83
18	090	384	616	706	82
19	100	398	602	701	81
20	I,77 109	I,86 413	0,13 587	I,90 696	80
21	118	427	573	691	79
22	128	441	559	686	78
23	137	456	544	681	77
24	146	470	530	676	76
25	156	484	516	671	75
26	165	499	501	666	74
27	174	513	487	661	73
28	184	527	473	656	72
29	193	542	458	651	71
30	I,77 202	I,86 556	0,13 444	I,90 646	70
31	211	570	430	641	69
32	221	584	416	636	68
33	230	599	401	631	67
34	239	613	387	626	66
35	249	627	373	621	65
36	258	642	358	616	64
37	267	656	344	611	63
38	276	670	330	606	62
39	286	684	316	601	61
40	I,77 295	I,86 699	0,13 301	I,90 596	60
41	304	713	287	591	59
42	314	727	273	586	58
43	323	742	258	581	57
44	332	756	244	576	56
45	341	770	230	571	55
46	351	784	216	566	54
47	360	799	201	561	53
48	369	813	187	556	52
49	378	827	173	551	51
50	I,77 387	I,86 842	0,13 158	I,90 546	50

	log cos	log cotg	log tg	log sin	cgr

cgr	log sin	log tg	log cotg	log cos	
50	I,77 387	I,86 842	0,13 158	I,90 546	50
51	397	856	144	541	49
52	406	870	130	536	48
53	415	884	116	531	47
54	424	899	101	526	46
55	434	913	087	521	45
56	443	927	073	516	44
57	452	941	059	511	43
58	461	956	044	506	42
59	470	970	030	500	41
60	I,77 480	I,86 984	0,13 016	I,90 495	40
61	489	I,86 999	0,13 001	490	39
62	498	I,87 013	0,12 987	485	38
63	507	027	973	480	37
64	517	041	959	475	36
65	526	056	944	470	35
66	535	070	930	465	34
67	544	084	916	460	33
68	553	098	902	455	32
69	562	113	887	450	31
70	I,77 572	I,87 127	0,12 873	I,90 445	30
71	581	141	859	440	29
72	590	155	845	435	28
73	599	170	830	430	27
74	608	184	816	424	26
75	617	198	802	419	25
76	627	212	788	414	24
77	636	227	773	409	23
78	645	241	759	404	22
79	654	255	745	399	21
80	I,77 663	I,87 269	0,12 731	I,90 394	20
81	672	283	717	389	19
82	682	298	702	384	18
83	691	312	688	379	17
84	700	326	674	374	16
85	709	340	660	369	15
86	718	355	645	363	14
87	727	369	631	358	13
88	736	383	617	353	12
89	745	397	603	348	11
90	I,77 755	I,87 412	0,12 588	I,90 343	10
91	764	426	574	338	09
92	773	440	560	333	08
93	782	454	546	328	07
94	791	468	532	323	06
95	800	483	517	317	05
96	809	497	503	312	04
97	818	511	489	307	03
98	827	525	475	302	02
99	836	539	461	297	01
100	I,77 846	I,87 554	0,12 446	I,90 292	00

	log cos	log cotg	log tg	log sin	cgr

mgr	15	14	10	9	6	5
1	1,5	1,4	1,0	0,9	0,6	0,5
2	3,0	2,8	2,0	1,8	1,2	1,0
3	4,5	4,2	3,0	2,7	1,8	1,5
4	6,0	5,6	4,0	3,6	2,4	2,0
5	7,5	7,0	5,0	4,5	3,0	2,5
6	9,0	8,4	6,0	5,4	3,6	3,0
7	10,5	9,8	7,0	6,3	4,2	3,5
8	12,0	11,2	8,0	7,2	4,8	4,0
9	13,5	12,6	9,0	8,1	5,4	4,5

cgr	log sin	log tg	log cotg	log cos	
00	I,77 846	I,87 554	0,12 446	I,90 292	100
01	855	568	432	287	99
02	864	582	418	282	98
03	873	596	404	277	97
04	882	610	390	271	96
05	891	625	376	266	95
06	900	639	361	261	94
07	909	653	347	256	93
08	918	667	333	251	92
09	927	681	319	246	91
10	I,77 936	I,87 696	0,12 304	I,90 241	90
11	945	710	290	235	89
12	954	724	276	230	88
13	963	738	262	225	87
14	972	752	248	220	86
15	981	767	233	215	85
16	I,77 991	781	219	210	84
17	I,78 000	795	205	205	83
18	009	809	191	199	82
19	018	823	177	194	81
20	I,78 027	I,87 838	0,12 162	I,90 189	80
21	036	852	148	184	79
22	045	866	134	179	78
23	054	880	120	174	77
24	063	894	106	168	76
25	072	908	092	163	75
26	081	923	077	158	74
27	090	937	063	153	73
28	099	951	049	148	72
29	108	965	035	143	71
30	I,78 117	I,87 979	0,12 021	I,90 137	70
31	126	I,87 993	0,12 007	132	69
32	135	I,88 008	0,11 992	127	68
33	144	022	978	122	67
34	153	036	964	117	66
35	162	050	950	112	65
36	171	064	936	106	64
37	180	078	922	101	63
38	189	093	907	096	62
39	198	107	893	091	61
40	I,78 207	I,88 121	0,11 879	I,90 086	60
41	216	135	865	080	59
42	225	149	851	075	58
43	233	163	837	070	57
44	242	178	822	065	56
45	251	192	808	060	55
46	260	206	794	054	54
47	269	220	780	049	53
48	278	234	766	044	52
49	287	248	752	039	51
50	I,78 296	I,88 262	0,11 738	I,90 034	50
	log cos	log cotg	log tg	log sin	cgr

cgr	log sin	log tg	log cotg	log cos	
50	I,78 296	I,88 262	0,11 738	I,90 034	50
51	305	277	723	028	49
52	314	291	709	023	48
53	323	305	695	018	47
54	332	319	681	013	46
55	341	333	667	008	45
56	350	347	653	I,90 002	44
57	359	361	639	I,89 997	43
58	368	376	624	992	42
59	376	390	610	987	41
60	I,78 385	I,88 404	0,11 596	I,89 982	40
61	394	418	582	976	39
62	403	432	568	971	38
63	412	446	554	966	37
64	421	460	540	961	36
65	430	475	525	955	35
66	439	489	511	950	34
67	448	503	497	945	33
68	457	517	483	940	32
69	465	531	469	934	31
70	I,78 474	I,88 545	0,11 455	I,89 929	30
71	483	559	441	924	29
72	492	573	427	919	28
73	501	587	413	913	27
74	510	602	398	908	26
75	519	616	384	903	25
76	528	630	370	898	24
77	536	644	356	892	23
78	545	658	342	887	22
79	554	672	328	882	21
80	I,78 563	I,88 686	0,11 314	I,89 877	20
81	572	700	300	871	19
82	581	714	286	866	18
83	590	729	271	861	17
84	598	743	257	856	16
85	607	757	243	850	15
86	616	771	229	845	14
87	625	785	215	840	13
88	634	799	201	835	12
89	643	813	187	829	11
90	I,78 651	I,88 827	0,11 173	I,89 824	10
91	660	841	159	819	09
92	669	856	144	814	08
93	678	870	130	808	07
94	687	884	116	803	06
95	695	898	102	798	05
96	704	912	088	792	04
97	713	926	074	787	03
98	722	940	060	782	02
99	731	954	046	777	01
100	I,78 739	I,88 968	0,11 032	I,89 771	00
	log cos	log cotg	log tg	log sin	cgr

mgr	15	14	10	9	8	6	5
1	1,5	1,4	1,0	0,9	0,8	0,6	0,5
2	3,0	2,8	2,0	1,8	1,6	1,2	1,0
3	4,5	4,2	3,0	2,7	2,4	1,8	1,5
4	6,0	5,6	4,0	3,6	3,2	2,4	2,0
5	7,5	7,0	5,0	4,5	4,0	3,0	2,5
6	9,0	8,4	6,0	5,4	4,8	3,6	3,0
7	10,5	9,8	7,0	6,3	5,6	4,2	3,5
8	12,0	11,2	8,0	7,2	6,4	4,8	4,0
9	13,5	12,6	9,0	8,1	7,2	5,4	4,5

cgr	log sin	log tg	log cotg	log cos	
00	I,78 739	I,88 968	0,11 032	I,89 771	100
01	748	982	018	766	99
02	757	I,88 996	0,11 004	761	98
03	766	I,89 010	0,10 990	755	97
04	775	025	975	750	96
05	783	039	961	745	95
06	792	053	947	739	94
07	801	067	933	734	93
08	810	081	919	729	92
09	818	095	905	724	91
10	I,78 827	I,89 109	0,10 891	I,89 718	90
11	836	123	877	713	89
12	845	137	863	708	88
13	854	151	849	702	87
14	862	165	835	697	86
15	871	179	821	692	85
16	880	193	807	686	84
17	889	208	792	681	83
18	897	222	778	676	82
19	906	236	764	670	81
20	I,78 915	I,89 250	0,10 750	I,89 665	80
21	924	264	736	660	79
22	932	278	722	654	78
23	941	292	708	649	77
24	950	306	694	644	76
25	958	320	680	638	75
26	967	334	666	633	74
27	976	348	652	628	73
28	985	362	638	622	72
29	I,78 993	376	624	617	71
30	I,79 002	I,89 390	0,10 610	I,89 612	70
31	011	404	596	606	69
32	019	418	582	601	68
33	028	432	568	596	67
34	037	447	553	590	66
35	046	461	539	585	65
36	054	475	525	580	64
37	063	489	511	574	63
38	072	503	497	569	62
39	080	517	483	564	61
40	I,79 089	I,89 531	0,10 469	I,89 558	60
41	098	545	455	553	59
42	106	559	441	547	58
43	115	573	427	542	57
44	124	587	413	537	56
45	132	601	399	531	55
46	141	615	385	526	54
47	150	629	371	521	53
48	158	643	357	515	52
49	167	657	343	510	51
50	I,79 176	I,89 671	0,10 329	I,89 504	50
	log cos	log cotg	log tg	log sin	cgr

cgr	log sin	log tg	log cotg	log cos	
50	I,79 176	I,89 671	0,10 329	I,89 504	50
51	184	685	315	499	49
52	193	699	301	494	48
53	202	713	287	488	47
54	210	727	273	483	46
55	219	741	259	478	45
56	228	755	245	472	44
57	236	769	231	467	43
58	245	783	217	461	42
59	253	797	203	456	41
60	I,79 262	I,89 811	0,10 189	I,89 451	40
61	271	825	175	445	39
62	279	839	161	440	38
63	288	853	147	434	37
64	297	867	133	429	36
65	305	882	118	424	35
66	314	896	104	418	34
67	322	910	090	413	33
68	331	924	076	407	32
69	340	938	062	402	31
70	I,79 348	I,89 952	0,10 048	I,89 397	30
71	357	966	034	391	29
72	365	980	020	386	28
73	374	I,89 994	0,10 006	380	27
74	383	I,90 008	0,09 992	375	26
75	391	022	978	370	25
76	400	036	964	364	24
77	408	050	950	359	23
78	417	064	936	353	22
79	425	078	922	348	21
80	I,79 434	I,90 092	0,09 908	I,89 342	20
81	443	106	894	337	19
82	451	120	880	332	18
83	460	134	866	326	17
84	468	148	852	321	16
85	477	162	838	315	15
86	485	176	824	310	14
87	494	190	810	304	13
88	502	204	796	299	12
89	511	218	782	293	11
90	I,79 520	I,90 232	0,09 768	I,89 288	10
91	528	246	754	283	09
92	537	260	740	277	08
93	545	274	726	272	07
94	554	288	712	266	06
95	562	302	698	261	05
96	571	316	684	255	04
97	579	329	671	250	03
98	588	343	657	244	02
99	596	357	643	239	01
100	I,79 605	I,90 371	0,09 629	I,89 233	00
	log cos	log cotg	log tg	log sin	cgr

57gr 57gr

mgr	15	14	13	9	8	6	5
1	1,5	1,4	1,3	0,9	0,8	0,6	0,5
2	3,0	2,8	2,6	1,8	1,6	1,2	1,0
3	4,5	4,2	3,9	2,7	2,4	1,8	1,5
4	6,0	5,6	5,2	3,6	3,2	2,4	2,0
5	7,5	7,0	6,5	4,5	4,0	3,0	2,5
6	9,0	8,4	7,8	5,4	4,8	3,6	3,0
7	10,5	9,8	9,1	6,3	5,6	4,2	3,5
8	12,0	11,2	10,4	7,2	6,4	4,8	4,0
9	13,5	12,6	11,7	8,1	7,2	5,4	4,5

cgr	log sin	log tg	log cotg	log cos	
00	I,79 605	I,90 371	0,09 629	I,89 233	100
01	613	385	615	228	99
02	622	399	601	222	98
03	630	413	587	217	97
04	639	427	573	212	96
05	647	441	559	206	95
06	656	455	545	201	94
07	664	469	531	195	93
08	673	483	517	190	92
09	681	497	503	184	91
10	I,79 690	I,90 511	0,09 489	I,89 179	90
11	698	525	475	173	89
12	707	539	461	168	88
13	715	553	447	162	87
14	724	567	433	157	86
15	732	581	419	151	85
16	741	595	405	146	84
17	749	609	391	140	83
18	758	623	377	135	82
19	766	637	363	129	81
20	I,79 775	I,90 651	0,09 349	I,89 124	80
21	783	665	335	118	79
22	792	679	321	113	78
23	800	693	307	107	77
24	808	707	293	I02	76
25	817	721	279	096	75
26	825	735	265	091	74
27	834	749	251	085	73
28	842	763	237	080	72
29	851	776	224	074	71
30	I,79 859	I,90 790	0,09 210	I,89 069	70
31	868	804	196	063	69
32	876	818	182	058	68
33	884	832	168	052	67
34	893	846	154	047	66
35	901	860	140	041	65
36	910	874	126	036	64
37	918	888	112	030	63
38	926	902	098	024	62
39	935	916	084	019	61
40	I,79 943	I,90 930	0,09 070	I,89 013	60
41	952	944	056	008	59
42	960	958	042	I,89 002	58
43	968	972	028	I,88 997	57
44	977	I,90 986	014	991	56
45	985	I,91 000	0,09 000	986	55
46	I,79 994	014	0,08 986	980	54
47	I,80 002	027	973	975	53
48	010	041	959	969	52
49	019	055	945	963	51
50	I,80 027	I,91 069	0,08 931	I,88 958	50
	log cos	log cotg	log tg	log sin	cgr

cgr	log sin	log tg	log cotg	log cos	
50	I,80 027	I,91 069	0,08 931	I,88 958	50
51	036	083	917	952	49
52	044	097	903	947	48
53	052	111	889	941	47
54	061	125	875	936	46
55	069	139	861	930	45
56	077	153	847	925	44
57	086	167	833	919	43
58	094	181	819	913	42
59	103	195	805	908	41
60	I,80 111	I,91 209	0,08 791	I,88 902	40
61	119	222	778	897	39
62	128	236	764	891	38
63	136	250	750	886	37
64	144	264	736	880	36
65	153	278	722	874	35
66	161	292	708	869	34
67	169	306	694	863	33
68	178	320	680	858	32
69	186	334	666	852	31
70	I,80 194	I,91 348	0,08 652	I,88 847	30
71	203	362	638	841	29
72	211	376	624	835	28
73	219	389	611	830	27
74	228	403	597	824	26
75	236	417	583	819	25
76	244	431	569	813	24
77	252	445	555	807	23
78	261	459	541	802	22
79	269	473	527	796	21
80	I,80 277	I,91 487	0,08 513	I,88 791	20
81	286	501	499	785	19
82	294	515	485	779	18
83	302	529	471	774	17
84	311	542	458	768	16
85	319	556	444	762	15
86	327	570	430	757	14
87	335	584	416	751	13
88	344	598	402	746	12
89	352	612	388	740	11
90	I,80 360	I,91 626	0,08 374	I,88 734	10
91	369	640	360	729	09
92	377	654	346	723	08
93	385	668	332	717	07
94	393	681	319	712	06
95	402	695	305	706	05
96	410	709	291	701	04
97	418	723	277	695	03
98	426	737	263	689	02
99	435	751	249	684	01
100	I,80 443	I,91 765	0,08 235	I,88 678	00
	log cos	log cotg	log tg	log sin	cgr

mgr	14	13	9	8	6	5
1	1,4	1,3	0,9	0,8	0,6	0,5
2	2,8	2,6	1,8	1,6	1,2	1,0
3	4,2	3,9	2,7	2,4	1,8	1,5
4	5,6	5,2	3,6	3,2	2,4	2,0
5	7,0	6,5	4,5	4,0	3,0	2,5
6	8,4	7,8	5,4	4,8	3,6	3,0
7	9,8	9,1	6,3	5,6	4,2	3,5
8	11,2	10,4	7,2	6,4	4,8	4,0
9	12,6	11,7	8,1	7,2	5,4	4,5

cgr	log sin	log tg	log cotg	log cos	
00	I,80 443	I,91 765	0,08 235	I,88 678	100
01	451	779	221	672	99
02	459	793	207	667	98
03	468	806	194	661	97
04	476	820	180	655	96
05	484	834	166	650	95
06	492	848	152	644	94
07	500	862	138	638	93
08	509	876	124	633	92
09	517	890	110	627	91
10	I,80 525	I,91 904	0,08 096	I,88 621	90
11	533	918	082	616	89
12	542	931	069	610	88
13	550	945	055	604	87
14	558	959	041	599	86
15	566	973	027	593	85
16	574	I,91 987	0,08 013	587	84
17	583	I,92 001	0,07 999	582	83
18	591	015	985	576	82
19	599	029	971	570	81
20	I,80 607	I,92 042	0,07 958	I,88 565	80
21	615	056	944	559	79
22	624	070	930	553	78
23	632	084	916	548	77
24	640	098	902	542	76
25	648	112	888	536	75
26	656	126	874	531	74
27	665	140	860	525	73
28	673	153	847	519	72
29	681	167	833	514	71
30	I,80 689	I,92 181	0,07 819	I,88 508	70
31	697	195	805	502	69
32	705	209	791	496	68
33	714	223	777	491	67
34	722	237	763	485	66
35	730	250	750	479	65
36	738	264	736	474	64
37	746	278	722	468	63
38	754	292	708	462	62
39	762	306	694	457	61
40	I,80 771	I,92 320	0,07 680	I,88 451	60
41	779	334	666	445	59
42	787	347	653	439	58
43	795	361	639	434	57
44	803	375	625	428	56
45	811	389	611	422	55
46	819	403	597	416	54
47	828	417	583	411	53
48	836	431	569	405	52
49	844	444	556	399	51
50	I,80 852	I,92 458	0,07 542	I,88 394	50
	log cos	log cotg	log tg	log sin	cgr

cgr	log sin	log tg	log cotg	log cos	
50	I,80 852	I,92 458	0,07 542	I,88 394	50
51	860	472	528	388	49
52	868	486	514	382	48
53	876	500	500	376	47
54	884	514	486	371	46
55	892	528	472	365	45
56	901	541	459	359	44
57	909	555	445	353	43
58	917	569	431	348	42
59	925	583	417	342	41
60	I,80 933	I,92 597	0,07 403	I,88 336	40
61	941	611	389	330	39
62	949	624	376	325	38
63	957	638	362	319	37
64	965	652	348	313	36
65	973	666	334	307	35
66	981	680	320	302	34
67	989	694	306	296	33
68	I,80 998	707	293	290	32
69	I,81 006	721	279	284	31
70	I,81 014	I,92 735	0,07 265	I,88 279	30
71	022	749	251	273	29
72	030	763	237	267	28
73	038	777	223	261	27
74	046	790	210	255	26
75	054	804	196	250	25
76	062	818	182	244	24
77	070	832	168	238	23
78	078	846	154	232	22
79	086	860	140	226	21
80	I,81 094	I,92 873	0,07 127	I,88 221	20
81	102	887	113	215	19
82	110	901	099	209	18
83	118	915	085	203	17
84	126	929	071	198	16
85	134	943	057	192	15
86	142	956	044	186	14
87	150	970	030	180	13
88	158	984	016	174	12
89	166	I,92 998	0,07 002	169	11
90	I,81 174	I,93 012	0,06 988	I,88 163	10
91	182	026	974	157	09
92	190	039	961	151	08
93	198	053	947	145	07
94	206	067	933	139	06
95	214	081	919	134	05
96	222	095	905	128	04
97	230	108	892	122	03
98	238	122	878	116	02
99	246	136	864	110	01
100	I,81 254	I,93 150	0,06 850	I,88 105	00
	log cos	log cotg	log tg	log sin	cgr

mgr	14	13	9	8	6	5
1	1,4	1,3	0,9	0,8	0,6	0,5
2	2,8	2,6	1,8	1,6	1,2	1,0
3	4,2	3,9	2,7	2,4	1,8	1,5
4	5,6	5,2	3,6	3,2	2,4	2,0
5	7,0	6,5	4,5	4,0	3,0	2,5
6	8,4	7,8	5,4	4,8	3,6	3,0
7	9,8	9,1	6,3	5,6	4,2	3,5
8	11,2	10,4	7,2	6,4	4,8	4,0
9	12,6	11,7	8,1	7,2	5,4	4,5

cgr	log sin	log tg	log cotg	log cos	
00	I,81 254	I,93 150	0,06 850	I,88 105	100
01	262	164	836	099	99
02	270	178	822	093	98
03	278	191	809	087	97
04	286	205	795	081	96
05	294	219	781	075	95
06	302	233	767	070	94
07	310	247	753	064	93
08	318	260	740	058	92
09	326	274	726	052	91
10	I,81 334	I,93 288	0,06 712	I,88 046	90
11	342	302	698	040	89
12	350	316	684	035	88
13	358	329	671	029	87
14	366	343	657	023	86
15	374	357	643	017	85
16	382	371	629	011	84
17	390	385	615	I,88 005	83
18	398	398	602	I,87 999	82
19	406	412	588	994	81
20	I,81 414	I,93 426	0,06 574	I,87 988	80
21	422	440	560	982	79
22	430	454	546	976	78
23	437	467	533	970	77
24	445	481	519	964	76
25	453	495	505	958	75
26	461	509	491	952	74
27	469	523	477	947	73
28	477	536	464	941	72
29	485	550	450	935	71
30	I,81 493	I,93 564	0,06 436	I,87 929	70
31	501	578	422	923	69
32	509	592	408	917	68
33	517	605	395	911	67
34	525	619	381	905	66
35	532	633	367	899	65
36	540	647	353	894	64
37	548	661	339	888	63
38	556	674	326	882	62
39	564	688	312	876	61
40	I,81 572	I,93 702	0,06 298	I,87 870	60
41	580	716	284	864	59
42	588	729	271	858	58
43	596	743	257	852	57
44	603	757	243	846	56
45	611	771	229	840	55
46	619	785	215	835	54
47	627	798	202	829	53
48	635	812	188	823	52
49	643	826	174	817	51
50	I,81 651	I,93 840	0,06 160	I,87 811	50
	log cos	log cotg	log tg	log sin	cgr

cgr	log sin	log tg	log cotg	log cos	
50	I,81 651	I,93 840	0,06 160	I,87 811	50
51	659	854	146	805	49
52	666	867	133	799	48
53	674	881	119	793	47
54	682	895	105	787	46
55	690	909	091	781	45
56	698	922	078	775	44
57	706	936	064	769	43
58	713	950	050	763	42
59	721	964	036	758	41
60	I,81 729	I,93 978	0,06 022	I,87 752	40
61	737	I,93 991	0,06 009	746	39
62	745	I,94 005	0,05 995	740	38
63	753	019	981	734	37
64	760	033	967	728	36
65	768	046	954	722	35
66	776	060	940	716	34
67	784	074	926	710	33
68	792	088	912	704	32
69	800	101	899	698	31
70	I,81 807	I,94 115	0,05 885	I,87 692	30
71	815	129	871	686	29
72	823	143	857	680	28
73	831	157	843	674	27
74	839	170	830	668	26
75	846	184	816	662	25
76	854	198	802	656	24
77	862	212	788	650	23
78	870	225	775	644	22
79	878	239	761	638	21
80	I,81 885	I,94 253	0,05 747	I,87 632	20
81	893	267	733	626	19
82	901	280	720	621	18
83	909	294	706	615	17
84	917	308	692	609	16
85	924	322	678	603	15
86	932	335	665	597	14
87	940	349	651	591	13
88	948	363	637	585	12
89	955	377	623	579	11
90	I,81 963	I,94 391	0,05 609	I,87 573	10
91	971	404	596	567	09
92	979	418	582	561	08
93	986	432	568	555	07
94	I,81 994	446	554	549	06
95	I,82 002	459	541	543	05
96	010	473	527	537	04
97	017	487	513	531	03
98	025	501	499	525	02
99	033	514	486	519	01
100	I,82 041	I,94 528	0,05 472	I,87 513	00
	log cos	log cotg	log tg	log sin	cgr

mgr	14	13	8	7	6	5
1	1,4	1,3	0,8	0,7	0,6	0,5
2	2,8	2,6	1,6	1,4	1,2	1,0
3	4,2	3,9	2,4	2,1	1,8	1,5
4	5,6	5,2	3,2	2,8	2,4	2,0
5	7,0	6,5	4,0	3,5	3,0	2,5
6	8,4	7,8	4,8	4,2	3,6	3,0
7	9,8	9,1	5,6	4,9	4,2	3,5
8	11,2	10,4	6,4	5,6	4,8	4,0
9	12,6	11,7	7,2	6,3	5,4	4,5

cgr	log sin	log tg	log cotg	log cos	
00	I,82 041	I,94 528	0,05 472	I,87 513	100
01	048	542	458	507	99
02	056	556	444	501	98
03	064	569	431	495	97
04	072	583	417	488	96
05	079	597	403	482	95
06	087	611	389	476	94
07	095	624	376	470	93
08	102	638	362	464	92
09	110	652	348	458	91
10	I,82 118	I,94 666	0,05 334	I,87 452	90
11	126	679	321	446	89
12	133	693	307	440	88
13	141	707	293	434	87
14	149	721	279	428	86
15	156	734	266	422	85
16	164	748	252	416	84
17	172	762	238	410	83
18	180	776	224	404	82
19	187	789	211	398	81
20	I,82 195	I,94 803	0,05 197	I,87 392	80
21	203	817	183	386	79
22	210	830	170	380	78
23	218	844	156	374	77
24	226	858	142	368	76
25	233	872	128	362	75
26	241	885	115	356	74
27	249	899	101	349	73
28	256	913	087	343	72
29	264	927	073	337	71
30	I,82 272	I,94 940	0,05 060	I,87 331	70
31	279	954	046	325	69
32	287	968	032	319	68
33	295	982	018	313	67
34	302	I,94 995	0,05 005	307	66
35	310	I,95 009	0,04 991	301	65
36	318	023	977	295	64
37	325	037	963	289	63
38	333	050	950	283	62
39	341	064	936	277	61
40	I,82 348	I,95 078	0,04 922	I,87 270	60
41	356	091	909	264	59
42	363	105	895	258	58
43	371	119	881	252	57
44	379	133	867	246	56
45	386	146	854	240	55
46	394	160	840	234	54
47	402	174	826	228	53
48	409	188	812	222	52
49	417	201	799	216	51
50	I,82 424	I,95 215	0,04 785	I,87 209	50
	log cos	log cotg	log tg	log sin	cgr

cgr	log sin	log tg	log cotg	log cos	
50	I,82 424	I,95 215	0,04 785	I,87 209	50
51	432	229	771	203	49
52	440	242	758	197	48
53	447	256	744	191	47
54	455	270	730	185	46
55	463	284	716	179	45
56	470	297	703	173	44
57	478	311	689	167	43
58	485	325	675	161	42
59	493	339	661	154	41
60	I,82 501	I,95 352	0,04 648	I,87 148	40
61	508	366	634	142	39
62	516	380	620	136	38
63	·523	393	607	130	37
64	531	407	593	124	36
65	538	421	579	118	35
66	546	435	565	111	34
67	554	448	552	105	33
68	561	462	538	099	32
69	569	476	524	093	31
70	I,82 576	I,95 489	0,04 511	I,87 087	30
71	584	503	497	081	29
72	591	517	483	075	28
73	599	531	469	068	27
74	607	544	456	062	26
75	614	558	442	056	25
76	622	572	428	050	24
77	629	585	415	044	23
78	637	599	401	038	22
79	644	613	387	031	21
80	I,82 652	I,95 627	0,04 373	I,87 025	20
81	659	640	360	019	19
82	667	654	346	013	18
83	675	668	332	007	17
84	682	681	319	I,87 001	16
85	690	695	305	I,86 994	15
86	697	709	291	988	14
87	705	723	277	982	13
88	712	736	264	976	12
89	720	750	250	970	11
90	I,82 727	I,95 764	0,04 236	I,86 963	10
91	735	777	223	957	09
92	742	791	209	951	08
93	750	805	195	945	07
94	757	819	181	939	06
95	765	832	168	933	05
96	772	846	154	926	04
97	780	860	140	920	03
98	787	873	127	914	02
99	795	887	113	908	01
100	I,82 802	I,95 901	0,04 099	I,86 902	00
	log cos	log cotg	log tg	log sin	cgr

mgr	14	13	8	7	6
1	1,4	1,3	0,8	0,7	0,6
2	2,8	2,6	1,6	1,4	1,2
3	4,2	3,9	2,4	2,1	1,8
4	5,6	5,2	3,2	2,8	2,4
5	7,0	6,5	4,0	3,5	3,0
6	8,4	7,8	4,8	4,2	3,6
7	9,8	9,1	5,6	4,9	4,2
8	11,2	10,4	6,4	5,6	4,8
9	12,6	11,7	7,2	6,3	5,4

cgr	log sin	log tg	log cotg	log cos	
00	I,82 802	I,95 901	0,04 099	I,86 902	100
01	810	915	085	895	99
02	817	928	072	889	98
03	825	942	058	883	97
04	832	956	044	877	96
05	840	969	031	870	95
06	847	983	017	864	94
07	855	I,95 997	0,04 003	858	93
08	862	I,96 010	0,03 990	852	92
09	870	024	976	846	91
10	I,82 877	I,96 038	0,03 962	I,86 839	90
11	885	052	948	833	89
12	892	065	935	827	88
13	900	079	921	821	87
14	907	093	907	814	86
15	915	106	894	808	85
16	922	120	880	802	84
17	929	134	866	796	83
18	937	147	853	789	82
19	944	161	839	783	81
20	I,82 952	I,96 175	0,03 825	I,86 777	80
21	959	189	811	771	79
22	967	202	798	764	78
23	974	216	784	758	77
24	982	230	770	752	76
25	989	243	757	746	75
26	I,82 996	257	743	739	74
27	I,83 004	271	729	733	73
28	011	284	716	727	72
29	019	298	702	721	71
30	I,83 026	I,96 312	0,03 688	I,86 714	70
31	034	325	675	708	69
32	041	339	661	702	68
33	048	353	647	696	67
34	056	367	633	689	66
35	063	380	620	683	65
36	071	394	606	677	64
37	078	408	592	670	63
38	086	421	579	664	62
39	093	435	565	658	61
40	I,83 100	I,96 449	0,03 551	I,86 652	60
41	108	462	538	645	59
42	115	476	524	639	58
43	123	490	510	633	57
44	130	503	497	626	56
45	137	517	483	620	55
46	145	531	469	614	54
47	152	544	456	608	53
48	159	558	442	601	52
49	167	572	428	595	51
50	I,83 174	I,96 586	0,03 414	I,86 589	50

cgr	log sin	log tg	log cotg	log cos	
50	I,83 174	I,96 586	0,03 414	I,86 589	50
51	182	599	401	582	49
52	189	613	387	576	48
53	196	627	373	570	47
54	204	640	360	563	46
55	211	654	346	557	45
56	218	668	332	551	44
57	226	681	319	544	43
58	233	695	305	538	42
59	241	709	291	532	41
60	I,83 248	I,96 722	0,03 278	I,86 526	40
61	255	736	264	519	39
62	263	750	250	513	38
63	270	763	237	507	37
64	277	777	223	500	36
65	285	791	209	494	35
66	292	804	196	488	34
67	299	818	182	481	33
68	307	832	168	475	32
69	314	846	154	469	31
70	I,83 321	I,96 859	0,03 141	I,86 462	30
71	329	873	127	456	29
72	336	887	113	449	28
73	343	900	100	443	27
74	351	914	086	437	26
75	358	928	072	430	25
76	365	941	059	424	24
77	373	955	045	418	23
78	380	969	031	411	22
79	387	982	018	405	21
80	I,83 395	I,96 996	0,03 004	I,86 399	20
81	402	I,97 010	0,02 990	392	19
82	409	023	977	386	18
83	417	037	963	379	17
84	424	051	949	373	16
85	431	064	936	367	15
86	438	078	922	360	14
87	446	092	908	354	13
88	453	105	895	348	12
89	460	119	881	341	11
90	I,83 468	I,97 133	0,02 867	I,86 335	10
91	475	146	854	328	09
92	482	160	840	322	08
93	489	174	826	316	07
94	497	187	813	309	06
95	504	201	799	303	05
96	511	215	785	296	04
97	519	228	772	290	03
98	526	242	758	284	02
99	533	256	744	277	01
100	I,83 540	I,97 269	0,02 731	I,86 271	00

| | log cos | log cotg | log tg | log sin | cgr |

52gr 52gr

mgr	14	13	8	7	6
1	1,4	1,3	0,8	0,7	0,6
2	2,8	2,6	1,6	1,4	1,2
3	4,2	3,9	2,4	2,1	1,8
4	5,6	5,2	3,2	2,8	2,4
5	7,0	6,5	4,0	3,5	3,0
6	8,4	7,8	4,8	4,2	3,6
7	9,8	9,1	5,6	4,9	4,2
8	11,2	10,4	6,4	5,6	4,8
9	12,6	11,7	7,2	6,3	5,4

cgr	log sin	log tg	log cotg	log cos	
00	1,83 540	1,97 269	0,02 731	1,86 271	100
01	548	283	717	264	99
02	555	297	703	258	98
03	562	310	690	252	97
04	569	324	676	245	96
05	577	338	662	239	95
06	584	351	649	232	94
07	591	365	635	226	93
08	598	379	621	220	92
09	606	392	608	213	91
10	1,83 613	1,97 406	0,02 594	1,86 207	90
11	620	420	580	200	89
12	627	433	567	194	88
13	635	447	553	187	87
14	642	461	539	181	86
15	649	474	526	175	85
16	656	488	512	168	84
17	664	502	498	162	83
18	671	515	485	155	82
19	678	529	471	149	81
20	1,83 685	1,97 543	0,02 457	1,86 142	80
21	692	556	444	136	79
22	700	570	430	129	78
23	707	584	416	123	77
24	714	597	403	117	76
25	721	611	389	110	75
26	728	625	375	104	74
27	736	638	362	097	73
28	743	652	348	091	72
29	750	666	334	084	71
30	1,83 757	1,97 679	0,02 321	1,86 078	70
31	764	693	307	071	69
32	772	707	293	065	68
33	779	720	280	058	67
34	786	734	266	052	66
35	793	748	252	045	65
36	800	761	239	039	64
37	808	775	225	032	63
38	815	789	211	026	62
39	822	802	198	020	61
40	1,83 829	1,97 816	0,02 184	1,86 013	60
41	836	830	170	007	59
42	843	843	157	1,86 000	58
43	851	857	143	1,85 994	57
44	858	871	129	987	56
45	865	884	116	981	55
46	872	898	102	974	54
47	879	912	088	968	53
48	886	925	075	961	52
49	894	939	061	955	51
50	1,83 901	1,97 953	0,02 047	1,85 948	50
	log cos	log cotg	log tg	log sin	cgr

cgr	log sin	log tg	log cotg	log cos	
50	1,83 901	1,97 953	0,02 047	1,85 948	50
51	908	966	034	942	49
52	915	980	020	935	48
53	922	1,97 994	0,02 006	929	47
54	929	1,98 007	0,01 993	922	46
55	936	021	979	915	45
56	944	035	965	909	44
57	951	048	952	902	43
58	958	062	938	896	42
59	965	076	924	889	41
60	1,83 972	1,98 089	0,01 911	1,85 883	40
61	979	103	897	876	39
62	986	117	883	870	38
63	1,83 993	130	870	863	37
64	1,84 001	144	856	857	36
65	008	158	842	850	35
66	015	171	829	844	34
67	022	185	815	837	33
68	029	199	801	831	32
69	036	212	788	824	31
70	1,84 043	1,98 226	0,01 774	1,85 817	30
71	050	239	761	811	29
72	058	253	747	804	28
73	065	267	733	798	27
74	072	280	720	791	26
75	079	294	706	785	25
76	086	308	692	778	24
77	093	321	679	772	23
78	100	335	665	765	22
79	107	349	651	758	21
80	1,84 114	1,98 362	0,01 638	1,85 752	20
81	121	376	624	745	19
82	128	390	610	739	18
83	135	403	597	732	17
84	143	417	583	726	16
85	150	431	569	719	15
86	157	444	556	712	14
87	164	458	542	706	13
88	171	472	528	699	12
89	178	485	515	693	11
90	1,84 185	1,98 499	0,01 501	1,85 686	10
91	192	513	487	679	09
92	199	526	474	673	08
93	206	540	460	666	07
94	213	553	447	660	06
95	220	567	433	653	05
96	227	581	419	647	04
97	234	594	406	640	03
98	241	608	392	633	02
99	248	622	378	627	01
100	1,84 255	1,98 635	0,01 365	1,85 620	00
	log cos	log cotg	log tg	log sin	cgr

51gr   51gr

mgr	14	13	8	7	6
1	1,4	1,3	0,8	0,7	0,6
2	2,8	2,6	1,6	1,4	1,2
3	4,2	3,9	2,4	2,1	1,8
4	5,6	5,2	3,2	2,8	2,4
5	7,0	6,5	4,0	3,5	3,0
6	8,4	7,8	4,8	4,2	3,6
7	9,8	9,1	5,6	4,9	4,2
8	11,2	10,4	6,4	5,6	4,8
9	12,6	11,7	7,2	6,3	5,4

cgr	log sin	log tg	log cotg	log cos	
00	Ī,84 255	Ī,98 635	0,01 365	Ī,85 620	100
01	263	649	351	613	99
02	270	663	337	607	98
03	277	676	324	600	97
04	284	690	310	594	96
05	291	704	296	587	95
06	298	717	283	580	94
07	305	731	269	574	93
08	312	745	255	567	92
09	319	758	242	561	91
10	Ī,84 326	Ī,98 772	0,01 228	Ī,85 554	90
11	333	786	214	547	89
12	340	799	201	541	88
13	347	813	187	534	87
14	354	826	174	527	86
15	361	840	160	521	85
16	368	854	146	514	84
17	375	867	133	507	83
18	382	881	119	501	82
19	389	895	105	494	81
20	Ī,84 396	Ī,98 908	0,01 092	Ī,85 487	80
21	403	922	078	481	79
22	410	936	064	474	78
23	417	949	051	467	77
24	424	963	037	461	76
25	431	977	023	454	75
26	438	Ī,98 990	0,01 010	447	74
27	445	Ī,99 004	0,00 996	441	73
28	452	018	982	434	72
29	459	031	969	427	71
30	Ī,84 466	Ī,99 045	0,00 955	Ī,85 421	70
31	473	059	941	414	69
32	480	072	928	407	68
33	487	086	914	401	67
34	494	099	901	394	66
35	501	113	887	387	65
36	507	127	873	381	64
37	514	140	860	374	63
38	521	154	846	367	62
39	528	168	832	361	61
40	Ī,84 535	Ī,99 181	0,00 819	Ī,85 354	60
41	542	195	805	347	59
42	549	209	791	341	58
43	556	222	778	334	57
44	563	236	764	327	56
45	570	250	750	320	55
46	577	263	737	314	54
47	584	277	723	307	53
48	591	290	710	300	52
49	598	304	696	294	51
50	Ī,84 605	Ī,99 318	0,00 682	Ī,85 287	50
	log cos	log cotg	log tg	log sin	cgr

cgr	log sin	log tg	log cotg	log cos	
50	Ī,84 605	Ī,99 318	0,00 682	Ī,85 287	50
51	612	331	669	280	49
52	619	345	655	273	48
53	625	359	641	267	47
54	632	372	628	260	46
55	639	386	614	253	45
56	646	400	600	247	44
57	653	413	587	240	43
58	660	427	573	233	42
59	667	441	559	226	41
60	Ī,84 674	Ī,99 454	0,00 546	Ī,85 220	40
61	681	468	532	213	39
62	688	482	518	206	38
63	695	495	505	199	37
64	702	509	491	193	36
65	708	522	478	186	35
66	715	536	464	179	34
67	722	550	450	172	33
68	729	563	437	166	32
69	736	577	423	159	31
70	Ī,84 743	Ī,99 591	0,00 409	Ī,85 152	30
71	750	604	396	145	29
72	757	618	382	139	28
73	764	632	368	132	27
74	770	645	355	125	26
75	777	659	341	118	25
76	784	673	327	112	24
77	791	686	314	105	23
78	798	700	300	098	22
79	805	713	287	091	21
80	Ī,84 812	Ī,99 727	0,00 273	Ī,85 085	20
81	818	741	259	078	19
82	825	754	246	071	18
83	832	768	232	064	17
84	839	782	218	057	16
85	846	795	205	051	15
86	853	809	191	044	14
87	860	823	177	037	13
88	866	836	164	030	12
89	873	850	150	023	11
90	Ī,84 880	Ī,99 864	0,00 136	Ī,85 017	10
91	887	877	123	010	09
92	894	891	109	Ī,85 003	08
93	901	904	096	Ī,84 996	07
94	908	918	082	989	06
95	914	932	068	983	05
96	921	945	055	976	04
97	928	959	041	969	03
98	935	973	027	962	02
99	942	Ī,99 986	014	955	01
100	Ī,84 949	0,00 000	0,00 000	Ī,84 949	00
	log cos	log cotg	log tg	log sin	cgr

mgr	14	13	8	7	6
1	1,4	1,3	0,8	0,7	0,6
2	2,8	2,6	1,6	1,4	1,2
3	4,2	3,9	2,4	2,1	1,8
4	5,6	5,2	3,2	2,8	2,4
5	7,0	6,5	4,0	3,5	3,0
6	8,4	7,8	4,8	4,2	3,6
7	9,8	9,1	5,6	4,9	4,2
8	11,2	10,4	6,4	5,6	4,8
9	12,6	11,7	7,2	6,3	5,4

TABLE IV
NATURAL VALUES
OF
TRIGONOMETRIC FUNCTIONS.
DECIMAL SYSTEM

$$2 \sec a \;=\; \text{tg}\,(50\ \text{gr} - \tfrac{1}{2}a) + \text{cotg}\,(50\ \text{gr} - \tfrac{1}{2}a)$$
$$2 \csc a = \text{tg}\,\tfrac{1}{2}a + \text{cotg}\,\tfrac{1}{2}a$$

The quadrant is divided in 100 grades (gr; G);
1 gr=10 decigrades (dgr);   1 gr=100 centigrades (cgr;');
1 gr=1000 milligrades (mgr); 1 gr=10 000 decimilligrades(dmgr;")
One writes: 23,3619 gr;   23^G, 3619;   23^G 36' 19".

Direct problem: *find one of the trigonometric functions of a given angle.*

The interpolation by p.p. (proportional parts) gives five exact decimals, except for the cotangent of an angle smaller than 7 gr or the tangent of an angle greater than 93 gr; for these intervals interpolation gives results

				cotangent		tangent	
				gr	gr	gr	gr
exact up to	10	if		$0,07<\alpha<0,15$		$99,85<\beta<99,93$	
,,	,, ,,	1	,,	$0,15<\alpha<0,32$		$99,68<\beta<99,85$	
,,	,, ,,	0,1	,,	$0,32<\alpha<0,70$		$99,30<\beta<99,68$	
,,	,, ,,	0,01	,,	$0,70<\alpha<1,50$		$98,50<\beta<99,30$	
,,	,, ,,	0,001	,,	$1,50<\alpha<3,20$		$96,80<\beta<98,50$	
,,	,, ,,	0,0001	,,	$3,20<\alpha<7$		93 $<\beta<96,80$	

At the foot of pages 108 to 114 one finds a formula giving the cotangent with five exact decimals for the above intervals.

Inverse problem: *find the angle, when one of the trigonometric functions is given.*

This is done by means of proportional parts, except when an angle smaller than 0,50 gr (left half of page 108), must be calculated by the cotangent (or an angle greater than 99,50 gr by its tangent). In this case the equation cotg x" $= b$ must be replaced by the equation $\log x = 5,80388 - \log b$.

cgr	Sin	Tg	Cotg	Cos		cgr	Sin	Tg	Cotg	Cos	
00	0,00 000	0,00 000	Inf.	1,00 000	100	50	0,00 785	0,00 785	127,32 134	0,99 997	50
01	016	016	6366,19 767	000	99	51	801	801	124,82 474	997	49
02	031	031	3183,09 876	000	98	52	817	817	122,42 416	997	48
03	047	047	2122,06 575	000	97	53	833	833	120,11 416	997	47
04	063	063	1591,54 922	000	96	54	848	848	117,88 972	996	46
05	079	079	1273,23 928	000	95	55	864	864	115,74 617	996	45
06	094	094	1061,03 264	000	94	56	880	880	113,67 917	996	44
07	110	110	909,45 645	000	93	57	895	895	111,68 469	996	43
08	126	126	795,77 430	000	92	58	911	911	109,75 899	996	42
09	141	141	707,35 483	000	91	59	927	927	107,89 857	996	41
10	0,00 157	0,00 157	636,61 925	1,00 000	90	60	0,00 942	0,00 943	106,10 015	0,99 996	40
11	173	173	578,74 467	000	89	61	958	958	104,36 070	995	39
12	188	188	530,51 585	000	88	62	974	974	102,67 736	995	38
13	204	204	489,70 684	000	87	63	0,00 990	0,00 990	101,04 746	995	37
14	220	220	454,72 768	000	86	64	0,01 005	0,01 005	99,46 849	995	36
15	236	236	424,41 240	000	85	65	021	021	97,93 810	995	35
16	251	251	397,88 652	000	84	66	037	037	96,45 409	995	34
17	267	267	374,48 133	000	83	67	052	052	95,01 437	994	33
18	283	283	353,67 671	000	82	68	068	068	93,61 699	994	32
19	298	298	335,06 204	000	81	69	084	084	92,26 012	994	31
20	0,00 314	0,00 314	318,30 884	1,00 000	80	70	0,01 100	0,01 100	90,94 202	0,99 994	30
21	330	330	303,15 117	0,99 999	79	71	115	115	89,66 104	994	29
22	346	346	289,37 147	999	78	72	131	131	88,41 564	994	28
23	361	361	276,79 000	999	77	73	147	147	87,20 437	993	27
24	377	377	265,25 698	999	76	74	162	162	86,02 582	993	26
25	393	393	254,64 660	999	75	75	178	178	84,87 871	993	25
26	408	408	244,85 240	999	74	76	194	194	83,76 178	993	24
27	424	424	235,78 369	999	73	77	209	210	82,67 386	993	23
28	440	440	227,36 274	999	72	78	225	225	81,61 384	992	22
29	456	456	219,52 254	999	71	79	241	241	80,58 064	992	21
30	0,00 471	0,00 471	212,20 502	0,99 999	70	80	0,01 257	0,01 257	79,57 328	0,99 992	20
31	487	487	205,35 959	999	69	81	272	272	78,59 079	992	19
32	503	503	198,94 200	999	68	82	288	288	77,63 226	992	18
33	518	518	192,91 335	999	67	83	304	304	76,69 683	992	17
34	534	534	187,23 933	999	66	84	319	320	75,78 367	991	16
35	550	550	181,88 953	998	65	85	335	335	74,89 199	991	15
36	565	565	176,83 694	998	64	86	351	351	74,02 105	991	14
37	581	581	172,05 746	998	63	87	367	367	73,17 013	991	13
38	597	507	167,52 953	998	62	88	382	382	72,33 855	990	12
39	613	613	163,23 380	998	61	89	398	398	71,52 565	990	11
40	0,00 628	0,00 628	159,15 285	0,99 998	60	90	0,01 414	0,01 414	70,73 082	0,99 990	10
41	644	644	155,27 097	998	59	91	429	430	69,95 345	990	09
42	660	660	151,57 394	998	58	92	445	445	69,19 298	990	08
43	675	675	148,04 886	998	57	93	461	461	68,44 887	989	07
44	691	691	144,68 401	998	56	94	476	477	67,72 059	989	06
45	707	707	141,46 870	998	55	95	492	492	67,00 763	989	05
46	723	723	138,39 319	997	54	96	508	508	66,30 953	989	04
47	738	738	135,44 855	997	53	97	524	524	65,62 583	988	03
48	754	754	132,62 661	997	52	98	539	540	64,95 607	988	02
49	770	770	129,91 984	997	51	99	555	555	64,29 984	988	01
50	0,00 785	0,00 785	127,32 134	0,99 997	50	100	0,01 571	0,01 571	63,65 674	0,99 988	00
	Cos	Cotg	Tg	Sin	cgr		Cos	Cotg	Tg	Sin	cgr

mgr	16	15
1	1,6	1,5
2	3,2	3,0
3	4,8	4,5
4	6,4	6,0
5	8,0	7,5
6	9,6	9,0
7	11,2	10,5
8	12,8	12,0
9	14,4	13,5

$$\operatorname{cotg} a'' = \frac{p}{a} - q \cdot a \quad \begin{pmatrix} 0 < a'' < 3{,}5 \text{ gr} \\ 0 < a \ < 35000 \end{pmatrix}$$

$p = 636619{,}77237; \ \log p = 5{,}80388$

$q = 0{,}000\ 000\ 5236; \ \log q = \overline{7}{,}71900$

$\operatorname{cotg} x'' = b; \ \log x = 5{,}80388 - \log b.$

cgr	Sin	Tg	Cotg	Cos	
00	0,01 571	0,01 571	63,65 674	0,99 988	100
01	586	587	63,02 637	987	99
02	602	602	62,40 836	987	98
03	618	618	61,80 235	987	97
04	634	634	61,20 799	987	96
05	649	649	60,62 496	986	95
06	665	665	60,05 292	986	94
07	681	681	59,49 157	986	93
08	696	697	58,94 062	986	92
09	712	712	58,39 978	985	91
10	0,01 728	0,01 728	57,86 877	0,99 985	90
11	743	744	57,34 732	985	89
12	759	759	56,83 519	985	88
13	775	775	56,33 212	984	87
14	791	791	55,83 787	984	86
15	806	807	55,35 222	984	85
16	822	822	54,87 494	983	84
17	838	838	54,40 582	983	83
18	853	854	53,94 465	983	82
19	869	869	53,49 123	983	81
20	0,01 885	0,01 885	53,04 536	0,99 982	80
21	901	901	52,60 687	982	79
22	916	917	52,17 556	982	78
23	932	932	51,75 126	981	77
24	948	948	51,33 381	981	76
25	963	964	50,92 304	981	75
26	979	979	50,51 878	980	74
27	0,01 995	0,01 995	50,12 089	980	73
28	0,02 010	0,02 011	49,72 922	980	72
29	026	027	49,34 362	979	71
30	0,02 042	0,02 042	48,96 394	0,99 979	70
31	058	058	48,59 007	979	69
32	073	074	48,22 186	979	68
33	089	089	47,85 918	978	67
34	105	105	47,50 192	978	66
35	120	121	47,14 995	978	65
36	136	137	46,80 316	977	64
37	152	152	46,46 142	977	63
38	168	168	46,12 464	977	62
39	183	184	45,79 271	976	61
40	0,02 199	0,02 199	45,46 551	0,99 976	60
41	215	215	45,14 296	975	59
42	230	231	44,82 494	975	58
43	246	247	44,51 138	975	57
44	262	262	44,20 217	974	56
45	277	278	43,89 722	974	55
46	293	294	43,59 645	974	54
47	309	309	43,29 977	973	53
48	325	325	43,00 710	973	52
49	340	341	42,71 836	973	51
50	0,02 356	0,02 357	42,43 346	0,99 972	50
	Cos	Cotg	Tg	Sin	cgr

cgr	Sin	Tg	Cotg	Cos	
50	0,02 356	0,02 357	42,43 346	0,99 972	50
51	372	372	42,15 234	972	49
52	387	388	41,87 492	971	48
53	403	404	41,60 112	971	47
54	419	419	41,33 088	971	46
55	434	435	41,06 413	970	45
56	450	451	40,80 079	970	44
57	466	467	40,54 081	970	43
58	482	482	40,28 412	969	42
59	497	498	40,03 065	969	41
60	0,02 513	0,02 514	39,78 036	0,99 968	40
61	529	530	39,53 317	968	39
62	544	545	39,28 903	968	38
63	560	561	39,04 789	967	37
64	576	577	38,80 969	967	36
65	592	592	38,57 438	966	35
66	607	608	38,34 190	966	34
67	623	624	38,11 220	966	33
68	639	640	37,88 524	965	32
69	654	655	37,66 096	965	31
70	0,02 670	0,02 671	37,43 932	0,99 964	30
71	686	687	37,22 027	964	29
72	701	702	37,00 377	964	28
73	717	718	36,78 977	963	27
74	733	734	36,57 823	963	26
75	749	750	36,36 911	962	25
76	764	765	36,16 236	962	24
77	780	781	35,95 795	961	23
78	796	797	35,75 584	961	22
79	811	812	35,55 598	960	21
80	0,02 827	0,02 828	35,35 834	0,99 960	20
81	843	844	35,16 289	960	19
82	858	860	34,96 958	959	18
83	874	875	34,77 838	959	17
84	890	891	34,58 927	958	16
85	906	907	34,40 219	958	15
86	921	923	34,21 713	957	14
87	937	938	34,03 405	957	13
88	953	954	33,85 291	956	12
89	968	970	33,67 369	956	11
90	0,02 984	0,02 985	33,49 635	0,99 955	10
91	0,03 000	0,03 001	33,32 088	955	09
92	015	017	33,14 723	955	08
93	031	033	32,97 537	954	07
94	047	048	32,80 529	954	06
95	063	064	32,63 696	953	05
96	078	080	32,47 034	953	04
97	094	095	32,30 541	952	03
98	110	111	32,14 215	952	02
99	125	127	31,98 052	951	01
100	0,03 141	0,03 143	31,82 052	0,99 951	00
	Cos	Cotg	Tg	Sin	cgr

mgr	16	15
1	1,6	1,5
2	3,2	3,0
3	4,8	4,5
4	6,4	6,0
5	8,0	7,5
6	9,6	9,0
7	11,2	10,5
8	12,8	12,0
9	14,4	13,5

$$\operatorname{cotg} a'' = \frac{p}{a} - q \cdot a \quad \left(\begin{matrix} 0 < a'' < 3,5 \text{ gr} \\ 0 < a < 35000 \end{matrix}\right)$$

$p = 636619,77; \ \log p = 5,80388$

$q = 0,000\ 000\ 5236; \ \log q = \overline{7},71900$

cgr	Sin	Tg	Cotg	Cos	.
00	0,03 141	0,03 143	31,82 052	0,99 951	100
01	157	158	31,66 210	950	99
02	172	174	31,50 525	950	98
03	188	190	31,34 995	949	97
04	204	206	31,19 617	949	96
05	220	221	31,04 389	948	95
06	235	237	30,89 309	948	94
07	251	253	30,74 374	947	93
08	267	268	30,59 583	947	92
09	282	284	30,44 933	946	91
10	0,03 298	0,03 300	30,30 423	0,99 946	90
11	314	316	30,16 050	945	89
12	329	331	30,01 813	945	88
13	345	347	29,87 710	944	87
14	361	363	29,73 738	944	86
15	377	378	29,59 896	943	85
16	392	394	29,46 183	942	84
17	408	410	29,32 595	942	83
18	424	426	29,19 133	941	82
19	439	441	29,05 793	941	81
20	0,03 455	0,03 457	28,92 574	0,99 940	80
21	471	473	28,79 475	940	79
22	486	489	28,66 494	939	78
23	502	504	28,53 629	939	77
24	518	520	28,40 880	938	76
25	534	536	28,28 243	938	75
26	549	551	28,15 718	937	74
27	565	567	28,03 304	936	73
28	581	583	27,90 998	936	72
29	596	599	27,78 800	935	71
30	0,03 612	0,03 614	27,66 708	0,99 935	70
31	628	630	27,54 720	934	69
32	643	646	27,42 836	934	68
33	659	662	27,31 054	933	67
34	675	677	27,19 372	932	66
35	691	693	27,07 790	932	65
36	706	709	26,96 306	931	64
37	722	725	26,84 918	931	63
38	738	740	26,73 627	930	62
39	753	756	26,62 430	930	61
40	0,03 769	0,03 772	26,51 326	0,99 929	60
41	785	787	26,40 314	928	59
42	800	803	26,29 393	928	58
43	816	819	26,18 562	927	57
44	832	835	26,07 820	927	56
45	848	850	25,97 165	926	55
46	863	866	25,86 597	925	54
47	879	882	25,76 115	925	53
48	895	898	25,65 717	924	52
49	910	913	25,55 402	924	51
50	0,03 926	0,03 929	25,45 170	0,99 923	50
	Cos	Cotg	Tg	Sin	cgr

cgr	Sin	Tg	Cotg	Cos	
50	0,03 926	0,03 929	25,45 170	0,99 923	50
51	942	945	25,35 019	922	49
52	957	960	25,24 949	922	48
53	973	976	25,14 959	921	47
54	0,03 989	0,03 992	25,05 047	920	46
55	0,04 004	0,04 008	24,95 213	920	45
56	020	023	24,85 455	919	44
57	036	039	24,75 774	919	43
58	052	055	24,66 167	918	42
59	067	071	24,56 635	917	41
60	0,04 083	0,04 086	24,47 176	0,99 917	40
61	099	102	24,37 789	916	39
62	114	118	24,28 474	915	38
63	130	134	24,19 230	915	37
64	146	149	24,10 056	914	36
65	161	165	24,00 951	913	35
66	177	181	23,91 914	913	34
67	193	196	23,82 946	912	33
68	208	212	23,74 044	911	32
69	224	228	23,65 208	911	31
70	0,04 240	0,04 244	23,56 437	0,99 910	30
71	256	259	23,47 731	909	29
72	271	275	23,39 090	909	28
73	287	291	23,30 511	908	27
74	303	307	23,21 995	907	26
75	318	322	23,13 541	907	25
76	334	338	23,05 148	906	24
77	350	354	22,96 816	905	23
78	365	370	22,88 543	905	22
79	381	385	22,80 330	904	21
80	0,04 397	0,04 401	22,72 176	0,99 903	20
81	413	417	22,64 079	903	19
82	428	433	22,56 040	902	18
83	444	448	22,48 058	901	17
84	460	464	22,40 132	901	16
85	475	480	22,32 261	900	15
86	491	496	22,24 446	899	14
87	507	511	22,16 684	898	13
88	522	527	22,08 977	898	12
89	538	543	22,01 323	897	11
90	0,04 554	0,04 558	21,93 722	0,99 896	10
91	569	574	21,86 173	896	09
92	585	590	21,78 676	895	08
93	601	606	21,71 229	894	07
94	616	621	21,63 834	893	06
95	632	637	21,56 488	893	05
96	648	653	21,49 192	892	04
97	664	669	21,41 946	891	03
98	679	684	21,34 747	890	02
99	695	700	21,27 597	890	01
100	0,04 711	0,04 716	21,20 495	0,99 889	00
	Cos	Cotg	Tg	Sin	cgr

mgr	16	15
1	1,6	1,5
2	3,2	3,0
3	4,8	4,5
4	6,4	6,0
5	8,0	7,5
6	9,6	9,0
7	11,2	10,5
8	12,8	12,0
9	14,4	13,5

$$\operatorname{cotg} a'' = \frac{p}{a} - q \cdot a \quad \left(\begin{array}{l} 0 < a'' < 3,5 \text{ gr} \\ 0 < a\ < 35000 \end{array} \right)$$

$p = 636619,77; \ \log p = 5,80388$

$q = 0,000\ 000\ 5236; \ \log q = \overline{7},71900$

cgr	Sin	Tg	Cotg	Cos	
00	0,04 711	0,04 716	21,20 495	0,99 889	100
01	726	732	13 440	888	99
02	742	747	21,06 431	888	98
03	758	763	20,99 469	887	97
04	773	779	92 552	886	96
05	789	795	85 681	885	95
06	805	810	78 854	885	94
07	820	826	72 072	884	93
08	836	842	65 334	883	92
09	852	858	58 640	882	91
10	0,04 868	0,04 873	20,51 989	0,99 881	90
11	883	889	45 380	881	89
12	899	905	38 814	880	88
13	915	921	32 290	879	87
14	930	936	25 807	878	86
15	946	952	19 366	878	85
16	962	968	12 965	877	84
17	977	984	06 604	876	83
18	0,04 993	0,04 999	20,00 284	875	82
19	0,05 009	0,05 015	19,94 003	874	81
20	0,05 024	0,05 031	19,87 761	0,99 874	80
21	040	047	81 558	873	79
22	056	062	75 394	872	78
23	071	078	69 268	871	77
24	087	094	63 179	871	76
25	103	110	57 128	870	75
26	119	125	51 114	869	74
27	134	141	45 137	868	73
28	150	157	39 196	867	72
29	166	173	33 292	866	71
30	0,05 181	0,05 188	19,27 423	0,99 866	70
31	197	204	21 589	865	69
32	213	220	15 791	864	68
33	228	236	10 027	863	67
34	244	251	19,04 298	862	66
35	260	267	18,98 603	862	65
36	275	283	92 942	861	64
37	291	299	87 315	860	63
38	307	314	81 720	859	62
39	322	330	76 159	858	61
40	0,05 338	0,05 346	18,70 631	0,99 857	60
41	354	362	65 134	857	59
42	370	377	59 670	856	58
43	385	393	54 238	855	57
44	401	409	48 837	854	56
45	417	425	43 468	853	55
46	432	440	38 130	852	54
47	448	456	32 822	851	53
48	464	472	27 545	851	52
49	479	488	22 298	850	51
50	0,05 495	0,05 503	18,17 081	0,99 849	50
	Cos	Cotg	Tg	Sin	cgr

cgr	Sin	Tg	Cotg	Cos	
50	0,05 495	0,05 503	18,17 081	0,99 849	50
51	511	519	11 893	848	49
52	526	535	06 735	847	48
53	542	551	18,01 607	846	47
54	558	566	17,96 507	845	46
55	573	582	91 436	845	45
56	589	598	86 393	844	44
57	605	614	81 379	843	43
58	620	629	76 393	842	42
59	636	645	71 434	841	41
60	0,05 652	0,05 661	17,66 503	0,99 840	40
61	668	677	61 599	839	39
62	683	692	56 722	838	38
63	699	708	51 872	837	37
64	715	724	47 049	837	36
65	730	740	42 252	836	35
66	746	755	37 481	835	34
67	762	771	32 737	834	33
68	777	787	28 018	833	32
69	793	803	23 324	832	31
70	0,05 809	0,05 818	17,18 656	0,99 831	30
71	824	834	14 013	830	29
72	840	850	09 395	829	28
73	856	866	04 802	828	27
74	871	882	17,00 233	827	26
75	887	897	16,95 689	827	25
76	903	913	91 169	826	24
77	918	929	86 672	825	23
78	934	945	82 200	824	22
79	950	960	77 751	823	21
80	0,05 965	0,05 976	16,73 325	0,99 822	20
81	981	0,05 992	68 923	821	19
82	0,05 997	0,06 008	64 543	820	18
83	0,06 013	023	60 187	819	17
84	028	039	55 853	818	16
85	044	055	51 542	817	15
86	060	071	47 252	816	14
87	075	086	42 986	815	13
88	091	102	38 741	814	12
89	107	118	34 517	813	11
90	0,06 122	0,06 134	16,30 316	0,99 812	10
91	138	150	26 136	811	09
92	154	165	21 977	810	08
93	169	181	17 839	810	07
94	185	197	13 723	809	06
95	201	213	09 627	808	05
96	216	228	05 552	807	04
97	232	244	16,01 497	806	03
98	248	260	15,97 463	805	02
99	263	276	93 449	804	01
100	0,06 279	0,06 291	15,89 454	0,99 803	00
	Cos	Cotg	Tg	Sin	cgr

mgr	16	15
1	1,6	1,5
2	3,2	3,0
3	4,8	4,5
4	6,4	6,0
5	8,0	7,5
6	9,6	9,0
7	11,2	10,5
8	12,8	12,0
9	14,4	13,5

$$\cot g\, a'' = \frac{p}{a} - q \cdot a \quad \left(\begin{array}{l} 0 < a'' < 3.5\ \text{gr} \\ 0 < a < 35000 \end{array}\right)$$

$p = 636619,77; \quad \log p = 5,80388$

$q = 0,000\,000\,5236; \quad \log q = \overline{7},71900$

$$\cot g\, a'' = \frac{p}{a} - qa - ra^3 \quad \left(\begin{array}{l} 3.5\text{gr} < a'' < 7\ \text{gr} \\ 35000 < a < 70000 \end{array}\right)$$

$p = 636619,77; \quad \log p = 5,80388$

$q = \frac{5236}{10^{10}} \quad ; \quad \log q = \overline{7},71900$

$r = \frac{86}{10^{21}} \quad ; \quad \log r = \overline{20},93450$

cgr	Sin	Tg	Cotg	Cos	
00	0,06 279	0,06 291	15,89 454	0,99 803	100
01	295	307	85 480	802	99
02	310	323	81 526	801	98
03	326	339	77 591	800	97
04	342	355	73 676	799	96
05	357	370	69 780	798	95
06	373	386	65 903	797	94
07	389	402	62 045	796	93
08	404	418	58 206	795	92
09	420	433	54 385	794	91
10	0,06 436	0,06 449	15,50 584	0,99 793	90
11	451	465	46 801	792	89
12	467	481	43 036	791	88
13	483	497	39 289	790	87
14	499	512	35 561	789	86
15	514	528	31 850	788	85
16	530	544	28 157	787	84
17	546	560	24 482	786	83
18	561	575	20 825	785	82
19	577	591	17 184	783	81
20	0,06 593	0,06 607	15,13 562	0,99 782	80
21	608	623	09 956	781	79
22	624	638	06 367	780	78
23	640	654	15,02 796	779	77
24	655	670	14,99 241	778	76
25	671	686	95 703	777	75
26	687	702	92 181	776	74
27	702	717	88 676	775	73
28	718	733	85 188	774	72
29	734	749	81 715	773	71
30	0,06 749	0,06 765	14,78 259	0,99 772	70
31	765	780	74 819	771	69
32	781	796	71 394	770	68
33	796	812	67 986	769	67
34	812	828	64 593	768	66
35	828	844	61 215	767	65
36	843	859	57 853	766	64
37	859	875	54 507	764	63
38	875	891	51 176	763	62
39	890	907	47 860	762	61
40	0,06 906	0,06 923	14,44 559	0,99 761	60
41	922	938	41 272	760	59
42	937	954	38 001	759	58
43	953	970	34 745	758	57
44	969	0,06 986	31 503	757	56
45	0,06 984	0,07 001	28 275	756	55
46	0,07 000	017	25 063	755	54
47	016	033	21 864	754	53
48	031	049	18 680	752	52
49	047	065	15 510	751	51
50	0,07 063	0,07 080	14,12 354	0,99 750	50
	Cos	Cotg	Tg	Sin	cgr

cgr	Sin	Tg	Cotg	Cos	
50	0,07 063	0,07 080	14,12 354	0,99 750	50
51	078	096	09 212	749	49
52	094	112	06 083	748	48
53	110	128	14,02 969	747	47
54	125	144	13,99 868	746	46
55	141	159	96 781	745	45
56	157	175	93 708	744	44
57	172	191	90 647	742	43
58	188	207	87 601	741	42
59	204	222	84 567	740	41
60	0,07 219	0,07 238	13,81 547	0,99 739	40
61	235	254	78 539	738	39
62	251	270	75 545	737	38
63	266	286	72 564	736	37
64	282	301	69 595	735	36
65	298	317	66 639	733	35
66	313	333	63 696	732	34
67	329	349	60 765	731	33
68	345	365	57 847	730	32
69	360	380	54 942	729	31
70	0,07 376	0,07 396	13,52 048	0,99 728	30
71	392	412	49 167	726	29
72	407	428	46 298	725	28
73	423	444	43 442	724	27
74	439	459	40 597	723	26
75	454	475	37 764	722	25
76	470	491	34 943	721	24
77	486	507	32 134	719	23
78	501	523	29 337	718	22
79	517	538	26 551	717	21
80	0,07 533	0,07 554	13,23 777	0,99 716	20
81	548	570	21 014	715	19
82	564	586	18 263	714	18
83	580	602	15 523	712	17
84	595	617	12 795	711	16
85	611	633	10 078	710	15
86	627	649	07 372	709	14
87	642	665	04 677	708	13
88	658	681	13,01 993	706	12
89	674	696	12,99 320	705	11
90	0,07 689	0,07 712	12,96 657	0,99 704	10
91	705	728	94 006	703	09
92	721	744	91 365	702	08
93	736	760	88 736	700	07
94	752	775	86 116	699	06
95	768	791	83 508	698	05
96	783	807	80 910	697	04
97	799	823	78 322	695	03
98	815	839	75 744	694	02
99	830	854	73 177	693	01
100	0,07 846	0,07 870	12,70 620	0,99 692	00
	Cos	Cotg	Tg	Sin	cgr

95gr   95gr

mgr	16	15	2	1
1	1,6	1,5	0,2	0,1
2	3,2	3,0	0,4	0,2
3	4,8	4,5	0,6	0,3
4	6,4	6,0	0,8	0,4
5	8,0	7,5	1,0	0,5
6	9,6	9,0	1,2	0,6
7	11,2	10,5	1,4	0,7
8	12,8	12,0	1,6	0,8
9	14,4	13,5	1,8	0,9

$$\cotg a'' = \frac{p}{a} - qa - ra^3 \quad \left(\begin{array}{c} 3.5\,\text{gr} < a'' < 7\,\text{gr} \\ 35000 < a < 70000 \end{array} \right)$$

$$p = 636619,77; \quad \log p = 5,80388$$

$$q = \frac{5236}{10^{10}} \quad ; \quad \log q = \overline{7},71900$$

$$r = \frac{86}{10^{21}} \quad ; \quad \log r = \overline{20},93450$$

cgr	Sin	Tg	Cotg	Cos	
00	0,07 846	0,07 870	12,70 620	0,99 692	**100**
01	862	886	68 074	690	99
02	877	902	65 537	689	98
03	893	918	63 011	688	97
04	909	933	60 494	687	96
05	924	949	57 988	686	95
06	940	965	55 491	684	94
07	956	981	53 005	683	93
08	971	0,07 997	50 528	682	92
09	0,07 987	0,08 012	48 060	681	91
10	0,08 002	0,08 028	12,45 603	0,99 679	**90**
11	018	044	43 155	678	89
12	034	060	40 716	677	88
13	049	076	38 287	676	87
14	065	091	35 867	674	86
15	081	107	33 457	673	85
16	096	123	31 056	672	84
17	112	139	28 665	670	83
18	128	155	26 282	669	82
19	143	171	23 909	668	81
20	0,08 159	0,08 186	12,21 545	0,99 667	**80**
21	175	202	19 190	665	79
22	190	218	16 844	664	78
23	206	234	14 507	663	77
24	222	250	12 178	661	76
25	237	265	09 859	660	75
26	253	281	07 548	659	74
27	269	297	05 247	658	73
28	284	313	02 953	656	72
29	300	329	12,00 669	655	71
30	0,08 316	0,08 345	11,98 393	0,99 654	**70**
31	331	360	96 126	652	69
32	347	376	93 867	651	68
33	363	392	91 616	650	67
34	378	408	89 375	648	66
35	394	424	87 141	647	65
36	410	439	84 916	646	64
37	425	455	82 699	644	63
38	441	471	80 490	643	62
39	456	487	78 289	642	61
40	0,08 472	0,08 503	11,76 097	0,99 640	**60**
41	488	519	73 912	639	59
42	503	534	71 736	638	58
43	519	550	69 568	636	57
44	535	566	67 407	635	56
45	550	582	65 255	634	55
46	566	598	63 110	632	54
47	582	613	60 973	631	53
48	597	629	58 844	630	52
49	613	645	56 723	628	51
50	0,08 629	0,08 661	11,54 609	0,99 627	**50**
	Cos	Cotg	Tg	Sin	cgr

cgr	Sin	Tg	Cotg	Cos	
50	0,08 629	0,08 661	11,54 609	0,99 627	**50**
51	644	677	52 503	626	49
52	660	693	50 405	624	48
53	676	708	48 314	623	47
54	691	724	46 231	622	46
55	707	740	44 155	620	45
56	723	756	42 087	619	44
57	738	772	40 026	617	43
58	754	788	37 972	616	42
59	769	803	35 926	615	41
60	0,08 785	0,08 819	11,33 887	0,99 613	**40**
61	801	835	31 856	612	39
62	816	851	29 831	611	38
63	832	867	27 814	609	37
64	848	883	25 804	608	36
65	863	898	23 801	606	35
66	879	914	21 805	605	34
67	895	930	19 816	604	33
68	910	946	17 834	602	32
69	926	962	15 859	601	31
70	0,08 942	0,08 978	11,13 891	0,99 599	**30**
71	957	0,08 993	11 929	598	29
72	973	0,09 009	09 975	597	28
73	0,08 989	025	08 027	595	27
74	0,09 004	041	06 087	594	26
75	020	057	04 152	592	25
76	035	073	02 225	591	24
77	051	088	11,00 304	590	23
78	067	104	10,98 390	588	22
79	082	120	96 483	587	21
80	0,09 098	0,09 136	10,94 582	0,99 585	**20**
81	114	152	92 687	584	19
82	129	168	90 799	582	18
83	145	183	88 918	581	17
84	161	199	87 043	580	16
85	176	215	85 174	578	15
86	192	231	83 312	577	14
87	208	247	81 456	575	13
88	223	263	79 606	574	12
89	239	278	77 763	572	11
90	0,09 254	0,09 294	10,75 926	0,99 571	**10**
91	270	310	74 095	569	09
92	286	326	72 270	568	08
93	301	342	70 451	566	07
94	317	358	68 638	565	06
95	333	374	66 832	564	05
96	348	389	65 032	562	04
97	364	405	63 237	561	03
98	380	421	61 449	559	02
99	395	437	59 666	558	01
100	0,09 411	0,09 453	10,57 889	0,99 556	**00**
	Cos	Cotg	Tg	Sin	cgr

94gr　　　　　　　　　　　**94gr**

mgr	16	15	2	1
1	1,6	1,5	0,2	0,1
2	3,2	3,0	0,4	0,2
3	4,8	4,5	0,6	0,3
4	6,4	6,0	0,8	0,4
5	8,0	7,5	1,0	0,5
6	9,6	9,0	1,2	0,6
7	11,2	10,5	1,4	0,7
8	12,8	12,0	1,6	0,8
9	14,4	13,5	1,8	0,9

$$\operatorname{cotg} a'' = \frac{p}{a} - qa - ra^3 \quad \left(\begin{array}{l} 3,5 \text{ gr} < a'' < 7 \text{ gr} \\ 35000 < a < 70000 \end{array}\right)$$

$$p = 636619,77; \quad \log p = 5,80388$$

$$q = \frac{5236}{10^{10}} \ ; \quad \log q = \overline{7},71900$$

$$r = \frac{86}{10^{21}} \ ; \quad \log r = \overline{20},93450$$

cgr	Sin	Tg	Cotg	Cos	
00	0,09 411	0,09 453	10,57 889	0,99 556	100
01	426	469	56 119	555	99
02	442	484.	54 354	553	98
03	458	500	52 595	552	97
04	473	516	50 842	550	96
05	489	532	49 094	549	95
06	505	548	47 353	547	94
07	520	564	45 617	546	93
08	536	580	43 887	544	92
09	552	595	42 162	543	91
10	0,09 567	0,09 611	10,40 443	0,99 541	90
11	583	627	38 730	540	89
12	598	643	37 022	538	88
13	614	659	35 320	537	87
14	630	675	33 623	535	86
15	645	691	31 932	534	85
16	661	706	30 246	532	84
17	677	722	28 566	531	83
18	692	738	26 891	529	82
19	708	754	25 222	528	81
20	0,09 724	0,09 770	10,23 558	0,99 526	80
21	739	786	21 899	525	79
22	755	802	20 246	523	78
23	770	817	18 597	522	77
24	786	833	16 955	520	76
25	802	849	15 317	518	75
26	817	865	13 685	517	74
27	833	881	12 057	515	73
28	849	897	10 435	514	72
29	864	913	08 819	512	71
30	0,09 880	0,09 928	10,07 207	0,99 511	70
31	896	944	05 600	509	69
32	911	960	03 998	508	68
33	927	976	02 402	506	67
34	942	0,09 992	10,00 810	505	66
35	958	0,10 008	9,99 224	503	65
36	974	024	97 642	501	64
37	0,09 989	039	96 066	500	63
38	0,10 005	055	94 494	498	62
39	021	071	92 927	497	61
40	0,10 036	0,10 087	9,91 365	0,99 495	60
41	052	103	89 808	494	59
42	067	119	88 256	492	58
43	083	135	86 708	490	57
44	099	151	85 166	489	56
45	114	166	83 628	487	55
46	130	182	82 095	486	54
47	146	198	80 566	484	53
48	161	214	79 043	482	52
49	177	230	77 524	481	51
50	0,10 192	0,10 246	9,76 009	0,99 479	50
	Cos	Cotg	Tg	Sin	cgr

cgr	Sin	Tg	Cotg	Cos	
50	0,10 192	0,10 246	9,76 009	0,99 479	50
51	208	262	74 500	478	49
52	224	278	72 994	476	48
53	239	293	71 494	474	47
54	255	309	69 998	473	46
55	271	325	68 507	471	45
56	286	341	67 020	470	44
57	302	357	65 537	468	43
58	317	373	64 060	466	42
59	333	389	62 586	465	41
60	0,10 349	0,10 405	9,61 117	0,99 463	40
61	364	420	59 653	461	39
62	380	436	58 193	460	38
63	396	452	56 737	458	37
64	411	468	55 285	457	36
65	427	484	53 838	455	35
66	442	500	52 396	453	34
67	458	516	50 957	452	33
68	474	532	49 523	450	32
69	489	547	48 094	448	31
70	0,10 505	0,10 563	9,46 668	0,99 447	30
71	521	579	45 247	445	29
72	536	595	43 830	443	28
73	552	611	42 417	442	27
74	567	627	41 008	440	26
75	583	643	39 603	438	25
76	599	659	38 203	437	24
77	614	675	36 807	435	23
78	630	690	35 415	433	22
79	645	706	34 026	432	21
80	0,10 661	0,10 722	9,32 642	0,99 430	20
81	677	738	31 262	428	19
82	692	754	29 886	427	18
83	708	770	28 514	425	17
84	724	786	27 146	423	16
85	739	802	25 783	422	15
86	755	818	24 422	420	14
87	770	833	23 066	418	13
88	786	849	21 714	417	12
89	802	865	20 366	415	11
90	0,10 817	0,10 881	9,19 022	0,99 413	10
91	833	897	17 681	412	09
92	849	913	16 345	410	08
93	864	929	15 012	408	07
94	880	945	13 683	406	06
95	895	961	12 358	405	05
96	911	977	11 036	403	04
97	927	0,10 992	09 719	401	03
98	942	0,11 008	08 405	400	02
99	958	024	07 095	398	01
100	0,10 973	0,11 040	9,05 789	0,99 396	00
	Cos	Cotg	Tg	Sin	cgr

93gr   93gr

mgr	16	15	2	1
1	1,6	1,5	0 2	0,1
2	3,2	3,0	0,4	0,2
3	4,8	4,5	0,6	0,3
4	6,4	6,0	0,8	0,4
5	8,0	7,5	1,0	0,5
6	9,6	9,0	1,2	0,6
7	11,2	10,5	1,4	0,7
8	12,8	12,0	1,6	0,8
9	14,4	13,5	1,8	0,9

$$\text{cotg } a'' = \frac{p}{a} - qa - ra^3 \quad \left(\begin{matrix} 3,5 \text{ gr} < a'' < 7 \text{ gr} \\ 35000 < a < 70000 \end{matrix} \right)$$

$$p = 636619,77; \ \log p = 5,80388$$

$$q = \frac{5236}{10^{10}} \quad ; \ \log q = \bar{7},71900$$

$$r = \frac{86}{10^{21}} \quad ; \ \log r = \overline{20},93450$$

cgr	Sin	Tg	Cotg	Cos	
00	0,10 973	0,11 040	9,05 789	0,99 396	100
01	0,10 989	056	04 486	394	99
02	0,11 005	072	03 187	393	98
03	020	088	01 892	391	97
04	036	104	9,00 600	389	96
05	051	120	8,99 312	387	95
06	067	136	98 028	386	94
07	083	151	96 747	384	93
08	098	167	95 470	382	92
09	114	183	94 197	380	91
10	0,11 130	0,11 199	8,92 927	0,99 379	90
11	145	215	91 661	377	89
12	161	231	90 398	375	88
13	176	247	89 138	373	87
14	192	263	87 883	372	86
15	208	279	86 630	370	85
16	223	295	85 382	368	84
17	239	310	84 136	366	83
18	254	326	82 894	365	82
19	270	342	81 656	363	81
20	0,11 286	0,11 358	8,80 421	0,99 361	80
21	301	374	79 189	359	79
22	317	390	77 961	358	78
23	332	406	76 736	356	77
24	348	422	75 515	354	76
25	364	438	74 297	352	75
26	379	454	73 082	350	74
27	395	470	71 871	349	73
28	410	486	70 663	347	72
29	426	501	69 458	345	71
30	0,11 442	0,11 517	8,68 256	0,99 343	70
31	457	533	67 058	341	69
32	473	549	65 863	340	68
33	489	565	64 671	338	67
34	504	581	63 483	336	66
35	520	597	62 297	334	65
36	535	613	61 115	332	64
37	551	629	59 937	331	63
38	567	645	58 761	329	62
39	582	661	57 588	327	61
40	0,11 598	0,11 677	8,56 419	0,99 325	60
41	613	692	55 253	323	59
42	629	708	54 090	322	58
43	645	724	52 930	320	57
44	660	740	51 773	318	56
45	676	756	50 619	316	55
46	691	772	49 468	314	54
47	707	788	48 320	312	53
48	723	804	47 176	311	52
49	738	820	46 034	309	51
50	0,11 754	0,11 836	8,44 896	0,99 307	50
	Cos	Cotg	Tg	Sin	cgr

cgr	Sin	Tg	Cotg	Cos	
50	0,11 754	0,11 836	8,44 896	0,99 307	50
51	769	852	43 760	305	49
52	785	868	42 628	303	48
53	801	884	41 498	301	47
54	816	900	40 372	299	46
55	832	915	39 248	298	45
56	847	931	38 128	296	44
57	863	947	37 010	294	43
58	879	963	35 895	292	42
59	894	979	34 783	290	41
60	0,11 910	0,11 995	8,33 674	0,99 288	40
61	925	0,12 011	32 568	286	39
62	941	027	31 465	285	38
63	957	043	30 365	283	37
64	972	059	29 268	281	36
65	0,11 988	075	28 173	279	35
66	0,12 003	091	27 082	277	34
67	019	107	25 993	275	33
68	034	123	24 907	273	32
69	050	139	23 824	271	31
70	0,12 066	0,12 154	8,22 743	0,99 269	30
71	081	170	21 666	268	29
72	097	186	20 591	266	28
73	112	202	19 519	264	27
74	128	218	18 450	262	26
75	144	234	17 383	260	25
76	159	250	16 319	258	24
77	175	266	15 258	256	23
78	190	282	14 200	254	22
79	206	298	13 144	252	21
80	0,12 222	0,12 314	8,12 091	0,99 250	20
81	237	330	11 041	248	19
82	253	346	09 993	247	18
83	268	362	08 948	245	17
84	284	378	07 906	243	16
85	300	394	06 866	241	15
86	315	410	05 829	239	14
87	331	426	04 795	237	13
88	346	441	03 763	235	12
89	362	457	02 734	233	11
90	0,12 377	0,12 473	8,01 707	0,99 231	10
91	393	489	8,00 683	229	09
92	409	505	7,99 662	227	08
93	424	521	98 643	225	07
94	440	537	97 626	223	06
95	455	553	96 613	221	05
96	471	569	95 601	219	04
97	487	585	94 593	217	03
98	502	601	93 586	215	02
99	518	617	92 583	213	01
100	0,12 533	0,12 633	7,91 582	0,99 211	00
	Cos	Cotg	Tg	Sin	cgr

92gr　　　　　　　　　　　　　　**92gr**

mgr	16	15	2	1
1	1,6	1,5	0,2	0,1
2	3,2	3,0	0,4	0,2
3	4,8	4,5	0,6	0,3
4	6,4	6,0	0,8	0,4
5	8 0	7,5	1,0	0,5
6	9,6	9,0	1,2	0,6
7	11,2	10,5	1,4	0,7
8	12,8	12,0	1,6	0,8
9	14,4	13,5	1,8	0,9

Diff. 1303 → 1001 ☞ p. 159, 160

cgr	Sin	Tg	Cotg	Cos	
00	0,12 533	0,12 633	7,91 582	0,99 211	100
01	549	649	90 583	210	99
02	564	665	89 587	208	98
03	580	681	88 593	206	97
04	596	697	87 601	204	96
05	611	713	86 613	202	95
06	627	729	85 626	200	94
07	642	745	84 642	198	93
08	658	761	83 661	196	92
09	674	777	82 681	194	91
10	0,12 689	0,12 793	7,81 705	0,99 192	90
11	705	809	80 730	190	89
12	720	824	79 758	188	88
13	736	840	78 789	186	87
14	751	856	77 821	184	86
15	767	872	76 857	182	85
16	783	888	75 894	180	84
17	798	904	74 934	178	83
18	814	920	73 976	176	82
19	829	936	73 021	174	81
20	0,12 845	0,12 952	7,72 067	0,99 172	80
21	861	968	71 116	170	79
22	876	0,12 984	70 168	168	78
23	892	0,13 000	69 222	166	77
24	907	016	68 278	164	76
25	923	032	67 336	161	75
26	938	048	66 396	159	74
27	954	064	65 459	157	73
28	970	080	64 524	155	72
29	0,12 985	096	63 591	153	71
30	0,13 001	0,13 112	7,62 661	0,99 151	70
31	016	128	61 733	149	69
32	032	144	60 807	147	68
33	047	160	59 883	145	67
34	063	176	58 961	143	66
35	079	192	58 042	141	65
36	094	208	57 125	139	64
37	110	224	56 210	137	63
38	125	240	55 297	135	62
39	141	256	54 386	133	61
40	0,13 156	0,13 272	7,53 477	0,99 131	60
41	172	288	52 571	129	59
42	188	304	51 667	127	58
43	203	320	50 764	125	57
44	219	336	49 864	122	56
45	234	352	48 967	120	55
46	250	368	48 071	118	54
47	265	384	47 177	116	53
48	281	400	46 285	114	52
49	297	416	45 396	112	51
50	0,13 312	0,13 432	7,44 509	0,99 110	50
	Cos	Cotg	Tg	Sin	cgr

cgr	Sin	Tg	Cotg	Cos	
50	0,13 312	0,13 432	7,44 509	0,99 110	50
51	328	448	43 623	108	49
52	343	464	42 740	106	48
53	359	480	41 859	104	47
54	374	496	40 980	102	46
55	390	512	40 102	099	45
56	406	528	39 227	097	44
57	421	544	38 354	095	43
58	437	560	37 483	093	42
59	452	576	36 614	091	41
60	0,13 468	0,13 592	7,35 747	0,99 089	40
61	483	608	34 882	087	39
62	499	624	34 019	085	38
63	514	640	33 158	083	37
64	530	656	32 299	080	36
65	546	672	31 442	078	35
66	561	688	30 587	076	34
67	577	704	29 734	074	33
68	592	720	28 882	072	32
69	608	736	28 033	070	31
70	0,13 623	0,13 752	7,27 186	0,99 068	30
71	639	768	26 340	066	29
72	655	784	25 497	063	28
73	670	800	24 656	061	27
74	686	816	23 816	059	26
75	701	832	22 978	057	25
76	717	848	22 142	055	24
77	732	864	21 308	053	23
78	748	880	20 476	050	22
79	763	896	19 646	048	21
80	0,13 779	0,13 912	7,18 818	0,99 046	20
81	795	928	17 992	044	19
82	810	944	17 167	042	18
83	826	960	16 344	040	17
84	841	976	15 524	037	16
85	857	0,13 992	14 705	035	15
86	872	0,14 008	13 887	033	14
87	888	024	13 072	031	13
88	903	040	12 259	029	12
89	919	056	11 447	027	11
90	0,13 935	0,14 072	7,10 637	0,99 024	10
91	950	088	09 829	022	09
92	966	104	09 023	020	08
93	981	120	08 218	018	07
94	0,13 997	136	07 416	016	06
95	0,14 012	152	06 615	013	05
96	028	168	05 815	011	04
97	043	184	05 018	009	03
98	059	200	04 223	007	02
99	075	216	03 429	005	01
100	0,14 090	0,14 232	7,02 637	0,99 002	00
	Cos	Cotg	Tg	Sin	cgr

91gr 91gr

mgr	16	15	3	2
1	1,6	1,5	0,3	0,2
2	3,2	3,0	0,6	0,4
3	4,8	4,5	0,9	0,6
4	6,4	6,0	1,2	0,8
5	8,0	7,5	1,5	1,0
6	9,6	9,0	1,8	1,2
7	11,2	10,5	2,1	1,4
8	12,8	12,0	2,4	1,6
9	14,4	13,5	2,7	1,8

Diff. 999 → 792 ☞ p. 160, 161

cgr	Sin	Tg	Cotg	Cos	
00	0,14 090	0,14 232	7,02 637	0,99 002	100
01	106	248	01 846	0,99 000	99
02	121	264	01 058	0,98 998	98
03	137	280	7,00 271	996	97
04	152	296	6,99 486	993	96
05	168	312	98 702	991	95
06	183	328	97 921	989	94
07	199	344	97 141	987	93
08	215	360	96 362	985	92
09	230	376	95 586	982	91
10	0,14 246	0,14 392	6,94 811	0,98 980	90
11	261	408	94 038	978	89
12	277	424	93 266	976	88
13	292	441	92 496	973	87
14	308	457	91 728	971	86
15	323	473	90 962	969	85
16	339	489	90 197	967	84
17	354	505	89 434	964	83
18	370	521	88 672	962	82
19	386	537	87 912	960	81
20	0,14 401	0,14 553	6,87 154	0,98 958	80
21	417	569	86 398	955	79
22	432	585	85 643	953	78
23	448	601	84 889	951	77
24	463	617	84 138	949	76
25	479	633	83 387	946	75
26	494	649	82 639	944	74
27	510	665	81 892	942	73
28	525	681	81 147	939	72
29	541	697	80 403	937	71
30	0,14 557	0,14 713	6,79 661	0,98 935	70
31	572	729	78 920	933	69
32	588	745	78 181	930	68
33	603	761	77 444	928	67
34	619	777	76 708	926	66
35	634	793	75 974	923	65
36	650	810	75 241	921	64
37	665	826	74 510	919	63
38	681	842	73 781	916	62
39	696	858	73 053	914	61
40	0,14 712	0,14 874	6,72 326	0,98 912	60
41	727	890	71 601	910	59
42	743	906	70 878	907	58
43	759	922	70 156	905	57
44	774	938	69 435	903	56
45	790	954	68 716	900	55
46	805	970	67 999	898	54
47	821	0,14 986	67 283	896	53
48	836	0,15 002	66 569	893	52
49	852	018	65 856	891	51
50	0,14 867	0,15 034	6,65 144	0,98 889	50
	Cos	Cotg	Tg	Sin	cgr

cgr	Sin	Tg	Cotg	Cos	cgr
50	0,14 867	0,15 034	6,65 144	0,98 889	50
51	883	050	64 435	886	49
52	898	066	63 726	884	48
53	914	083	63 019	882	47
54	929	099	62 314	879	46
55	945	115	61 610	877	45
56	960	131	60 907	875	44
57	976	147	60 206	872	43
58	0,14 991	163	59 506	870	42
59	0,15 007	179	58 808	868	41
60	0,15 023	0,15 195	6,58 111	0,98 865	40
61	038	211	57 416	863	39
62	054	227	56 722	860	38
63	069	243	56 030	858	37
64	085	259	55 339	856	36
65	100	275	54 649	853	35
66	116	291	53 961	851	34
67	131	308	53 274	849	33
68	147	324	52 589	846	32
69	162	340	51 905	844	31
70	0,15 178	0,15 356	6,51 222	0,98 841	30
71	193	372	50 541	839	29
72	209	388	49 861	837	28
73	224	404	49 183	834	27
74	240	420	48 506	832	26
75	255	436	47 830	830	25
76	271	452	47 156	827	24
77	287	468	46 483	825	23
78	302	484	45 812	822	22
79	318	500	45 141	820	21
80	0,15 333	0,15 517	6,44 473	0,98 817	20
81	349	533	43 805	815	19
82	364	549	43 139	813	18
83	380	565	42 474	810	17
84	395	581	41 811	808	16
85	411	597	41 149	805	15
86	426	613	40 488	803	14
87	442	629	39 829	801	13
88	457	645	39 171	798	12
89	473	661	38 514	796	11
90	0,15 488	0,15 677	6,37 858	0,98 793	10
91	504	694	37 204	791	09
92	519	710	36 551	788	08
93	535	726.	35 900	786	07
94	550	742	35 249	784	06
95	566	758	34 601	781	05
96	581	774	33 953	779	04
97	597	790	33 307	776	03
98	612	806	32 661	774	02
99	628	822	32 018	771	01
100	0,15 643	0,15 838	6,31 375	0,98 769	00
	Cos	Cotg	Tg	Sin	cgr

mgr	17	16	15	3	2
1	1,7	1,6	1,5	0,3	0,2
2	3,4	3,2	3,0	0,6	0,4
3	5,1	4,8	4,5	0,9	0,6
4	6,8	6,4	6,0	1,2	0,8
5	8,5	8,0	7,5	1,5	1,0
6	10,2	9,6	9,0	1,8	1,2
7	11,9	11,2	10,5	2,1	1,4
8	13,6	12,8	12,0	2,4	1,6
9	15,3	14,4	13,5	2,7	1,8

Diff. 791 → 643 ☞ p. 161, 162

cgr	Sin	Tg	Cotg	Cos	
00	0,15 643	0,15 838	6,31 375	0,98 769	100
01	659	855.	30 734	766	99
02	674	871	30 094	764	98
03	690	887	29 455	761	97
04	706	903	28 818	759	96
05	721	919	28 182	757	95
06	737	935	27 547	754	94
07	752	951	26 913	752	93
08	768	967	26 281	749	92
09	783	0,15 983	25 649	747	91
10	0,15 799	0,16 000	6,25 019	0,98 744	90
11	814	016	24 391	742	89
12	830	032	23 763	739	88
13	845	048	23 137	737	87
14	861	064	22 512	734	86
15	876	080	21 888	732	85
16	892	096	21 265	729	84
17	907	112	20 644	727	83
18	923	128	20 024	724	82
19	938	145	19 405	722	81
20	0,15 954	0,16 161	6,18 787	0,98 719	80
21	969	177	18 171	717	79
22	0,15 985	193	17 555	714	78
23	0,16 000	209	16 941	712	77
24	016	225	16 328	709	76
25	031	241	15 716	707	75
26	047	257	15 106	704	74
27	062	273	14 496	702	73
28	078	290	13 888	699	72
29	093	306	13 281	697	71
30	0,16 109	0,16 322	6,12 675	0,98 694	70
31	124	338	12 070	691	69
32	140	354	11 467	689	68
33	155	370	10 864	686	67
34	171	386	10 263	684	66
35	186	403	09 663	681	65
36	202	419	09 064	679	64
37	217	435	08 466	676	63
38	233	451	07 869	674	62
39	248	467	07 274	671	61
40	0,16 264	0,16 483	6,06 679	0,98 669	60
41	279	499	06 086	666	59
42	295	515	05 494	663	58
43	310	532	04 903	661	57
44	326	548	04 313	658	56
45	341	564	03 724	656	55
46	357	580	03 136	653	54
47	372	596	02 550	651	53
48	388	612	01 964	648	52
49	403	628	01 380	646	51
50	0,16 419	0,16 645	6,00 797	0,98 643	50
	Cos	Cotg	Tg	Sin	cgr

cgr	Sin	Tg	Cotg	Cos	
50	0,16 419	0,16 645	6,00 797	0,98 643	50
51	434	661	6,00 215	640	49
52	450	677	5,99 634	638	48
53	465	693	99 054	635	47
54	481	709	98 475	633	46
55	496	725	97 897	630	45
56	512	741	97 320	627	44
57	527	758	96 745	625	43
58	543	774	96 170	622	42
59	558	790	95 597	620	41
60	0,16 574	0,16 806	5,95 024	0,98 617	40
61	589	822	94 453	614	39
62	605	838	93 883	612	38
63	620	854	93 313	609	37
64	636	871	92 745	607	36
65	651	887	92 178	604	35
66	667	903	91 612	601	34
67	682	919	91 047	599	33
68	698	935	90 483	596	32
69	713	951	89 920	593	31
70	0,16 728	0,16 968	5,89 359	0,98 591	30
71	744	0,16 984	88 798	588	29
72	759	0,17 000	88 238	586	28
73	775	016	87 679	583	27
74	790	032	87 122	580	26
75	806	048	86 565	578	25
76	821	065	86 009	575	24
77	837	081	85 455	572	23
78	852	097	84 901	570	22
79	868	113	84 349	567	21
80	0,16 883	0,17 129	5,83 797	0,98 564	20
81	899	145	83 246	562	19
82	914	162	82 697	559	18
83	930	178	82 148	556	17
84	945	194	81 601	554	16
85	961	210	81 054	551	15
86	976	226	80 509	549	14
87	0,16 992	242	79 964	546	13
88	0,17 007	259	79 421	543	12
89	023	275	78 878	540	11
90	0,17 038	0,17 291	5,78 336	0,98 538	10
91	054	307	77 796	535	09
92	069	323	77 256	532	08
93	085	340	76 718	530	07
94	100	356	76 180	527	06
95	116	372	75 643	524	05
96	131	388	75 107	522	04
97	146	404	74 573	519	03
98	162	420	74 039	516	02
99	177	437	73 506	514	01
100	0,17 193	0,17 453	5,72 974	0,98 511	00
	Cos	Cotg	Tg	Sin	cgr

89gr   **89gr**

mgr	17	16	15	3	2
1	1,7	1,6	1,5	0,3	0,2
2	3,4	3,2	3,0	0,6	0,4
3	5,1	4,8	4,5	0,9	0,6
4	6,8	6,4	6,0	1,2	0,8
5	8,5	8,0	7,5	1,5	1,0
6	10 2	9,6	9,0	1,8	1,2
7	11,9	11,2	10,5	2,1	1,4
8	13,6	12,8	12,0	2,4	1,6
9	15,3	14,4	13,5	2,7	1,8

Diff. 641 → 532   ☞ p. 162, 163

cgr	Sin	Tg	Cotg	Cos	
00	0,17 193	0,17 453	5,72 974	0,98 511	100
01	208	469	72 443	508	99
02	224	485	71 913	506	98
03	239	501	71 384	503	97
04	255	518	70 856	500	96
05	270	534	70 329	497	95
06	286	550	69 803	495	94
07	301	566	69 278	492	93
08	317	582	68 753	489	92
09	332	599	68 230	487	91
10	0,17 348	0,17 615	5,67 708	0,98 484	90
11	363	631	67 186	481	89
12	379	647	66 665	478	88
13	394	663	66 146	476	87
14	410	679	65 627	473	86
15	425	696	65 109	470	85
16	440	712	64 592	467	84
17	456	728	64 076	465	83
18	471	744	63 561	462	82
19	487	760	63 047	459	81
20	0,17 502	0,17 777	5,62 534	0,98 456	80
21	518	793	62 022	454	79
22	533	809	61 510	451	78
23	549	825	61 000	448	77
24	564	842	60 490	445	76
25	580	858	59 981	443	75
26	595	874	59 474	440	74
27	611	890	58 967	437	73
28	626	906	58 461	434	72
29	641	923	57 955	432	71
30	0,17 657	0,17 939	5,57 451	0,98 429	70
31	672	955	56 948	426	69
32	688	971	56 445	423	68
33	703	0,17 987	55 944	420	67
34	719	0,18 004	55 443	418	66
35	734	020	54 943	415	65
36	750	036	54 444	412	64
37	765	052	53 946	409	63
38	781	069	53 449	407	62
39	796	085	52 952	404	61
40	0,17 812	0,18 101	5,52 457	0,98 401	60
41	827	117	51 962	398	59
42	842	133	51 468	395	58
43	858	150	50 975	393	57
44	873	166	50 483	390	56
45	889	182	49 992	387	55
46	904	198	49 501	384	54
47	920	215	49 012	381	53
48	935	231	48 523	379	52
49	951	247	48 035	376	51
50	0,17 966	0,18 263	5,47 548	0,98 373	50
	Cos	Cotg	Tg	Sin	cgr

cgr	Sin	Tg	Cotg	Cos	
50	0,17 966	0,18 263	5,47 548	0,98 373	50
51	982	279	47 062	370	49
52	0,17 997	296	46 576	367	48
53	0,18 012	312	46 092	364	47
54	028	328	45 608	362	46
55	043	344	45 125	359	45
56	059	361	44 643	356	44
57	074	377	44 162	353	43
58	090	393	43 681	350	42
59	105	409	43 202	347	41
60	0,18 121	0,18 426	5,42 723	0,98 345	40
61	136	442	42 245	342	39
62	151	458	41 768	339	38
63	167	474	41 291	336	37
64	182	491	40 816	333	36
65	198	507	40 341	330	35
66	213	523	39 867	327	34
67	229	539	39 394	325	33
68	244	556	38 922	322	32
69	260	572	38 450	319	31
70	0,18 275	0,18 588	5,37 980	0,98 316	30
71	290	604	37 510	313	29
72	306	621	37 040	310	28
73	321	637	36 572	307	27
74	337	653	36 105	304	26
75	352	669	35 638	302	25
76	368	686	35 172	299	24
77	383	702	34 707	296	23
78	399	718	34 242	293	22
79	414	734	33 778	290	21
80	0,18 429	0,18 751	5,33 316	0,98 287	20
81	445	767	32 854	284	19
82	460	783	32 392	281	18
83	476	799	31 932	278	17
84	491	816	31 472	276	16
85	507	832	31 013	273	15
86	522	848	30 555	270	14
87	538	864	30 097	267	13
88	553	881	29 640	264	12
89	568	897	29 184	261	11
90	0,18 584	0 18 913	5,28 729	0,98 258	10
91	599	930	28 275	255	09
92	615	946	27 821	252	08
93	630	962	27 368	249	07
94	646	978	26 916	246	06
95	661	0,18 995	26 464	243	05
96	676	0,19 011	26 014	240	04
97	692	027	25 564	238	03
98	707	043	25 115	235	02
99	723	060	24 666	232	01
100	0,18 738	0,19 076	5,24 218	0,98 229	00
	Cos	Cotg	Tg	Sin	cgr

mgr	17	16	15	3	2
1	1,7	1,6	1,5	0,3	0,2
2	3,4	3,2	3,0	0,6	0,4
3	5,1	4,8	4,5	0,9	0,6
4	6,8	6,4	6,0	1,2	0,8
5	8,5	8,0	7,5	1,5	1,0
6	10,2	9,6	9,0	1,8	1,2
7	11,9	11,2	10,5	2,1	1,4
8	13,6	12,8	12,0	2,4	1,6
9	15,3	14,4	13,5	2,7	1,8

Diff. 531 → 448 ☞ p. 163, 164

cgr	Sin	Tg	Cotg	Cos	
00	0,18 738	0,19 076	5,24 218	0,98 229	100
01	754	092	23 771	226	99
02	769	109	23 325	223	98
03	784	125	22 880	220	97
04	800	141	22 435	217	96
05	815	157	21 991	214	95
06	831	174	21 547	211	94
07	846	190	21 105	208	93
08	862	206	20 663	205	92
09	877	223	20 222	202	91
10	0,18 892	0,19 239	5,19 781	0,98 199	90
11	908	255	19 341	196	89
12	923	271	18 902	193	88
13	939	288	18 464	190	87
14	954	304	18 027	187	86
15	970	320	17 590	184	85
16	0,18 985	337	17 153	181	84
17	0,19 000	353	16 718	178	83
18	016	369	16 283	175	82
19	031	386	15 849	172	81
20	0,19 047	0,19 402	5,15 416	0,98 169	80
21	062	418	14 983	166	79
22	077	434	14 551	163	78
23	093	451	14 120	160	77
24	108	467	13 689	157	76
25	124	483	13 260	154	75
26	139	500	12 830	151	74
27	155	516	12 402	148	73
28	170	532	11 974	145	72
29	185	549	11 547	142	71
30	0,19 201	0,19 565	5,11 121	0,98 139	70
31	216	581	10 695	136	69
32	232	597	10 270	133	68
33	247	614	09 846	130	67
34	262	630	09 422	127	66
35	278	646	08 999	124	65
36	293	663	08 577	121	64
37	309	679	08 155	118	63
38	324	695	07 734	115	62
39	340	712	07 314	112	61
40	0,19 355	0,19 728	5,06 894	0,98 109	60
41	370	744	06 475	106	59
42	386	761	06 057	103	58
43	401	777	05 639	100	57
44	417	793	05 222	097	56
45	432	810	04 806	094	55
46	447	826	04 390	091	54
47	463	842	03 975	088	53
48	478	859	03 561	085	52
49	494	875	03 147	082	51
50	0,19 509	0,19 891	5,02 734	0,98 079	50
	Cos	Cotg	Tg	Sin	cgr

cgr	Sin	Tg	Cotg	Cos	
50	0,19 509	0,19 891	5,02 734	0,98 079	50
51	524	908	02 322	075	49
52	540	924	01 910	072	48
53	555	940	01 499	069	47
54	571	957	01 088	066	46
55	586	973	00 678	063	45
56	601	0,19 989	5,00 269	060	44
57	617	0,20 006	4,99 861	057	43
58	632	022	99 453	054	42
59	648	038	99 046	051	41
60	0,19 663	0,20 055	4,98 639	0,98 048	40
61	678	071	98 233	045	39
62	694	087	97 828	042	38
63	709	104	97 423	038	37
64	725	120	97 019	035	36
65	740	136	96 616	032	35
66	755	153	96 213	029	34
67	771	169	95 811	026	33
68	786	185	95 409	023	32
69	802	202	95 008	020	31
70	0,19 817	0,20 218	4,94 608	0,98 017	30
71	832	234	94 208	014	29
72	848	251	93 809	011	28
73	863	267	93 411	007	27
74	879	283	93 013	004	26
75	894	300	92 616	0,98 001	25
76	909	316	92 219	0,97 998	24
77	925	333	91 823	995	23
78	940	349	91 428	992	22
79	956	365	91 033	989	21
80	0,19 971	0,20 382	4,90 639	0,97 986	20
81	0,19 986	398	90 245	982	19
82	0,20 002	414	89 853	979	18
83	017	431	89 460	976	17
84	033	447	89 068	973	16
85	048	463	38 677	970	15
86	063	480	88 287	967	14
87	079	496	87 897	963	13
88	094	513	87 508	960	12
89	110	529	87 119	957	11
90	0,20 125	0,20 545	4,86 731	0,97 954	10
91	140	562	86 343	951	09
92	156	578	85 956	948	08
93	171	594	85 570	945	07
94	186	611	85 184	941	06
95	202	627	84 799	938	05
96	217	643	84 414	935	04
97	233	660	84 030	932	03
98	248	676	83 647	929	02
99	263	693	83 264	925	01
100	0,20 279	0,20 709	4,82 882	0,97 922	00
	Cos	Cotg	Tg	Sin	cgr

87gr   87gr

mgr	17	16	15	4	3
1	1,7	1,6	1,5	0,4	0,3
2	3,4	3,2	3,0	0,8	0,6
3	5,1	4,8	4,5	1,2	0,9
4	6,8	6,4	6,0	1,6	1,2
5	8,5	8,0	7,5	2,0	1,5
6	10,2	9,6	9,0	2,4	1 8
7	11,9	11,2	10,5	2,8	2,1
8	13,6	12,8	12,0	3,2	2,4
9	15,3	14,4	13,5	3,6	2,7

Diff. 447 → 382 ☞ p. 164

cgr	Sin	Tg	Cotg	Cos	
00	0,20 279	0,20 709	4,82 882	0,97 922	100
01	294	725	82 500	919	99
02	309	742	82 119	916	98
03	325	758	81 738	913	97
04	340	775	81 358	910	96
05	356	791	80 979	906	95
06	371	807	80 600	903	94
07	386	824	80 222	900	93
08	402	840	79 844	897	92
09	417	856	79 467	894	91
10	0,20 433	0,20 873	4,79 091	0,97 890	90
11	448	889	78 715	887	89
12	463	906	78 339	884	88
13	479	922	77 965	881	87
14	494	938	77 590	877	86
15	509	955	77 217	874	85
16	525	971	76 843	871	84
17	540	0,20 988	76 471	868	83
18	556	0,21 004	76 099	865	82
19	571	020	75 727	861	81
20	0,20 586	0,21 037	4,75 356	0,97 858	80
21	602	053	74 986	855	79
22	617	070	74 616	852	78
23	632	086	74 247	848	77
24	648	102	73 878	845	76
25	663	119	73 510	842	75
26	678	135	73 142	839	74
27	694	152	72 775	835	73
28	709	168	72 409	832	72
29	725	185	72 043	829	71
30	0,20 740	0,21 201	4,71 677	0,97 826	70
31	755	217	71 312	822	69
32	771	234	70 948	819	68
33	786	250	70 584	816	67
34	801	267	70 221	813	66
35	817	283	69 858	809	65
36	832	299	69 496	806	64
37	848	316	69 134	803	63
38	863	332	68 773	799	62
39	878	349	68 412	796	61
40	0,20 894	0,21 365	4,68 052	0,97 793	60
41	909	382	67 693	790	59
42	924	398	67 334	786	58
43	940	414	66 975	783	57
44	955	431	66 617	780	56
45	970	447	66 260	776	55
46	0,20 986	464	65 903	773	54
47	0,21 001	480	65 546	770	53
48	016	497	65 191	767	52
49	032	513	64 835	763	51
50	0,21 047	0,21 529	4,64 480	0,97 760	50
	Cos	Cotg	Tg	Sin	cgr

cgr	Sin	Tg	Cotg	Cos	
50	0,21 047	0,21 529	4,64 480	0,97 760	50
51	063	546	64 126	757	49
52	078	562	63 772	753	48
53	093	579	63 419	750	47
54	109	595	63 066	747	46
55	124	612	62 714	743	45
56	139	628	62 362	740	44
57	155	645	62 011	737	43
58	170	661	61 660	733	42
59	185	677	61 310	730	41
60	0,21 201	0,21 694	4,60 960	0,97 727	40
61	216	710	60 611	723	39
62	231	727	60 262	720	38
63	247	743	59 914	717	37
64	262	760	59 566	713	36
65	277	776	59 219	710	35
66	293	793	58 872	707	34
67	308	809	58 526	703	33
68	324	825	58 180	700	32
69	339	842	57 835	697	31
70	0,21 354	0,21 858	4,57 490	0,97 693	30
71	370	875	57 146	690	29
72	385	891	56 802	687	28
73	400	908	56 459	683	27
74	416	924	56 116	680	26
75	431	941	55 774	677	25
76	446	957	55 432	673	24
77	462	974	55 091	670	23
78	477	0,21 990	54 750	666	22
79	492	0,22 007	54 410	663	21
80	0,21 508	0,22 023	4,54 070	0,97 660	20
81	523	039	53 731	656	19
82	538	056	53 392	653	18
83	554	072	53 054	650	17
84	569	089	52 716	646	16
85	584	105	52 378	643	15
86	600	122	52 042	639	14
87	615	138	51 705	636	13
88	630	155	51 369	633	12
89	646	171	51 034	629	11
90	0,21 661	0,22 188	4,50 699	0,97 626	10
91	676	204	50 364	622	09
92	692	221	50 030	619	08
93	707	237	49 696	616	07
94	722	254	49 363	612	06
95	738	270	49 031	609	05
96	753	287	48 698	605	04
97	768	303	48 367	602	03
98	784	320	48 035	599	02
99	799	336	47 705	595	01
100	0,21 814	0,22 353	4,47 374	0,97 592	00
	Cos	Cotg	Tg	Sin	cgr

86gr   86gr

mgr	17	16	15	4	3
1	1,7	1,6	1,5	0,4	0,3
2	3,4	3,2	3,0	0,8	0,6
3	5,1	4,8	4,5	1,2	0,9
4	6,8	6,4	6,0	1,6	1,2
5	8,5	8,0	7,5	2,0	1,5
6	10,2	9,6	9,0	2,4	1,8
7	11,9	11,2	10,5	2,8	2,1
8	13,6	12,8	12,0	3,2	2,4
9	15,3	14,4	13,5	3,6	2,7

Diff. 382 → 330 ☞ p. 164, 165

cgr	Sin	Tg	Cotg	Cos	
00	0,21 814	0,22 353	4,47 374	0,97 592	100
01	830	369	47 044	588	99
02	845	386	46 715	585	98
03	860	402	46 386	581	97
04	876	419	46 058	578	96
05	891	435	45 730	575	95
06	906	452	45 402	571	94
07	922	468	45 075	568	93
08	937	485	44 748	564	92
09	952	501	44 422	561	91
10	0,21 968	0,22 518	4,44 096	0,97 557	90
11	983	534	43 771	554	89
12	0,21 998	551	43 446	550	88
13	0,22 014	567	43 122	547	87
14	029	584	42 798	543	86
15	044	600	42 475	540	85
16	060	617	42 152	537	84
17	075	633	41 829	533	83
18	090	650	41 507	530	82
19	105	666	41 185	526	81
20	0,22 121	0,22 683	4,40 864	0,97 523	80
21	136	699	40 543	519	79
22	151	716	40 223	516	78
23	167	732	39 903	512	77
24	182	749	39 583	509	76
25	197	765	39 264	505	75
26	213	782	38 946	502	74
27	228	798	38 628	498	73
28	243	815	38 310	495	72
29	259	831	37 993	491	71
30	0,22 274	0,22 848	4,37 676	0,97 488	70
31	289	864	37 359	484	69
32	305	881	37 044	481	68
33	320	898	36 728	477	67
34	335	914	36 413	474	66
35	351	931	36 098	470	65
36	366	947	35 784	467	64
37	381	964	35 470	463	63
38	396	980	35 157	460	62
39	412	0,22 997	34 844	456	61
40	0,22 427	0,23 013	4,34 531	0,97 453	60
41	442	030	34 219	449	59
42	458	046	33 908	446	58
43	473	063	33 596	442	57
44	488	079	33 286	439	56
45	504	096	32 975	435	55
46	519	113	32 665	432	54
47	534	129	32 356	428	53
48	550	146	32 047	424	52
49	565	162	31 738	421	51
50	0,22 580	0,23 179	4,31 430	0,97 417	50
	Cos	Cotg	Tg	Sin	cgr

cgr	Sin	Tg	Cotg	Cos	
50	0,22 580	0,23 179	4,31 430	0,97 417	50
51	595	195	31 122	414	49
52	611	212	30 814	410	48
53	626	228	30 507	407	47
54	641	245	30 201	403	46
55	657	262	29 894	400	45
56	672	278	29 589	396	44
57	687	295	29 283	392	43
58	703	311	28 978	389	42
59	718	328	28 674	385	41
60	0,22 733	0,23 344	4,28 369	0,97 382	40
61	748	361	28 066	378	39
62	764	377	27 762	375	38
63	779	394	27 459	371	37
64	794	411	27 157	367	36
65	810	427	26 855	364	35
66	825	444	26 553	360	34
67	840	460	26 252	357	33
68	855	477	25 951	353	32
69	871	493	25 650	350	31
70	0,22 886	0,23 510	4,25 350	0,97 346	30
71	901	527	25 051	342	29
72	917	543	24 751	339	28
73	932	560	24 452	335	27
74	947	576	24 154	332	26
75	963	593	23 856	328	25
76	978	610	23 558	324	24
77	0,22 993	626	23 261	321	23
78	0,23 008	643	22 964	317	22
79	024	659	22 667	313	21
80	0,23 039	0,23 676	4,22 371	0,97 310	20
81	054	692	22 075	306	19
82	070	709	21 780	303	18
83	085	726	21 485	299	17
84	100	742	21 191	295	16
85	115	759	20 896	292	15
86	131	775	20 603	288	14
87	146	792	20 309	284	13
88	161	809	20 016	281	12
89	176	825	19 724	277	11
90	0,23 192	0,23 842	4,19 431	0,97 274	10
91	207	858	19 139	270	09
92	222	875	18 848	266	08
93	238	892	18 557	263	07
94	253	908	18 266	259	06
95	268	925	17 976	255	05
96	283	941	17 686	252	04
97	299	958	17 396	248	03
98	314	975	17 107	244	02
99	329	0,23 991	16 818	241	01
100	0,23 345	0,24 008	4,16 530	0,97 237	00
	Cos	Cotg	Tg	Sin	cgr

mgr	17	16	15	4	3
1	1,7	1,6	1,5	0,4	0,3
2	3,4	3,2	3,0	0,8	0,6
3	5,1	4,8	4,5	1,2	0,9
4	6,8	6,4	6,0	1,6	1,2
5	8,5	8,0	7,5	2,0	1,5
6	10,2	9,6	9,0	2,4	1,8
7	11,9	11,2	10,5	2,8	2,1
8	13,6	12,8	12,0	3,2	2,4
9	15,3	14,4	13,5	3,6	2,7

Diff. 330 → 288 ☞ p. 165, 166

cgr	Sin	Tg	Cotg	Cos	
00	0,23 345	0,24 008	4,16 530	0,97 237	100
01	360	024	16 242	233	99
02	375	041	15 954	230	98
03	390	058	15 667	226	97
04	406	074	15 380	222	96
05	421	091	15 093	219	95
06	436	108	14 807	215	94
07	451	124	14 522	211	93
08	467	141	14 236	208	92
09	482	157	13 951	204	91
10	0,23 497	0,24 174	4,13 666	0,97 200	90
11	513	191	13 382	197	89
12	528	207	13 098	193	88
13	543	224	12 814	189	87
14	558	241	12 531	185	86
15	574	257	12 248	182	85
16	589	274	11 966	178	84
17	604	290	11 684	174	83
18	619	307	11 402	171	82
19	635	324	11 121	167	81
20	0,23 650	0,24 340	4,10 840	0,97 163	80
21	665	357	10 559	159	79
22	680	374	10 279	156	78
23	696	390	09 999	152	77
24	711	407	09 719	148	76
25	726	424	09 440	145	75
26	741	440	09 161	141	74
27	757	457	08 883	137	73
28	772	474	08 604	133	72
29	787	490	08 327	130	71
30	0,23 802	0,24 507	4,08 049	0,97 126	70
31	818	523	07 772	122	69
32	833	540	07 495	118	68
33	848	557	07 219	115	67
34	864	573	06 943	111	66
35	879	590	06 667	107	65
36	894	607	06 392	103	64
37	909	623	06 117	100	63
38	925	640	05 843	096	62
39	940	657	05 568	092	61
40	0,23 955	0,24 673	4,05 294	0,97 088	60
41	970	690	05 021	085	59
42	0,23 986	707	04 748	081	58
43	0,24 001	723	04 475	077	57
44	016	740	04 202	073	56
45	031	757	03 930	070	55
46	047	773	03 658	066	54
47	062	790	03 387	062	53
48	077	807	03 116	058	52
49	092	823	02 845	054	51
50	0,24 108	0,24 840	4,02 574	0,97 051	50
	Cos	Cotg	Tg	Sin	cgr

cgr	Sin	Tg	Cotg	Cos	
50	0,24 108	0,24 840	4,02 574	0,97 051	50
51	123	857	02 304	047	49
52	138	873	02 035	043	48
53	153	890	01 765	039	47
54	168	907	01 496	035	46
55	184	924	01 227	032	45
56	199	940	00 959	028	44
57	214	957	00 691	024	43
58	229	974	00 423	020	42
59	245	0,24 990	4,00 156	016	41
60	0,24 260	0,25 007	3,99 889	0,97 013	40
61	275	024	99 622	009	39
62	290	040	99 355	005	38
63	306	057	99 089	0,97 001	37
64	321	074	98 824	0,96 997	36
65	336	090	98 558	994	35
66	351	107	98 293	990	34
67	367	124	98 028	986	33
68	382	141	97 764	982	32
69	397	157	97 500	978	31
70	0,24 412	0,25 174	3,97 236	0,96 974	30
71	428	191	96 973	971	29
72	443	207	96 710	967	28
73	458	224	96 447	963	27
74	473	241	96 185	959	26
75	488	257	95 923	955	25
76	504	274	95 661	951	24
77	519	291	95 399	948	23
78	534	308	95 138	944	22
79	549	324	94 877	940	21
80	0,24 565	0,25 341	3,94 617	0,96 936	20
81	580	358	94 357	932	19
82	595	374	94 097	928	18
83	610	391	93 837	924	17
84	625	408	93 578	921	16
85	641	425	93 319	917	15
86	656	441	93 061	913	14
87	671	458	92 803	909	13
88	686	475	92 545	905	12
89	702	492	92 287	901	11
90	0,24 717	0,25 508	3,92 030	0,96 897	10
91	732	525	91 773	893	09
92	747	542	91 516	889	08
93	762	558	91 260	886	07
94	778	575	91 004	882	06
95	793	592	90 748	878	05
96	808	609	90 493	874	04
97	823	625	90 238	870	03
98	839	642	89 983	866	02
99	854	659	89 728	862	01
100	0,24 869	0,25 676	3,89 474	0,96 858	00
	Cos	Cotg	Tg	Sin	cgr

84gr 84gr

mgr	17	16	15	4	3
1	1,7	1,6	1,5	0,4	0,3
2	3,4	3,2	3,0	0,8	0,6
3	5,1	4,8	4,5	1,2	0,9
4	6,8	6,4	6,0	1,6	1,2
5	8,5	8,0	7,5	2,0	1,5
6	10,2	9,6	9,0	2,4	1,8
7	11,9	11,2	10,5	2,8	2,1
8	13,6	12,8	12,0	3,2	2,4
9	15,3	14,4	13,5	3,6	2,7

Diff. 288 → 254 ☞ p. 166

cgr	Sin	Tg	Cotg	Cos	
00	0,24 869	0,25 676	3,89 474	0,96 858	100
01	884	692	89 220	854	99
02	899	709	88 967	850	98
03	915	726	88 714	847	97
04	930	743	88 461	843	96
05	945	759	88 208	839	95
06	960	776	87 956	835	94
07	975	793	87 704	831	93
08	0,24 991	810	87 452	827	92
09	0,25 006	826	87 201	823	91
10	0,25 021	0,25 843	3,86 950	0,96 819	90
11	036	860	86 699	815	89
12	052	877	86 449	811	88
13	067	893	86 199	807	87
14	082	910	85 949	803	86
15	097	927	85 699	799	85
16	112	944	85 450	796	84
17	128	960	85 201	792	83
18	143	977	84 952	788	82
19	158	0,25 994	84 704	784	81
20	0,25 173	0,26 011	3,84 456	0,96 780	80
21	188	028	84 208	776	79
22	204	044	83 961	772	78
23	219	061	83 714	768	77
24	234	078	83 467	764	76
25	249	095	83 220	760	75
26	264	111	82 974	756	74
27	280	128	82 728	752	73
28	295	145	82 483	748	72
29	310	162	82 237	744	71
30	0,25 325	0,26 179	3,81 992	0,96 740	70
31	340	195	81 747	736	69
32	356	212	81 503	732	68
33	371	229	81 259	728	67
34	386	246	81 015	724	66
35	401	262	80 771	720	65
36	416	279	80 528	716	64
37	432	296	80 285	712	63
38	447	313	80 042	708	62
39	462	330	79 800	704	61
40	0,25 477	0,26 346	3,79 558	0,96 700	60
41	492	363	79 316	696	59
42	507	380	79 074	692	58
43	523	397	78 833	688	57
44	538	414	78 592	684	56
45	553	430	78 351	680	55
46	568	447	78 111	676	54
47	583	464	77 871	672	53
48	599	481	77 631	668	52
49	614	498	77 391	664	51
50	0,25 629	0,26 515	3,77 152	0,96 660	50
	Cos	Cotg	Tg	Sin	cgr

cgr	Sin	Tg	Cotg	Cos	
50	0,25 629	0,26 515	3,77 152	0,96 660	50
51	644	531	76 913	656	49
52	659	548	76 674	652	48
53	674	565	76 436	648	47
54	690	582	76 198	644	46
55	705	599	75 960	640	45
56	720	615	75 722	636	44
57	735	632	75 485	632	43
58	750	649	75 248	628	42
59	766	666	75 011	624	41
60	0,25 781	0,26 683	3,74 774	0,96 620	40
61	796	700	74 538	616	39
62	811	716	74 302	612	38
63	826	733	74 067	607	37
64	841	750	73 831	603	36
65	857	767	73 596	599	35
66	872	784	73 361	595	34
67	887	801	73 127	591	33
68	902	817	72 893	587	32
69	917	834	72 659	583	31
70	0,25 932	0,26 851	3,72 425	0,96 579	30
71	948	868	72 192	575	29
72	963	885	71 958	571	28
73	978	902	71 725	567	27
74	0,25 993	918	71 493	563	26
75	0,26 008	935	71 260	559	25
76	023	952	71 028	555	24
77	039	969	70 797	550	23
78	054	0,26 986	70 565	546	22
79	069	0,27 003	70 334	542	21
80	0,26 084	0,27 020	3,70 103	0,96 538	20
81	099	036	69 872	534	19
82	114	053	69 642	530	18
83	130	070	69 411	526	17
84	145	087	69 181	522	16
85	160	104	68 952	518	15
86	175	121	68 722	514	14
87	190	138	68 493	509	13
88	205	154	68 264	505	12
89	221	171	68 036	501	11
90	0,26 236	0,27 188	3,67 807	0,96 497	10
91	251	205	67 579	493	09
92	266	222	67 352	489	08
93	281	239	67 124	485	07
94	296	256	66 897	481	06
95	312	273	66 670	476	05
96	327	289	66 443	472	04
97	342	306	66 216	468	03
98	357	323	65 990	464	02
99	372	340	65 764	460	01
100	0,26 387	0,27 357	3,65 538	0,96 456	00
	Cos	Cotg	Tg	Sin	cgr

mgr	17	16	15	5	4	3
1	1,7	1,6	1,5	0,5	0,4	0,3
2	3,4	3,2	3,0	1,0	0,8	0,6
3	5,1	4,8	4,5	1,5	1,2	0,9
4	6,8	6,4	6,0	2,0	1,6	1,2
5	8,5	8,0	7,5	2,5	2,0	1,5
6	10,2	9,6	9,0	3,0	2,4	1,8
7	11,9	11,2	10,5	3,5	2,8	2,1
8	13,6	12,8	12,0	4,0	3,2	2,4
9	15,3	14,4	13,5	4,5	3,6	2,7

Diff. 254 → 226 ☞ p. 166

cgr	Sin	Tg	Cotg	Cos	
00	0,26 387	0,27 357	3,65 538	0,96 456	100
01	402	374	65 313	452	99
02	418	391	65 088	447	98
03	433	408	64 863	443	97
04	448	424	64 638	439	96
05	463	441	64 414	435	95
06	478	458	64 190	431	94
07	493	475	63 966	427	93
08	508	492	63 742	423	92
09	524	509	63 519	418	91
10	0,26 539	0,27 526	3,63 295	0.96 414	90
11	554	543	63 072	410	89
12	569	560	62 850	406	88
13	584	577	62 627	402	87
14	599	593	62 405	397	86
15	615	610	62 183	393	85
16	630	627	61 962	389	84
17	645	644	61 740	385	83
18	660	661	61 519	381	82
19	675	678	61 298	377	81
20	0,26 690	0,27 695	3,61 078	0,96 372	80
21	705	712	60 857	368	79
22	720	729	60 637	364	78
23	736	746	60 417	360	77
24	751	763	60 198	356	76
25	766	779	59 978	351	75
26	781	796	59 759	347	74
27	796	813	59 540	343	73
28	811	830	59 322	339	72
29	826	847	59 103	335	71
30	0,26 842	0,27 864	3,58 885	0,96 330	70
31	857	881	58 667	326	69
32	872	898	58 450	322	68
33	887	915	58 232	318	67
34	902	932	58 015	313	66
35	917	949	57 798	309	65
36	932	966	57 581	305	64
37	947	0,27 983	57 365	301	63
38	963	0,28 000	57 149	297	62
39	978	016	56 933	292	61
40	0,26 993	0,28 033	3,56 717	0,96 288	60
41	0,27 008	050	56 502	284	59
42	023	067	56 286	280	58
43	038	084	56 071	275	57
44	053	101	55 857	271	56
45	068	118	55 642	267	55
46	084	135	55 428	263	54
47	099	152	55 214	258	53
48	114	169	55 000	254	52
49	129	186	54 787	250	51
50	0,27 144	0,28 203	3,54 573	0,96 246	50
	Cos	Cotg	Tg	Sin	cgr

cgr	Sin	Tg	Cotg	Cos	
50	0,27 144	0,28 203	3,54 573	0,96 246	50
51	159	220	54 360	241	49
52	174	237	54 147	237	48
53	189	254	53 935	233	47
54	205	271	53 722	228	46
55	220	288	53 510	224	45
56	235	305	53 298	220	44
57	250	322	53 087	216	43
58	265	339	52 875	211	42
59	280	356	52 664	207	41
60	0,27 295	0,28 373	3,52 453	0,96 203	40
61	310	390	52 242	198	39
62	325	407	52 032	194	38
63	341	423	51 822	190	37
64	356	440	51 612	186	36
65	371	457	51 402	181	35
66	386	474	51 192	177	34
67	401	491	50 983	173	33
68	416	508	50 774	168	32
69	431	525	50 565	164	31
70	0,27 446	0,28 542	3,50 356	0,96 160	30
71	461	559	50 148	155	29
72	476	576	49 940	151	28
73	492	593	49 732	147	27
74	507	610	49 524	143	26
75	522	627	49 317	138	25
76	537	644	49 109	134	24
77	552	661	48 902	130	23
78	567	678	48 696	125	22
79	582	695	48 489	121	21
80	0,27 597	0,28 712	3,48 283	0,96 117	20
81	612	729	48 076	112	19
82	627	746	47 871	108	18
83	643	763	47 665	104	17
84	658	780	47 459	099	16
85	673	797	47 254	095	15
86	688	814	47 049	090	14
87	703	831	46 844	086	13
88	718	848	46 640	082	12
89	733	865	46 435	077	11
90	0,27 748	0,28 882	3,46 231	0,96 073	10
91	763	899	46 027	069	09
92	778	916	45 824	064	08
93	794	933	45 620	060	07
94	809	951	45 417	056	06
95	824	968	45 214	051	05
96	839	0,28 985	45 011	047	04
97	854	0,29 002	44 809	043	03
98	869	019	44 606	038	02
99	884	036	44 404	034	01
100	0,27 899	0,29 053	3,44 202	0,96 029	00
	Cos	Cotg	Tg	Sin	cgr

mgr	18	17	16	15	5	4
1	1,8	1,7	1,6	1,5	0,5	0,4
2	3,6	3,4	3,2	3,0	1,0	0,8
3	5,4	5,1	4,8	4,5	1,5	1,2
4	7,2	6,8	6,4	6,0	2,0	1,6
5	9,0	8,5	8,0	7,5	2,5	2,0
6	10,8	10,2	9,6	9,0	3,0	2,4
7	12,6	11,9	11,2	10,5	3,5	2,8
8	14,4	13,6	12,8	12,0	4,0	3,2
9	16,2	15,3	14,4	13,5	4,5	3,6

Diff. 225 → 202 ☞ p. 166

cgr	Sin	Tg	Cotg	Cos	
00	0,27 899	0,29 053	3,44 202	0,96 029	100
01	914	070	44 001	025	99
02	929	087	43 799	021	98
03	944	104	43 598	016	97
04	959	121	43 397	012	96
05	975	138	43 196	007	95
06	0,27 990	155	42 995	0,96 003	94
07	0,28 005	172	42 795	0,95 999	93
08	020	189	42 595	994	92
09	035	206	42 395	990	91
10	0,28 050	0,29 223	3,42 195	0,95 985	90
11	065	240	41 995	981	89
12	080	257	41 796	977	88
13	095	274	41 597	972	87
14	110	291	41 398	968	86
15	125	308	41 199	963	85
16	140	325	41 001	959	84
17	155	342	40 803	955	83
18	171	360	40 605	950	82
19	186	377	40 407	946	81
20	0,28 201	0,29 394	3,40 209	0,95 941	80
21	216	411	40 012	937	79
22	231	428	39 815	932	78
23	246	445	39 618	928	77
24	261	462	39 421	924	76
25	276	479	39 224	919	75
26	291	496	39 028	915	74
27	306	513	38 832	910	73
28	321	530	38 636	906	72
29	336	547	38 440	901	71
30	0,28 351	0,29 564	3,38 245	0,95 897	70
31	366	581	38 049	892	69
32	381	599	37 854	888	68
33	397	616	37 659	883	67
34	412	633	37 465	879	66
35	427	650	37 270	875	65
36	442	667	37 076	870	64
37	457	684	36 882	866	63
38	472	701	36 688	861	62
39	487	718	36 494	857	61
40	0,28 502	0,29 735	3,36 301	0,95 852	60
41	517	752	36 107	848	59
42	532	769	35 914	843	58
43	547	787	35 722	839	57
44	562	804	35 529	834	56
45	577	821	35 336	830	55
46	592	838	35 144	825	54
47	607	855	34 952	821	53
48	622	872	34 760	816	52
49	637	889	34 569	812	51
50	0,28 652	0,29 906	3,34 377	0,95 807	50
	Cos	Cotg	Tg	Sin	cgr

81gr

cgr	Sin	Tg	Cotg	Cos	
50	0,28 652	0,29 906	3,34 377	0,95 807	50
51	668	923	34 186	803	49
52	683	941	33 995	798	48
53	698	958	33 804	794	47
54	713	975	33 614	789	46
55	728	0,29 992	33 423	785	45
56	743	0,30 009	33 233	780	44
57	758	026	33 043	776	43
58	773	043	32 853	771	42
59	788	060	32 663	767	41
60	0,28 803	0,30 078	3,32 474	0,95 762	40
61	818	095	32 285	758	39
62	833	112	32 096	753	38
63	848	129	31 907	749	37
64	863	146	31 718	744	36
65	878	163	31 530	740	35
66	893	180	31 341	735	34
67	908	197	31 153	730	33
68	923	215	30 965	726	32
69	938	232	30 778	721	31
70	0,28 953	0,30 249	3,30 590	0,95 717	30
71	968	266	30 403	712	29
72	983	283	30 216	708	28
73	0,28 998	300	30 029	703	27
74	0,29 013	318	29 842	699	26
75	028	335	29 656	694	25
76	043	352	29 470	689	24
77	059	369	29 283	685	23
78	074	386	29 097	680	22
79	089	403	28 912	676	21
80	0,29 104	0,30 420	3,28 726	0,95 671	20
81	119	438	28 541	667	19
82	134	455	28 356	662	18
83	149	472	28 171	657	17
84	164	489	27 986	653	16
85	179	506	27 801	648	15
86	194	523	27 617	644	14
87	209	541	27 433	639	13
88	224	558	27 249	635	12
89	239	575	27 065	630	11
90	0,29 254	0,30 592	3,26 881	0,95 625	10
91	269	609	26 698	621	09
92	284	627	26 514	616	08
93	299	644	26 331	612	07
94	314	661	26 149	607	06
95	329	678	25 966	602	05
96	344	695	25 783	598	04
97	359	712	25 601	593	03
98	374	730	25 419	589	02
99	389	747	25 237	584	01
100	0,29 404	0,30 764	3,25 055	0,95 579	00
	Cos	Cotg	Tg	Sin	cgr

81gr

mgr	18	17	16	15	5	4
1	1,8	1,7	1,6	1,5	0,5	0,4
2	3,6	3,4	3,2	3,0	1,0	0,8
3	5,4	5,1	4,8	4,5	1,5	1,2
4	7,2	6,8	6,4	6,0	2,0	1,6
5	9,0	8,5	8,0	7,5	2,5	2,0
6	10,8	10,2	9,6	9,0	3,0	2,4
7	12,6	11,9	11,2	10,5	3,5	2,8
8	14,4	13,6	12,8	12,0	4,0	3,2
9	16,2	15,3	14,4	13,5	4,5	3,6

Diff. 202 → 182 ☞ p. 166, 167

cgr	Sin	Tg	Cotg	Cos		cgr	Sin	Tg	Cotg	Cos	
00	0,29 404	0,30 764	3,25 055	0,95 579	100	50	0,30 154	0,31 626	3,16 197	0,95 345	50
01	419	781	24 873	575	99	51	169	643	16 024	341	49
02	434	798	24 692	570	98	52	184	660	15 852	336	48
03	449	816	24 511	565	97	53	199	678	15 680	331	47
04	464	833	24 330	561	96	54	214	695	15 507	326	46
05	479	850	24 149	556	95	55	229	712	15 335	322	45
06	494	867	23 968	552	94	56	244	730	15 164	317	44
07	509	884	23 788	547	93	57	259	747	14 992	312	43
08	524	902	23 608	542	92	58	274	764	14 820	307	42
09	539	919	23 427	538	91	59	289	781	14 649	303	41
10	0,29 554	0,30 936	3,23 248	0,95 533	90	60	0,30 304	0,31 799	3,14 478	0,95 298	40
11	569	953	23 068	528	89	61	318	816	14 307	293	39
12	584	970	22 888	524	88	62	333	833	14 136	288	38
13	599	0,30 988	22 709	519	87	63	348	851	13 966	284	37
14	614	0,31 005	22 530	514	86	64	363	868	13 795	279	36
15	629	022	22 351	510	85	65	378	885	13 625	274	35
16	644	039	22 172	505	84	66	393	903	13 455	269	34
17	659	057	21 993	500	83	67	408	920	13 285	265	33
18	674	074	21 815	496	82	68	423	937	13 115	260	32
19	689	091	21 636	491	81	69	438	954	12 945	255	31
20	0,29 704	0,31 108	3,21 458	0,95 486	80	70	0,30 453	0,31 972	3,12 776	0,95 250	30
21	719	125	21 280	482	79	71	468	0,31 989	12 607	245	29
22	734	143	21 103	477	78	72	483	0,32 006	12 437	241	28
23	749	160	20 925	472	77	73	498	024	12 269	236	27
24	764	177	20 748	468	76	74	513	041	12 100	231	26
25	779	194	20 570	463	75	75	528	058	11 931	226	25
26	794	212	20 393	458	74	76	543	076	11 763	221	24
27	809	229	20 216	454	73	77	558	093	11 594	217	23
28	824	246	20 040	449	72	78	573	110	11 426	212	22
29	839	263	19 863	444	71	79	588	128	11 258	207	21
30	0,29 854	0,31 281	3,19 687	0,95 440	70	80	0,30 603	0,32 145	3,11 090	0,95 202	20
31	869	298	19 511	435	69	81	618	162	10 923	197	19
32	884	315	19 335	430	68	82	633	180	10 755	193	18
33	899	332	19 159	426	67	83	648	197	10 588	188	17
34	914	350	18 983	421	66	84	663	214	10 421	183	16
35	929	367	18 808	416	65	85	678	232	10 254	178	15
36	944	384	18 633	411	64	86	692	249	10 087	173	14
37	959	401	18 458	407	63	87	707	266	09 920	169	13
38	974	419	18 283	402	62	88	722	284	09 754	164	12
39	0,29 989	436	18 108	397	61	89	737	301	09 587	159	11
40	0,30 004	0,31 453	3,17 933	0,95 393	60	90	0,30 752	0,32 318	3,09 421	0,95 154	10
41	019	470	17 759	388	59	91	767	336	09 255	149	09
42	034	488	17 585	383	58	92	782	353	09 089	144	08
43	049	505	17 411	379	57	93	797	370	08 924	140	07
44	064	522	17 237	374	56	94	812	388	08 758	135	06
45	079	539	17 063	369	55	95	827	405	08 593	130	05
46	094	557	16 889	364	54	96	842	423	08 428	125	04
47	109	574	16 716	360	53	97	857	440	08 263	120	03
48	124	591	16 543	355	52	98	872	457	08 098	115	02
49	139	609	16 370	350	51	99	887	475	07 933	111	01
50	0,30 154	0,31 626	3,16 197	0,95 345	50	100	0,30 902	0,32 492	3,07 768	0,95 106	00
	Cos	Cotg	Tg	Sin	cgr		Cos	Cotg	Tg	Sin	cgr

80gr   **80gr**

mgr	18	17	15	14	5	4
1	1,8	1,7	1,5	1,4	0,5	0,4
2	3,6	3,4	3,0	2,8	1,0	0,8
3	5,4	5,1	4,5	4,2	1,5	1,2
4	7,2	6,8	6,0	5,6	2,0	1,6
5	9,0	8,5	7,5	7,0	2,5	2,0
6	10,8	10,2	9,0	8,4	3,0	2,4
7	12,6	11,9	10,5	9,8	3,5	2,8
8	14,4	13,6	12,0	11,2	4,0	3,2
9	16,2	15,3	13,5	12,6	4,5	3,6

Diff. 182 → 165 ☞ p. 167

cgr	Sin	Tg	Cotg	Cos	
00	0,30 902	0,32 492	3,07 768	0,95 106	100
01	917	509	7 604	101	99
02	932	527	7 440	096	98
03	947	544	7 276	091	97
04	961	561	7 112	086	96
05	976	579	6 948	081	95
06	0,30 991	596	6 784	076	94
07	0,31 006	614	6 621	072	93
08	021	631	6 457	067	92
09	036	648	6 294	062	91
10	0,31 051	0,32 666	3,06 131	0,95 057	90
11	066	683	5 968	052	89
12	081	700	5 806	047	88
13	096	718	5 643	042	87
14	111	735	5 481	037	86
15	126	753	5 319	033	85
16	141	770	5 157	028	84
17	156	787	4 995	023	83
18	170	805	4 833	018	82
19	185	822	4 671	013	81
20	0,31 200	0,32 840	3,04 510	0,95 008	80
21	215	857	4 349	0,95 003	79
22	230	874	4 188	0,94 998	78
23	245	892	4 027	993	77
24	260	909	3 866	988	76
25	275	927	3 705	984	75
26	290	944	3 545	979	74
27	305	962	3 384	974	73
28	320	979	3 224	969	72
29	335	0,32 996	3 064	964	71
30	0,31 350	0,33 014	3,02 904	0,94 959	70
31	364	031	2 744	954	69
32	379	049	2 585	949	68
33	394	066	2 425	944	67
34	409	083	2 266	939	66
35	424	101	2 107	934	65
36	439	118	1 948	929	64
37	454	136	1 789	924	63
38	469	153	1 630	920	62
39	484	171	1 472	915	61
40	0,31 499	0,33 188	3,01 313	0,94 910	60
41	514	205	1 155	905	59
42	528	223	0 997	900	58
43	543	240	0 839	895	57
44	558	258	0 681	890	56
45	573	275	0 524	885	55
46	588	293	0 366	880	54
47	603	310	0 209	875	53
48	618	328	3,00 051	870	52
49	633	345	2,99 894	865	51
50	0,31 648	0,33 363	2,99 738	0,94 860	50
	Cos	Cotg	Tg	Sin	cgr

79gr

cgr	Sin	Tg	Cotg	Cos	
50	0,31 648	0,33 363	2,99 738	0,94 860	50
51	663	380	9 581	855	49
52	677	397	9 424	850	48
53	692	415	9 268	845	47
54	707	432	9 111	840	46
55	722	450	8 955	835	45
56	737	467	8 799	830	44
57	752	485	8 643	825	43
58	767	502	8 488	820	42
59	782	520	8 332	815	41
60	0,31 797	0,33 537	2,98 177	0,94 810	40
61	812	555	8 021	805	39
62	826	572	7 866	800	38
63	841	590	7 711	795	37
64	856	607	7 556	790	36
65	871	625	7 402	785	35
66	886	642	7 247	780	34
67	901	660	7 093	775	33
68	916	677	6 938	770	32
69	931	695	6 784	765	31
70	0,31 946	0,33 712	2,96 630	0,94 760	30
71	960	730	6 476	755	29
72	975	747	6 323	750	28
73	0,31 990	765	6 169	745	27
74	0,32 005	782	6 016	740	26
75	020	800	5 862	735	25
76	035	817	5 709	730	24
77	050	835	5 556	725	23
78	065	852	5 403	720	22
79	079	870	5 251	715	21
80	0,32 094	0,33 887	2,95 098	0,94 710	20
81	109	905	4 946	705	19
82	124	922	4 793	700	18
83	139	940	4 641	695	17
84	154	957	4 489	690	16
85	169	975	4 337	685	15
86	184	0,33 992	4 186	680	14
87	198	0,34 010	4 034	674	13
88	213	027	3 883	669	12
89	228	045	3 731	664	11
90	0,32 243	0,34 062	2,93 580	0,94 659	10
91	258	080	3 429	654	09
92	273	097	3 278	649	08
93	288	115	3 127	644	07
94	303	132	2 977	639	06
95	317	150	2 826	634	05
96	332	167	2 676	629	04
97	347	185	2 526	624	03
98	362	203	2 376	619	02
99	377	220	2 226	614	01
100	0,32 392	0,34 238	2,92 076	0,94 609	00
	Cos	Cotg	Tg	Sin	cgr

79gr

mgr	18	17	15	14	6	5	4
1	1,8	1,7	1,5	1,4	0,6	0,5	0,4
2	3,6	3,4	3,0	2,8	1,2	1,0	0,8
3	5,4	5,1	4,5	4,2	1,8	1,5	1,2
4	7,2	6,8	6,0	5,6	2,4	2,0	1,6
5	9,0	8,5	7,5	7,0	3,0	2,5	2,0
6	10,8	10,2	9,0	8,4	3,6	3,0	2,4
7	12,6	11,9	10,5	9,8	4,2	3,5	2,8
8	14,4	13,6	12,0	11,2	4,8	4,0	3,2
9	16,2	15,3	13,5	12,6	5,4	4,5	3,6

Diff. 164 → 150 ☞ p. 167

cgr	Sin	Tg	Cotg	Cos	
00	0,32 392	0,34 238	2,92 076	0,94 609	100
01	407	255	1 926	603	99
02	421	273	1 777	598	98
03	436	290	1 628	593	97
04	451	308	1 478	588	96
05	466	325	1 329	583	95
06	481	343	1 180	578	94
07	496	361	1 031	573	93
08	511	378	0 883	568	92
09	525	396	0 734	563	91
10	0,32 540	0,34 413	2,90 586	0,94 558	90
11	555	431	0 438	552	89
12	570	448	0 289	547	88
13	585	466	2,90 141	542	87
14	600	484	2,89 994	537	86
15	615	501	9 846	532	85
16	629	519	9 698	527	84
17	644	536	9 551	522	83
18	659	554	9 403	517	82
19	674	571	9 256	511	81
20	0,32 689	0,34 589	2,89 109	0,94 506	80
21	704	607	8 962	501	79
22	718	624	8 815	496	78
23	733	642	8 669	491	77
24	748	659	8 522	486	76
25	763	677	8 376	481	75
26	778	695	8 230	475	74
27	793	712	8 083	470	73
28	808	730	7 937	465	72
29	822	747	7 791	460	71
30	0,32 837	0,34 765	2,87 646	0,94 455	70
31	852	783	7 500	450	69
32	867	800	7 355	445	68
33	882	818	7 209	439	67
34	897	835	7 064	434	66
35	911	853	6 919	429	65
36	926	871	6 774	424	64
37	941	888	6 629	419	63
38	956	906	6 485	414	62
39	971	924	6 340	408	61
40	0,32 986	0,34 941	2,86 196	0,94 403	60
41	0,33 000	959	6 051	398	59
42	015	976	5 907	393	58
43	030	0,34 994	5 763	388	57
44	045	0,35 012	5 619	382	56
45	060	029	5 475	377	55
46	074	047	5 332	372	54
47	089	065	5 188	367	53
48	104	082	5 045	362	52
49	119	100	4 901	356	51
50	0,33 134	0,35 118	2,84 758	0,94 351	50
	Cos	Cotg	Tg	Sin	cgr

cgr	Sin	Tg	Cotg	Cos	
50	0,33 134	0,35 118	2,84 758	0,94 351	50
51	149	135	4 615	346	49
52	163	153	4 472	341	48
53	178	170	4 330	336	47
54	193	188	4 187	330	46
55	208	206	4 045	325	45
56	223	223	3 902	320	44
57	238	241	3 760	315	43
58	252	259	3 618	310	42
59	267	276	3 476	304	41
60	0,33 282	0,35 294	2,83 334	0,94 299	40
61	297	312	3 192	294	39
62	312	329	3 051	289	38
63	326	347	2 909	283	37
64	341	365	2 768	278	36
65	356	382	2 626	273	35
66	371	400	2 485	268	34
67	386	418	2 344	262	33
68	400	435	2 203	257	32
69	415	453	2 063	252	31
70	0,33 430	0,35 471	2,81 922	0,94 247	30
71	445	488	1 782	241	29
72	460	506	1 641	236	28
73	474	524	1 501	231	27
74	489	542	1 361	226	26
75	504	559	1 221	220	25
76	519	577	1 081	215	24
77	534	595	0 941	210	23
78	548	612	0 802	205	22
79	563	630	0 662	199	21
80	0,33 578	0,35 648	2,80 523	0,94 194	20
81	593	665	0 383	189	19
82	608	683	0 244	183	18
83	622	701	2,80 105	178	17
84	637	719	2,79 966	173	16
85	652	736	9 828	168	15
86	667	754	9 689	162	14
87	682	772	9 550	157	13
88	696	789	9 412	152	12
89	711	807	9 274	146	11
90	0,33 726	0,35 825	2,79 136	0 94 141	10
91	741	843	8 998	136	09
92	756	860	8 860	131	08
93	770	878	8 722	125	07
94	785	896	8 584	120	06
95	800	914	8 447	115	05
96	815	931	8 309	109	04
97	829	949	8 172	104	03
98	844	967	8 035	099	02
99	859	0,35 984	7 898	093	01
100	0,33 874	0,36 002	2,77 761	0,94 088	00
	Cos	Cotg	Tg	Sin	cgr

mgr	18	17	15	14	6	5
1	1,8	1,7	1,5	1,4	0,6	0,5
2	3,6	3,4	3,0	2,8	1,2	1,0
3	5,4	5,1	4,5	4,2	1,8	1,5
4	7,2	6,8	6,0	5,6	2,4	2,0
5	9,0	8,5	7,5	7,0	3,0	2,5
6	10,8	10,2	9,0	8,4	3,6	3,0
7	12,6	11,9	10,5	9,8	4,2	3,5
8	14,4	13,6	12,0	11,2	4,8	4,0
9	16,2	15,3	13,5	12,6	5,4	4,5

Diff. 150 → 137 ☞ p. 167

WILDERS. *Five place tables*

cgr	Sin	Tg	Cotg	Cos	
00	0,33 874	0,36 002	2,77 761	0,94 088	100
01	889	020	7 624	083	99
02	903	038	7 487	077	98
03	918	055	7 351	072	97
04	933	073	7 214	067	96
05	948	091	7 078	061	95
06	962	109	6 941	056	94
07	977	126	6 805	051	93
08	0,33 992	144	6 669	045	92
09	0,34 007	162	6 533	040	91
10	0,34 022	0,36 180	2,76 398	0,94 035	90
11	036	198	6 262	029	89
12	051	215	6 126	024	88
13	066	233	5 991	019	87
14	081	251	5 856	013	86
15	095	269	5 721	008	85
16	110	286	5 586	0,94 003	84
17	125	304	5 451	0,93 997	83
18	140	322	5 316	992	82
19	154	340	5 181	987	81
20	0,34 169	0,36 357	2,75 046	0,93 981	80
21	184	375	4 912	976	79
22	199	393	4 778	970	78
23	213	411	4 643	965	77
24	228	429	4 509	960	76
25	243	446	4 375	954	75
26	258	464	4 241	949	74
27	273	482	4 107	944	73
28	287	500	3 974	938	72
29	302	518	3 840	933	71
30	0,34 317	0,36 535	2,73 707	0,93 927	70
31	332	553	3 573	922	69
32	346	571	3 440	917	68
33	361	589	3 307	911	67
34	376	607	3 174	906	66
35	391	624	3 041	900	65
36	405	642	2 909	895	64
37	420	660	2 776	890	63
38	435	678	2 643	884	62
39	450	696	2 511	879	61
40	0,34 464	0,36 714	2,72 379	0,93 873	60
41	479	731	2 246	868	59
42	494	749	2 114	863	58
43	509	767	1 982	857	57
44	523	785	1 851	852	56
45	538	803	1 719	846	55
46	553	821	1 587	841	54
47	567	838	1 456	835	53
48	582	856	1 324	830	52
49	597	874	1 193	825	51
50	0,34 612	0,36 892	2,71 062	0,93 819	50
	Cos	Cotg	Tg	Sin	cgr

cgr	Sin	Tg	Cotg	Cos	
50	0,34 612	0,36 892	2,71 062	0,93 819	50
51	626	910	0 931	814	49
52	641	928	0 800	808	48
53	656	945	0 669	803	47
54	671	963	0 538	797	46
55	685	981	0 408	792	45
56	700	0,36 999	0 277	786	44
57	715	0,37 017	0 147	781	43
58	730	035	2,70 016	776	42
59	744	053	2,69 886	770	41
60	0,34 759	0,37 071	2,69 756	0,93 765	40
61	774	088	9 626	759	39
62	788	106	9 496	754	38
63	803	124	9 367	748	37
64	818	142	9 237	743	36
65	833	160	9 108	737	35
66	847	178	8 978	732	34
67	862	196	8 849	726	33
68	877	214	8 720	721	32
69	892	231	8 591	715	31
70	0,34 906	0,37 249	2,68 462	0,93 710	30
71	921	267	8 333	704	29
72	936	285	8 204	699	28
73	950	303	8 075	693	27
74	965	321	7 947	688	26
75	980	339	7 818	682	25
76	0,34 995	357	7 690	677	24
77	0,35 009	375	7 562	671	23
78	024	392	7 434	666	22
79	039	410	7 306	660	21
80	0,35 053	0,37 428	2,67 178	0,93 655	20
81	068	446	7 050	649	19
82	083	464	6 922	644	18
83	098	482	6 795	638	17
84	112	500	6 667	633	16
85	127	518	6 540	627	15
86	142	536	6 413	622	14
87	156	554	6 286	616	13
88	171	572	6 159	611	12
89	186	590	6 032	605	11
90	0,35 201	0,37 607	2,65 905	0,93 600	10
91	215	625	5 778	594	09
92	230	643	5 651	589	08
93	245	661	5 525	583	07
94	259	679	5 399	578	06
95	274	697	5 272	572	05
96	289	715	5 146	567	04
97	303	733	5 020	561	03
98	318	751	4 894	556	02
99	333	769	4 768	550	01
100	0,35 347	0,37 787	2,64 642	0,93 544	00
	Cos	Cotg	Tg	Sin	cgr

mgr	18	17	15	14	6	5
1	1,8	1,7	1,5	1,4	0,6	0,5
2	3,6	3,4	3,0	2,8	1,2	1,0
3	5,4	5,1	4,5	4,2	1,8	1,5
4	7,2	6,8	6,0	5,6	2,4	2,0
5	9,0	8,5	7,5	7,0	3,0	2,5
6	10,8	10,2	9,0	8,4	3,6	3,0
7	12,6	11,9	10,5	9,8	4,2	3,5
8	14,4	13,6	12,0	11,2	4,8	4,0
9	16,2	15,3	13,5	12,6	5,4	4,5

Diff. 137 → 126 ☞ p. 167

cgr	Sin	Tg	Cotg	Cos	
00	0,35 347	0,37 787	2,64 642	0,93 544	100
01	362	805	4 517	539	99
02	377	823	4 391	533	98
03	392	841	4 266	528	97
04	406	859	4 140	522	96
05	421	877	4 015	517	95
06	436	895	3 890	511	94
07	450	913	3 765	505	93
08	465	931	3 640	500	92
09	480	948	3 515	494	91
10	0,35 494	0,37 966	2,63 390	0,93 489	90
11	509	0,37 984	3 266	483	89
12	524	0,38 002	3 141	478	88
13	538	020	3 017	472	87
14	553	038	2 892	466	86
15	568	056	2 768	461	85
16	582	074	2 644	455	84
17	597	092	2 520	450	83
18	612	110	2 396	444	82
19	627	128	2 272	438	81
20	0,35 641	0,38 146	2,62 149	0,93 433	80
21	656	164	2 025	427	79
22	671	182	1 902	422	78
23	685	200	1 778	416	77
24	700	218	1 655	410	76
25	715	236	1 532	405	75
26	729	254	1 409	399	74
27	744	272	1 286	394	73
28	759	290	1 163	388	72
29	773	308	1 040	382	71
30	0,35 788	0,38 326	2,60 917	0,93 377	70
31	803	344	0 795	371	69
32	817	362	0 672	366	68
33	832	380	0 550	360	67
34	847	398	0 427	354	66
35	861	416	0 305	349	65
36	876	434	0 183	343	64
37	891	453	0 061	337	63
38	905	471	2,59 939	332	62
39	920	489	9 817	326	61
40	0,35 935	0,38 507	2,59 696	0,93 320	60
41	949	525	9 574	315	59
42	964	543	9 453	309	58
43	979	561	9 331	304	57
44	0,35 993	579	9 210	298	56
45	0,36 008	597	9 089	292	55
46	022	615	8 968	287	54
47	037	633	8 847	281	53
48	052	651	8 726	275	52
49	066	669	8 605	270	51
50	0,36 081	0,38 687	2,58 484	0,93 264	50
	Cos	Cotg	Tg	Sin	cgr

76gr

cgr	Sin	Tg	Cotg	Cos	
50	0,36 081	0,38 687	2,58 484	0,93 264	50
51	096	705	8 364	258	49
52	110	723	8 243	253	48
53	125	741	8 123	247	47
54	140	759	8 002	241	46
55	154	777	7 882	236	45
56	169	795	7 762	230	44
57	184	814	7 642	224	43
58	198	832	7 522	218	42
59	213	850	7 402	213	41
60	0,36 228	0,38 868	2,57 282	0,93 207	40
61	242	886	7 163	201	39
62	257	904	7 043	196	38
63	271	922	6 924	190	37
64	286	940	6 805	184	36
65	301	958	6 685	179	35
66	315	976	6 566	173	34
67	330	0,38 994	6 447	167	33
68	345	0,39 013	6 328	162	32
69	359	031	6 209	156	31
70	0,36 374	0,39 049	2,56 090	0,93 150	30
71	389	067	5 972	144	29
72	403	085	5 853	139	28
73	418	103	5 735	133	27
74	432	121	5 616	127	26
75	447	139	5 498	121	25
76	462	157	5 380	116	24
77	476	175	5 262	110	23
78	491	194	5 144	104	22
79	506	212	5 026	099	21
80	0,36 520	0,39 230	2,54 908	0,93 093	20
81	535	248	4 790	087	19
82	549	266	4 673	081	18
83	564	284	4 555	076	17
84	579	302	.4 438	070	16
85	593	320	4 320	064	15
86	608	339	4 203	058	14
87	623	357	4 086	053	13
88	637	375	3 969	047	12
89	652	393	3 852	041	11
90	0,36 666	0,39 411	2,53 735	0,93 035	10
91	681	429	3 618	030	09
92	696	448	3 501	024	08
93	710	466	3 385	018	07
94	725	484	3 268	012	06
95	739	502	3 152	007	05
96	754	520	3 036	0,93 001	04
97	769	538	2 919	0,92 995	03
98	783	556	2 803	989	02
99	798	575	2 687	983	01
100	0,36 812	0,39 593	2,52 571	0,92 978	00
	Cos	Cotg	Tg	Sin	cgr

76gr

mgr	19	18	17	15	14	6	5
1	1,9	1,8	1,7	1,5	1,4	0,6	0,5
2	3,8	3,6	3,4	3,0	2,8	1,2	1,0
3	5,7	5,4	5,1	4,5	4,2	1,8	1,5
4	7,6	7,2	6,8	6,0	5,6	2,4	2,0
5	9,5	9,0	8,5	7,5	7,0	3,0	2,5
6	11,4	10,8	10,2	9,0	8,4	3,6	3,0
7	13,3	12,6	11,9	10,5	9,8	4,2	3,5
8	15,2	14,4	13,6	12,0	11,2	4,8	4,0
9	17,1	16,2	15,3	13,5	12,6	5,4	4,5

Diff. 126 → 116 ☞ p. 167

cgr	Sin	Tg	Cotg	Cos	
00	0,36 812	0,39 593	2,52 571	0,92 978	100
01	827	611	2 455	972	99
02	842	629	2 340	966	98
03	856	647	2 224	960	97
04	871	666	2 108	955	96
05	885	684	1 993	949	95
06	900	702	1 877	943	94
07	915	720	1 762	937	93
08	929	738	1 647	931	92
09	944	756	1 532	926	91
10	0,36 958	0,39 775	2,51 417	0,92 920	90
11	973	793	1 302	914	89
12	0,36 988	811	1 187	908	88
13	0,37 002	829	1 072	902	87
14	017	847	0 957	896	86
15	031	866	0 843	891	85
16	046	884	0 728	885	84
17	061	902	0 614	879	83
18	075	920	0 500	873	82
19	090	938	0 385	867	81
20	0,37 104	0,39 957	2,50 271	0,92 862	80
21	119	975	0 157	856	79
22	134	0,39 993	2,50 043	850	78
23	148	0,40 011	2,49 929	844	77
24	163	030	9 815	838	76
25	177	048	9 702	832	75
26	192	066	9 588	827	74
27	206	084	9 475	821	73
28	221	102	9 361	815	72
29	236	121	9 248	809	71
30	0,37 250	0,40 139	2,49 135	0,92 803	70
31	265	157	9 022	797	69
32	279	175	8 908	791	68
33	294	194	8 795	786	67
34	308	212	8 683	780	66
35	323	230	8 570	774	65
36	338	248	8 457	768	64
37	352	267	8 344	762	63
38	367	285	8 232	756	62
39	381	303	8 119	750	61
40	0,37 396	0,40 321	2,48 007	0,92 745	60
41	410	340	7 895	739	59
42	425	358	7 783	733	58
43	440	376	7 670	727	57
44	454	395	7 558	721	56
45	469	413	7 447	715	55
46	483	431	7 335	709	54
47	498	449	7 223	703	53
48	512	468	7 111	697	52
49	527	486	7 000	692	51
50	0,37 542	0,40 504	2,46 888	0,92 686	50
	Cos	Cotg	Tg	Sin	cgr

cgr	Sin	Tg	Cotg	Cos	
50	0,37 542	0,40 504	2,46 888	0,92 686	50
51	556	522	6 777	680	49
52	571	541	6 665	674	48
53	585	559	6 554	668	47
54	600	577	6 443	662	46
55	614	596	6 332	656	45
56	629	614	6 221	650	44
57	643	632	6 110	644	43
58	658	651	5 999	638	42
59	673	669	5 889	632	41
60	0,37 687	0,40 687	2,45 778	0,92 627	40
61	702	705	5 667	621	39
62	716	724	5 557	615	38
63	731	742	5 447	609	37
64	745	760	5 336	603	36
65	760	779	5 226	597	35
66	774	797	5 116	591	34
67	789	815	5 006	585	33
68	803	834	4 896	579	32
69	818	852	4 786	573	31
70	0,37 833	0,40 870	2,44 676	0,92 567	30
71	847	889	4 567	561	29
72	862	907	4 457	555	28
73	876	925	4 347	549	27
74	891	944	4 238	543	26
75	905	962	4 129	538	25
76	920	980	4 019	532	24
77	934	0,40 999	3 910	526	23
78	949	0,41 017	3 801	520	22
79	963	035	3 692	514	21
80	0,37 978	0,41 054	2,43 583	0,92 508	20
81	0,37 992	072	3 474	502	19
82	0,38 007	090	3 365	496	18
83	021	109	3 257	490	17
84	036	127	3 148	484	16
85	051	146	3 039	478	15
86	065	164	2 931	472	14
87	080	182	2 823	466	13
88	094	201	2 714	460	12
89	109	219	2 606	454	11
90	0,38 123	0,41 237	2,42 498	0,92 448	10
91	138	256	2 390	442	09
92	152	274	2 282	436	08
93	167	293	2 174	430	07
94	181	311	2 066	424	06
95	196	329	1 959	418	05
96	210	348	1 851	412	04
97	225	366	1 744	406	03
98	239	385	1 636	400	02
99	254	403	1 529	394	01
100	0,38 268	0,41 421	2,41 421	0,92 388	00
	Cos	Cotg	Tg	Sin	cgr

mgr	116	115	114	113	112	111	110	109	108	107	19	18	15	14	6	5	mgr
1	11,6	11,5	11,4	11,3	11,2	11,1	11,0	10,9	10,8	10,7	1,9	1,8	1,5	1,4	0,6	0,5	1
2	23,2	23,0	22,8	22,6	22,4	22,2	22,0	21,8	21,6	21,4	3,8	3,6	3,0	2,8	1,2	1,0	2
3	34,8	34,5	34,2	33,9	33,6	33,3	33,0	32,7	32,4	32,1	5,7	5,4	4,5	4,2	1,8	1,5	3
4	46,4	46,0	45,6	45,2	44,8	44,4	44,0	43,6	43,2	42,8	7,6	7,2	6,0	5,6	2,4	2,0	4
5	58,0	57,5	57,0	56,5	56,0	55,5	55,0	54,5	54,0	53,5	9,5	9,0	7,5	7,0	3,0	2,5	5
6	69,6	69,0	68,4	67,8	67,2	66,6	66,0	65,4	64,8	64,2	11,4	10,8	9,0	8,4	3,6	3,0	6
7	81,2	80,5	79,8	79,1	78,4	77,7	77,0	76,3	75,6	74,9	13,3	12,6	10,5	9,8	4,2	3,5	7
8	92,8	92,0	91,2	90,4	89,6	88,8	88,0	87,2	86,4	85,6	15,2	14,4	12,0	11,2	4,8	4,0	8
9	104,4	103,5	102,6	101,7	100,8	99,9	99,0	98,1	97,2	96,3	17,1	16,2	13,5	12,6	5,4	4,5	9

cgr	Sin	Tg	Cotg	Cos	
00	0,38 268	0,41 421	2,41 421	0,92 388	100
01	283	440	1 314	382	99
02	297	458	1 207	376	98
03	312	477	1 100	370	97
04	326	495	0 993	364	96
05	341	513	0 886	358	95
06	355	532	0 779	352	94
07	370	550	0 673	346	93
08	384	569	0 566	340	92
09	399	587	0 459	334	91
10	0,38 413	0,41 606	2,40 353	0,92 328	90
11	428	624	0 246	322	89
12	442	642	0 140	316	88
13	457	661	2,40 034	310	87
14	471	679	2,39 928	304	86
15	486	698	9 822	298	85
16	500	716	9 716	291	84
17	515	735	9 610	285	83
18	529	753	9 504	279	82
19	544	771	9 398	273	81
20	0,38 558	0,41 790	2,39 292	0,92 267	80
21	573	808	9 187	261	79
22	587	827	9 081	255	78
23	602	845	8 976	249	77
24	616	864	8 870	243	76
25	631	882	8 765	237	75
26	645	901	8 660	231	74
27	660	919	8 555	225	73
28	674	938	8 450	219	72
29	689	956	8 345	213	71
30	0,38 703	0,41 975	2,38 240	0,92 207	70
31	718	0,41 993	8 135	201	69
32	732	0,42 011	8 030	194	68
33	747	030	7 925	188	67
34	761	048	7 821	182	66
35	776	067	7 716	176	65
36	790	085	7 612	170	64
37	805	104	7 508	164	63
38	819	122	7 403	158	62
39	834	141	7 299	152	61
40	0,38 848	0,42 159	2,37 195	0,92 146	60
41	863	178	7 091	140	59
42	877	196	6 987	133	58
43	891	215	6 883	127	57
44	906	233	6 779	121	56
45	920	252	6 676	115	55
46	935	270	6 572	109	54
47	949	289	6 468	103	53
48	964	307	6 365	097	52
49	978	326	6 261	091	51
50	0,38 993	0,42 345	2,36 158	0,92 085	50
	Cos	Cotg	Tg	Sin	cgr

cgr	Sin	Tg	Cotg	Cos	
50	0,38 993	0,42 345	2,36 158	0,92 085	50
51	0,39 007	363	6 055	078	49
52	022	382	5 952	072	48
53	036	400	5 848	066	47
54	051	419	5 745	060	46
55	065	437	5 642	054	45
56	080	456	5 540	048	44
57	094	474	5 437	042	43
58	108	493	5 334	035	42
59	123	511	5 231	029	41
60	0,39 137	0,42 530	2,35 129	0,92 023	40
61	152	548	5 026	017	39
62	166	567	4 924	011	38
63	181	586	4 821	0,92 005	37
64	195	604	4 719	0,91 999	36
65	210	623	4 617	992	35
66	224	641	4 515	986	34
67	239	660	4 413	980	33
68	253	678	4 311	974	32
69	267	697	4 209	968	31
70	0,39 282	0,42 716	2,34 107	0,91 962	30
71	296	734	4 005	955	29
72	311	753	3 904	949	28
73	325	771	3 802	943	27
74	340	790	3 700	937	26
75	354	808	3 599	931	25
76	369	827	3 498	925	24
77	383	846	3 396	918	23
78	397	864	3 295	912	22
79	412	883	3 194	906	21
80	0,39 426	0,42 901	2,33 093	0,91 900	20
81	441	920	2 992	894	19
82	455	939	2 891	887	18
83	470	957	2 790	881	17
84	484	976	2 689	875	16
85	498	0,42 994	2 588	869	15
86	513	0,43 013	2 488	863	14
87	527	032	2 387	856	13
88	542	050	2 287	850	12
89	556	069	2 186	844	11
90	0,39 571	0,43 087	2,32 086	0,91 838	10
91	585	106	1 986	832	09
92	599	125	1 885	825	08
93	614	143	1 785	819	07
94	628	162	1 685	813	06
95	643	181	1 585	807	05
96	657	199	1 485	800	04
97	672	218	1 385	794	03
98	686	237	1 286	788	02
99	700	255	1 186	782	01
100	0,39 715	0,43 274	2,31 086	0,91 775	00
	Cos	Cotg	Tg	Sin	cgr

74gr   **74gr**

mgr	107	106	105	104	103	102	101	100	99	19	18	15	14	7	6	mgr
1	10,7	10,6	10,5	10,4	10,3	10,2	10,1	10,0	9,9	1,9	1,8	1,5	1,4	0,7	0,6	1
2	21,4	21,2	21,0	20,8	20,6	20,4	20,2	20,0	19,8	3,8	3,6	3,0	2,8	1,4	1,2	2
3	32,1	31,8	31,5	31,2	30,9	30,6	30,3	30,0	29,7	5,7	5,4	4,5	4,2	2,1	1,8	3
4	42,8	42,4	42,0	41,6	41,2	40,8	40,4	40,0	39,6	7,6	7,2	6,0	5,6	2,8	2,4	4
5	53,5	53,0	52,5	52,0	51,5	51,0	50,5	50,0	49,5	9,5	9,0	7,5	7,0	3,5	3,0	5
6	64,2	63,6	63,0	62,4	61,8	61,2	60,6	60,0	59,4	11,4	10,8	9,0	8,4	4,2	3,6	6
7	74,9	74,2	73,5	72,8	72,1	71,4	70,7	70,0	69,3	13,3	12,6	10,5	9,8	4,9	4,2	7
8	85,6	84,8	84,0	83,2	82,4	81,6	80,8	80,0	79,2	15,2	14,4	12,0	11,2	5,6	4,8	8
9	96,3	95,4	94,5	93,6	92,7	91,8	90,9	90,0	89,1	17,1	16,2	13,5	12,6	6,3	5,4	9

cgr	Sin	Tg	Cotg	Cos	
00	0,39 715	0,43 274	2,31 086	0,91 775	100
01	729	293	0 987	769	99
02	744	311	0 887	763	98
03	758	330	0 788	757	97
04	772	348	0 689	750	96
05	787	367	0 589	744	95
06	801	386	0 490	738	94
07	816	404	0 391	732	93
08	830	423	0 292	725	92
09	844	442	0 193	719	91
10	0,39 859	0,43 460	2,30 094	0,91 713	90
11	873	479	2,29 995	707	89
12	888	498	9 896	700	88
13	902	517	9 798	694	87
14	917	535	9 699	688	86
15	931	554	9 601	682	85
16	945	573	9 502	675	84
17	960	591	9 404	669	83
18	974	610	9 305	663	82
19	0,39 989	629	9 207	657	81
20	0,40 003	0,43 647	2,29 109	0,91 650	80
21	017	666	9 011	644	79
22	032	685	8 913	638	78
23	046	703	8 815	631	77
24	060	722	8 717	625	76
25	075	741	8 619	619	75
26	089	760	8 521	612	74
27	104	778	8 424	606	73
28	118	797	8 326	600	72
29	132	816	8 228	594	71
30	0,40 147	0,43 834	2,28 131	0,91 587	70
31	161	853	8 033	581	69
32	176	872	7 936	575	68
33	190	891	7 839	568	67
34	204	909	7 742	562	66
35	219	928	7 644	556	65
36	233	947	7 547	549	64
37	248	966	7 450	543	63
38	262	0,43 984	7 353	537	62
39	276	0,44 003	7 257	530	61
40	0,40 291	0,44 022	2,27 160	0,91 524	60
41	305	041	7 063	518	59
42	319	059	6 966	511	58
43	334	078	6 870	505	57
44	348	097	6 773	499	56
45	363	116	6 677	492	55
46	377	134	6 580	486	54
47	391	153	6 484	480	53
48	406	172	6 388	473	52
49	420	191	6 292	467	51
50	0,40 434	0,44 210	2,26 196	0,91 461	50
	Cos	Cotg	Tg	Sin	cgr

cgr	Sin	Tg	Cotg	Cos	
50	0,40 434	0,44 210	2,26 196	0,91 461	50
51	449	228	6 099	454	49
52	463	247	6 004	448	48
53	477	266	5 908	442	47
54	492	285	5 812	435	46
55	506	303	5 716	429	45
56	521	322	5 620	423	44
57	535	341	5 525	416	43
58	549	360	5 429	410	42
59	564	379	5 334	403	41
60	0,40 578	0,44 397	2,25 238	0,91 397	40
61	592	416	5 143	391	39
62	607	435	5 048	384	38
63	621	454	4 952	378	37
64	635	473	4 857	372	36
65	650	492	4 762	365	35
66	664	510	4 667	359	34
67	678	529	4 572	352	33
68	693	548	4 477	346	32
69	707	567	4 382	340	31
70	0,40 721	0,44 586	2,24 288	0,91 333	30
71	736	604	4 193	327	29
72	750	623	4 098	320	28
73	765	642	4 004	314	27
74	779	661	3 909	308	26
75	793	680	3 815	301	25
76	808	699	3 720	295	24
77	822	718	3 626	288	23
78	836	736	3 532	282	22
79	851	755	3 438	276	21
80	0,40 865	0,44 774	2,23 344	0,91 269	20
81	879	793	3 250	263	19
82	894	812	3 156	256	18
83	908	831	3 062	250	17
84	922	850	2 968	243	16
85	937	868	2 874	237	15
86	951	887	2 780	231	14
87	965	906	2 687	224	13
88	980	925	2 593	218	12
89	0,40 994	944	2 500	211	11
90	0,41 008	0,44 963	2,22 406	0,91 205	10
91	023	0,44 982	2 313	198	09
92	037	0,45 001	2 220	192	08
93	051	019	2 126	186	07
94	066	038	2 033	179	06
95	080	057	1 940	173	05
96	094	076	1 847	166	04
97	108	095	1 754	160	03
98	123	114	1 661	153	02
99	137	133	1 568	147	01
100	0,41 151	0,45 152	2,21 475	0,91 140	00
	Cos	Cotg	Tg	Sin	cgr

73gr   73gr

mgr	100	99	98	97	96	95	94	93	19	18	15	14	7	6	mgr
1	10,0	9,9	9,8	9,7	9,6	9,5	9,4	9,3	1,9	1,8	1,5	1,4	0,7	0,6	1
2	20,0	19,8	19,6	19,4	19,2	19,0	18,8	18,6	3,8	3,6	3,0	2,8	1,4	1,2	2
3	30,0	29,7	29,4	29,1	28,8	28,5	28,2	27,9	5,7	5,4	4,5	4,2	2,1	1,8	3
4	40,0	39,6	39,2	38,8	38,4	38,0	37,6	37,2	7,6	7,2	6,0	5,6	2,8	2,4	4
5	50,0	49,5	49,0	48,5	48,0	47,5	47,0	46,5	9,5	9,0	7,5	7,0	3,5	3,0	5
6	60,0	59,4	58,8	58,2	57,6	57,0	56,4	55,8	11,4	10,8	9,0	8,4	4,2	3,6	6
7	70,0	69,3	68,6	67,9	67,2	66,5	65,8	65,1	13,3	12,6	10,5	9,8	4,9	4,2	7
8	80,0	79,2	78,4	77,6	76,8	76,0	75,2	74,4	15,2	14,4	12,0	11,2	5,6	4,8	8
9	90,0	89,1	88,2	87,3	86,4	85,5	84,6	83,7	17,1	16,2	13,5	12,6	6,3	5,4	9

cgr	Sin	Tg	Cotg	Cos	
00	0,41 151	0,45 152	2,21 475	0,91 140	**100**
01	166	171	1 383	134	99
02	180	190	1 290	127	98
03	194	208	1 197	121	97
04	209	227	1 105	114	96
05	223	246	1 012	108	95
06	237	265	0 920	102	94
07	252	284	0 828	095	93
08	266	303	0 735	089	92
09	280	322	0 643	082	91
10	0,41 295	0,45 341	2,20 551	0,91 076	**90**
11	309	360	0 459	069	89
12	323	379	0 367	063	88
13	337	398	0 275	056	87
14	352	417	0 183	050	86
15	366	436	0 091	043	85
16	380	455	2,20 000	037	84
17	395	474	2,19 908	030	83
18	409	493	9 816	024	82
19	423	512	9 725	017	81
20	0,41 438	0,45 530	2,19 633	0,91 011	**80**
21	452	549	9 542	0,91 004	79
22	466	568	9 450	0,90 998	78
23	480	587	9 359	991	77
24	495	606	9 268	985	76
25	509	625	9 176	978	75
26	523	644	9 085	972	74
27	538	663	8 994	965	73
28	552	682	8 903	958	72
29	566	701	8 812	952	71
30	0,41 580	0,45 720	2,18 721	0,90 945	**70**
31	595	739	8 631	939	69
32	609	758	8 540	932	68
33	623	777	8 449	926	67
34	638	796	8 359	919	66
35	652	815	8 268	913	65
36	666	834	8 177	906	64
37	680	853	8 087	900	63
38	695	872	7 997	893	62
39	709	891	7 906	887	61
40	0,41 723	0,45 910	2,17 816	0,90 880	**60**
41	738	929	7 726	873	59
42	752	948	7 636	867	58
43	766	967	7 546	860	57
44	780	0,45 986	7 456	854	56
45	795	0,46 005	7 366	847	55
46	809	024	7 276	841	54
47	823	044	7 186	834	53
48	837	063	7 096	827	52
49	852	082	7 006	821	51
50	0,41 866	0,46 101	2,16 917	0,90 814	**50**
	Cos	Cotg	Tg	Sin	cgr

cgr	Sin	Tg	Cotg	Cos	
50	0,41 866	0,46 101	2,16 917	0,90 814	**50**
51	880	120	6 827	808	49
52	895	139	6 738	801	48
53	909	158	6 648	795	47
54	923	177	6 559	788	46
55	937	196	6 469	781	45
56	952	215	6 380	775	44
57	966	234	6 291	768	43
58	980	253	6 202	762	42
59	0,41 994	272	6 113	755	41
60	0,42 009	0,46 291	2,16 024	0,90 748	**40**
61	023	310	5 935	742	39
62	037	329	5 846	735	38
63	051	348	5 757	729	37
64	066	368	5 668	722	36
65	080	387	5 579	715	35
66	094	406	5 491	709	34
67	108	425	5 402	702	33
68	123	444	5 313	696	32
69	137	463	5 225	689	31
70	0,42 151	0,46 482	2,15 137	0,90 682	**30**
71	165	501	5 048	676	29
72	180	520	4 960	669	28
73	194	539	4 872	662	27
74	208	559	4 783	656	26
75	222	578	4 695	649	25
76	237	597	4 607	643	24
77	251	616	4 519	636	23
78	265	635	4 431	629	22
79	279	654	4 343	623	21
80	0,42 293	0,46 673	2,14 255	0,90 616	**20**
81	308	692	4 168	609	19
82	322	712	4 080	603	18
83	336	731	3 992	596	17
84	350	750	3 905	589	16
85	365	769	3 817	583	15
86	379	788	3 730	576	14
87	393	807	3 642	569	13
88	407	826	3 555	563	12
89	422	846	3 467	556	11
90	0,42 436	0,46 865	2,13 380	0,90 549	**10**
91	450	884	3 293	543	09
92	464	903	3 206	536	08
93	478	922	3 119	529	07
94	493	941	3 032	523	06
95	507	961	2 945	516	05
96	521	980	2 858	509	04
97	535	0,46 999	2 771	503	03
98	550	0,47 018	2 684	496	02
99	564	037	2 597	489	01
100	0,42 578	0,47 056	2,12 511	0,90 483	**00**
	Cos	Cotg	Tg	Sin	cgr

mgr	93	92	91	90	89	88	87	86	20	19	18	15	14	7	6	mgr
I	9,3	9,2	9,1	9,0	8,9	8,8	8,7	8,6	2,0	1,9	1,8	1,5	1,4	0,7	0,6	I
2	18,6	18,4	18,2	18,0	17,8	17,6	17,4	17,2	4,0	3,8	3,6	3,0	2,8	1,4	1,2	2
3	27,9	27,6	27,3	27,0	26,7	26,4	26,1	25,8	6,0	5,7	5,4	4,5	4,2	2,1	1,8	3
4	37,2	36,8	36,4	36,0	35,6	35,2	34,8	34,4	8,0	7,6	7,2	6,0	5,6	2,8	2,4	4
5	46,5	46,0	45,5	45,0	44,5	44,0	43,5	43,0	10,0	9,5	9,0	7,5	7,0	3,5	3,0	5
6	55,8	55,2	54,6	54,0	53,4	52,8	52,2	51,6	12,0	11,4	10,8	9,0	8,4	4,2	3,6	6
7	65,1	64,4	63,7	63,0	62,3	61,6	60,9	60,2	14,0	13,3	12,6	10,5	9,8	4,9	4,2	7
8	74,4	73,6	72,8	72,0	71,2	70,4	69,6	68,8	16,0	15,2	14,4	12,0	11,2	5,6	4,8	8
9	83,7	82,8	81,9	81,0	80,1	79,2	78,3	77,4	18,0	17,1	16,2	13,5	12,6	6,3	5,4	9

cgr	Sin	Tg	Cotg	Cos	
00	0,42 578	0,47 056	2,12 511	0,90 483	100
01	592	076	2 424	476	99
02	606	095	2 338	469	98
03	621	114	2 251	463	97
04	635	133	2 165	456	96
05	649	152	2 078	449	95
06	663	172	1 992	443	94
07	677	191	1 906	436	93
08	692	210	1 819	429	92
09	706	229	1 733	422	91
10	0,42 720	0,47 248	2,11 647	0,90 416	90
11	734	268	1 561	409	89
12	748	287	1 475	402	88
13	763	306	1 389	396	87
14	777	325	1 303	389	86
15	791	345	1 218	382	85
16	805	364	1 132	375	84
17	819	383	1 046	369	83
18	834	402	0 960	362	82
19	848	421	0 875	355	81
20	0,42 862	0,47 441	2,10 789	0,90 348	80
21	876	460	0 704	342	79
22	890	479	0 618	335	78
23	905	498	0 533	328	77
24	919	518	0 448	322	76
25	933	537	0 363	315	75
26	947	556	0 277	308	74
27	961	575	0 192	301	73
28	975	595	0 107	295	72
29	0,42 990	614	2,10 022	288	71
30	0,43 004	0,47 633	2,09 937	0,90 281	70
31	018	653	9 852	274	69
32	032	672	9 767	268	68
33	046	691	9 683	261	67
34	061	710	9 598	254	66
35	075	730	9 513	247	65
36	089	749	9 429	240	64
37	103	768	9 344	234	63
38	117	788	9 259	227	62
39	131	807	9 175	220	61
40	0,43 146	0,47 826	2,09 091	0,90 213	60
41	160	845	9 006	207	59
42	174	865	8 922	200	58
43	188	884	8 838	193	57
44	202	903	8 753	186	56
45	216	923	8 669	179	55
46	231	942	8 585	173	54
47	245	961	8 501	166	53
48	259	0,47 981	8 417	159	52
49	273	0,48 000	8 333	152	51
50	0,43 287	0,48 019	2,08 250	0,90 146	50
	Cos	Cotg	Tg	Sin	cgr

cgr	Sin	Tg	Cotg	Cos	
50	0,43 287	0,48 019	2,08 250	0,90 146	50
51	301	039	8 166	139	49
52	316	058	8 082	132	48
53	330	077	7 998	125	47
54	344	097	7 915	118	46
55	358	116	7 831	111	45
56	372	135	7 748	105	44
57	386	155	7 664	098	43
58	401	174	7 581	091	42
59	415	193	7 497	084	41
60	0,43 429	0,48 213	2,07 414	0,90 077	40
61	443	232	7 331	071	39
62	457	251	7 248	064	38
63	471	271	7 164	057	37
64	485	290	7 081	050	36
65	500	310	6 998	043	35
66	514	329	6 915	036	34
67	528	348	6 832	030	33
68	542	368	6 749	023	32
69	556	387	6 667	016	31
70	0,43 570	0,48 407	2,06 584	0,90 009	30
71	584	426	6 501	0,90 002	29
72	599	445	6 418	0,89 995	28
73	613	465	6 336	989	27
74	627	484	6 253	982	26
75	641	503	6 171	975	25
76	655	523	6 088	968	24
77	669	542	6 006	961	23
78	683	562	5 924	954	22
79	697	581	5 841	947	21
80	0,43 712	0,48 601	2,05 759	0,89 941	20
81	726	620	5 677	934	19
82	740	639	5 595	927	18
83	754	659	5 513	920	17
84	768	678	5 431	913	16
85	782	698	5 349	906	15
86	796	717	5 267	899	14
87	810	737	5 185	892	13
88	825	756	5 103	886	12
89	839	775	5 021	879	11
90	0,43 853	0,48 795	2,04 940	0,89 872	10
91	867	814	4 858	865	09
92	881	834	4 776	858	08
93	895	853	4 695	851	07
94	909	873	4 613	844	06
95	923	892	4 532	837	05
96	937	912	4 450	830	04
97	952	931	4 369	823	03
98	966	951	4 288	817	02
99	980	970	4 207	810	01
100	0,43 994	0,48 989	2,04 125	0,89 803	00
	Cos	Cotg	Tg	Sin	cgr

mgr	87	86	85	84	83	82	81	20	19	15	14	7	6	mgr
1	8,7	8,6	8,5	8,4	8,3	8,2	8,1	2,0	1,9	1,5	1,4	0,7	0,6	1
2	17,4	17,2	17,0	16,8	16,6	16,4	16,2	4,0	3,8	3,0	2,8	1,4	1,2	2
3	26,1	25,8	25,5	25,2	24,9	24,6	24,3	6,0	5,7	4,5	4,2	2,1	1,8	3
4	34,8	34,4	34,0	33,6	33,2	32,8	32,4	8,0	7,6	6,0	5,6	2,8	2,4	4
5	43,5	43,0	42,5	42,0	41,5	41,0	40,5	10,0	9,5	7,5	7,0	3,5	3,0	5
6	52,2	51,6	51,0	50,4	49,8	49,2	48,6	12,0	11,4	9,0	8,4	4,2	3,6	6
7	60,9	60,2	59,5	58,8	58,1	57,4	56,7	14,0	13,3	10,5	9,8	4,9	4,2	7
8	69,6	68,8	68,0	67,2	66,4	65,6	64,8	16,0	15,2	12,0	11,2	5,6	4,8	8
9	78,3	77,4	76,5	75,6	74,7	73,8	72,9	18,0	17,1	13,5	12,6	6,3	5,4	9

cgr	Sin	Tg	Cotg	Cos		cgr	Sin	Tg	Cotg	Cos	
00	0,43 994	0,48 989	2,04 125	0,89 803	100	50	0,44 698	0,49 967	2,00 131	0,89 454	50
01	0,44 008	0,49 009	4 044	796	99	51	712	0,49 987	2,00 053	447	49
02	022	028	3 963	789	98	52	726	0,50 006	1,99 974	440	48
03	036	048	3 882	782	97	53	740	026	9 896	433	47
04	050	067	3 801	775	96	54	754	046	9 817	426	46
05	064	087	3 720	768	95	55	768	065	9 739	419	45
06	079	106	3 639	761	94	56	782	085	9 661	412	44
07	093	126	3 559	754	93	57	796	105	9 582	405	43
08	107	145	3 478	747	92	58	810	124	9 504	398	42
09	121	165	3 397	740	91	59	824	144	9 426	391	41
10	0,44 135	0,49 184	2,03 316	0,89 734	90	60	0,44 838	0,50 164	1,99 348	0,89 384	40
11	149	204	3 236	727	89	61	852	183	9 270	377	39
12	163	223	3 155	720	88	62	866	203	9 191	370	38
13	177	243	3 075	713	87	63	880	223	9 113	363	37
14	191	262	2 994	706	86	64	894	242	9 036	356	36
15	205	282	2 914	699	85	65	909	262	8 958	349	35
16	219	302	2 833	692	84	66	923	282	8 880	342	34
17	234	321	2 753	685	83	67	937	301	8 802	335	33
18	248	341	2 673	678	82	68	951	321	8 724	328	32
19	262	360	2 593	671	81	69	965	341	8 646	321	31
20	0,44 276	0,49 380	2,02 513	0,89 664	80	70	0,44 979	0,50 360	1,98 569	0,89 314	30
21	290	399	2 432	657	79	71	0,44 993	380	8 491	307	29
22	304	419	2 352	650	78	72	0,45 007	400	8 414	299	28
23	318	438	2 272	643	77	73	021	419	8 336	292	27
24	332	458	2 192	636	76	74	035	439	8 259	285	26
25	346	477	2 113	629	75	75	049	459	8 181	278	25
26	360	497	2 033	622	74	76	063	479	8 104	271	24
27	374	516	1 953	615	73	77	077	498	8 026	264	23
28	388	536	1 873	608	72	78	091	518	7 949	257	22
29	403	556	1 793	601	71	79	105	538	7 872	250	21
30	0,44 417	0,49 575	2,01 714	0,89 594	70	80	0,45 119	0,50 557	1,97 795	0,89 243	20
31	431	595	1 634	587	69	81	133	577	7 718	236	19
32	445	614	1 555	580	68	82	147	597	7 641	229	18
33	459	634	1 475	574	67	83	161	617	7 563	222	17
34	473	653	1 396	567	66	84	175	636	7 486	214	16
35	487	673	1 316	560	65	85	189	656	7 410	207	15
36	501	693	1 237	553	64	86	203	676	7 333	200	14
37	515	712	1 158	546	63	87	217	696	7 256	193	13
38	529	732	1 078	539	62	88	231	715	7 179	186	12
39	543	751	0 999	532	61	89	245	735	7 102	179	11
40	0,44 557	0,49 771	2,00 920	0,89 525	60	90	0,45 259	0,50 755	1,97 026	0,89 172	10
41	571	791	0 841	518	59	91	273	775	6 949	165	09
42	585	810	0 762	511	58	92	287	794	6 872	158	08
43	599	830	0 683	504	57	93	301	814	6 796	151	07
44	614	849	0 604	497	56	94	315	834	6 719	143	06
45	628	869	0 525	490	55	95	329	854	6 643	136	05
46	642	889	0 446	483	54	96	343	873	6 566	129	04
47	656	908	0 368	476	53	97	357	893	6 490	122	03
48	670	928	0 289	469	52	98	371	913	6 414	115	02
49	684	948	0 210	461	51	99	385	933	6 337	108	01
50	0,44 698	0,49 967	2,00 131	0,89 454	50	100	0,45 399	0,50 953	1,96 261	0,89 101	00
	Cos	Cotg	Tg	Sin	cgr		Cos	Cotg	Tg	Sin	cgr

mgr	81	80	79	78	77	76	20	19	15	14	8	7	6	mgr
1	8,1	8,0	7,9	7,8	7,7	7,6	2,0	1,9	1,5	1,4	0,8	0,7	0,6	1
2	16,2	16,0	15,8	15,6	15,4	15,2	4,0	3,8	3,0	2,8	1,6	1,4	1,2	2
3	24,3	24,0	23,7	23,4	23,1	22,8	6,0	5,7	4,5	4,2	2,4	2,1	1,8	3
4	32,4	32,0	31,6	31,2	30,8	30,4	8,0	7,6	6,0	5,6	3,2	2,8	2,4	4
5	40,5	40,0	39,5	39,0	38,5	38,0	10,0	9,5	7,5	7,0	4,0	3,5	3,0	5
6	48,6	48,0	47,4	46,8	46,2	45,6	12,0	11,4	9,0	8,4	4,8	4,2	3,6	6
7	56,7	56,0	55,3	54,6	53,9	53,2	14,0	13,3	10,5	9,8	5,6	4,9	4,2	7
8	64,8	64,0	63,2	62,4	61,6	60,8	16,0	15,2	12,0	11,2	6,4	5,6	4,8	8
9	72,9	72,0	71,1	70,2	69,3	68,4	18,0	17,1	13,5	12,6	7,2	6,3	5,4	9

cgr	Sin	Tg	Cotg	Cos	
00	0,45 399	0,50 953	1,96 261	0,89 101	100
01	413	972	6 185	094	99
02	427	0,50 992	6 109	086	98
03	441	0,51 012	6 033	079	97
04	455	032	5 957	072	96
05	469	052	5 881	065	95
06	483	071	5 805	058	94
07	497	091	5 729	051	93
08	511	111	5 653	044	92
09	525	131	5 577	036	91
10	0,45 539	0,51 151	1,95 501	0,89 029	90
11	553	170	5 426	022	89
12	567	190	5 350	015	88
13	581	210	5 274	008	87
14	595	230	5 199	0,89 001	86
15	609	250	5 123	0,88 993	85
16	623	270	5 048	986	84
17	637	289	4 972	979	83
18	651	309	4 897	972	82
19	665	329	4 821	965	81
20	0,45 679	0,51 349	1,94 746	0,88 958	80
21	693	369	4 671	950	79
22	707	389	4 596	943	78
23	721	408	4 520	936	77
24	735	428	4 445	929	76
25	749	448	4 370	922	75
26	763	468	4 295	914	74
27	777	488	4 220	907	73
28	790	508	4 145	900	72
29	804	528	4 070	893	71
30	0,45 818	0,51 548	1,93 996	0,88 886	70
31	832	567	3 921	879	69
32	846	587	3 846	871	68
33	860	607	3 771	864	67
34	874	627	3 697	857	66
35	888	647	3 622	850	65
36	902	667	3 547	843	64
37	916	687	3 473	835	63
38	930	707	3 398	828	62
39	944	727	3 324	821	61
40	0,45 958	0,51 747	1,93 250	0,88 814	60
41	972	766	3 175	806	59
42	0,45 986	786	3 101	799	58
43	0,46 000	806	3 027	792	57
44	014	826	2 953	785	56
45	028	846	2 878	778	55
46	042	866	2 804	770	54
47	056	886	2 730	763	53
48	070	906	2 656	756	52
49	083	926	2 582	749	51
50	0,46 097	0,51 946	1,92 508	0,88 741	50
	Cos	Cotg	Tg	Sin	cgr

cgr	Sin	Tg	Cotg	Cos	
50	0,46 097	0,51 946	1,92 508	0,88 741	50
51	111	966	2 434	734	49
52	125	0,51 986	2 360	727	48
53	139	0,52 006	2 287	720	47
54	153	026	2 213	712	46
55	167	046	2 139	705	45
56	181	066	2 065	698	44
57	195	086	1 992	691	43
58	209	106	1 918	683	42
59	223	125	1 845	676	41
60	0,46 237	0,52 145	1,91 771	0,88 669	40
61	251	165	1 698	662	39
62	265	185	1 624	654	38
63	279	205	1 551	647	37
64	292	225	1 478	640	36
65	306	245	1 404	632	35
66	320	265	1 331	625	34
67	334	285	1 258	618	33
68	348	305	1 185	611	32
69	362	325	1 112	603	31
70	0,46 376	0,52 345	1,91 039	0,88 596	30
71	390	365	0 966	589	29
72	404	385	0 893	582	28
73	418	405	0 820	574	27
74	432	425	0 747	567	26
75	446	446	0 674	560	25
76	459	466	0 601	552	24
77	473	486	0 528	545	23
78	487	506	0 456	538	22
79	501	526	0 383	530	21
80	0,46 515	0,52 546	1,90 310	0,88 523	20
81	529	566	0 238	516	19
82	543	586	0 165	509	18
83	557	606	0 093	501	17
84	571	626	1,90 020	494	16
85	585	646	1,89 948	487	15
86	599	666	9 876	479	14
87	612	686	9 803	472	13
88	626	706	9 731	465	12
89	640	726	9 659	457	11
90	0,46 654	0,52 746	1,89 587	0,88 450	10
91	668	766	9 515	443	09
92	682	786	9 442	435	08
93	696	807	9 370	428	07
94	710	827	9 298	421	06
95	724	847	9 226	413	05
96	737	867	9 154	406	04
97	751	887	9 083	399	03
98	765	907	9 011	391	02
99	779	927	8 939	384	01
100	0,46 793	0,52 947	1,88 867	0,88 377	00
	Cos	Cotg	Tg	Sin	cgr

mgr	76	75	74	73	72	71	21	20	19	·14	13	8	7	mgr
1	7,6	7,5	7,4	7,3	7,2	7,1	2,1	2,0	1,9	1,4	1,3	0,8	0,7	1
2	15,2	15,0	14,8	14,6	14,4	14,2	4,2	4,0	3,8	2,8	2,6	1,6	1,4	2
3	22,8	22,5	22,2	21,9	21,6	21,3	6,3	6,0	5,7	4,2	3,9	2,4	2,1	3
4	30,4	30,0	29,6	29,2	28,8	28,4	8,4	8,0	7,6	5,6	5,2	3,2	2,8	4
5	38,0	37,5	37,0	36,5	36,0	35,5	10,5	10,0	9,5	7,0	6,5	4,0	3,5	5
6	45,6	45,0	44,4	43,8	43,2	42,6	12,6	12,0	11,4	8,4	7,8	4,8	4,2	6
7	53,2	52,5	51,8	51,1	50,4	49,7	14,7	14,0	13,3	9,8	9,1	5,6	4,9	7
8	60,8	60,0	59,2	58,4	57,6	56,8	16,8	16,0	15,2	11,2	10,4	6,4	5,6	8
9	68,4	67,5	66,6	65,7	64,8	63,9	18,9	18,0	17,1	12,6	11,7	7,2	6,3	9

cgr	Sin	Tg	Cotg	Cos	
00	0,46 793	0,52 947	1,88 867	0,88 377	100
01	807	967	8 795	369	99
02	821	0,52 988	8 724	362	98
03	835	0,53 008	8 652	355	97
04	849	028	8 581	347	96
05	862	048	8 509	340	95
06	876	068	8 437	332	94
07	890	088	8 366	325	93
08	904	108	8 295	318	92
09	918	128	8 223	310	91
10	0,46 932	0,53 149	1,88 152	0,88 303	90
11	946	169	8 081	296	89
12	959	189	8 009	288	88
13	973	209	7 938	281	87
14	0,46 987	229	7 867	273	86
15	0,47 001	249	7 796	266	85
16	015	269	7 725	259	84
17	029	290	7 654	251	83
18	043	310	7 583	244	82
19	057	330	7 512	237	81
20	0,47 070	0,53 350	1,87 441	0,88 229	80
21	084	370	7 370	222	79
22	098	391	7 299	214	78
23	112	411	7 228	207	77
24	126	431	7 158	200	76
25	140	451	7 087	192	75
26	154	471	7 016	185	74
27	167	492	6 946	177	73
28	181	512	6 875	170	72
29	195	532	6 804	162	71
30	0,47 209	0,53 552	1,86 734	0,88 155	70
31	223	572	6 663	148	69
32	237	593	6 593	140	68
33	250	613	6 523	133	67
34	264	633	6 452	125	66
35	278	653	6 382	118	65
36	292	673	6 312	111	64
37	306	694	6 242	103	63
38	320	714	6 171	096	62
39	334	734	6 101	088	61
40	0,47 347	0,53 754	1,86 031	0,88 081	60
41	361	775	5 961	073	59
42	375	795	5 891	066	58
43	389	815	5 821	058	57
44	403	835	5 751	051	56
45	417	856	5 681	044	55
46	430	876	5 611	036	54
47	444	896	5 542	029	53
48	458	917	5 472	021	52
49	472	937	5 402	014	51
50	0,47 486	0,53 957	1,85 333	0,88 006	50
	Cos	Cotg	Tg	Sin	cgr

cgr	Sin	Tg	Cotg	Cos	
50	0,47 486	0,53 957	1,85 333	0,88 006	50
51	499	977	5 263	0,87 999	49
52	513	0,53 998	5 193	991	48
53	527	0,54 018	5 124	984	47
54	541	038	5 054	976	46
55	555	059	4 985	969	45
56	569	079	4 915	962	44
57	582	099	4 846	954	43
58	596	119	4 777	947	42
59	610	140	4 707	939	41
60	0,47 624	0,54 160	1,84 638	0,87 932	40
61	638	180	4 569	924	39
62	651	201	4 499	917	38
63	665	221	4 430	909	37
64	679	241	4 361	902	36
65	693	262	4 292	894	35
66	707	282	4 223	887	34
67	720	302	4 154	879	33
68	734	323	4 085	872	32
69	748	343	4 016	864	31
70	0,47 762	0,54 363	1,83 947	0,87 857	30
71	776	384	3 879	849	29
72	789	404	3 810	842	28
73	803	424	3 741	834	27
74	817	445	3 672	827	26
75	831	465	3 604	819	25
76	845	486	3 535	812	24
77	858	506	3 466	804	23
78	872	526	3 398	797	22
79	886	547	3 329	789	21
80	0,47 900	0,54 567	1,83 261	0,87 782	20
81	914	587	3 192	774	19
82	927	608	3 124	767	18
83	941	628	3 056	759	17
84	955	649	2 987	751	16
85	969	669	2 919	744	15
86	983	689	2 851	736	14
87	0,47 996	710	2 782	729	13
88	0,48 010	730	2 714	721	12
89	024	751	2 646	714	11
90	0,48 038	0,54 771	1,82 578	0,87 706	10
91	051	792	2 510	699	09
92	065	812	2 442	691	08
93	079	832	2 374	684	07
94	093	853	2 306	676	06
95	107	873	2 238	668	05
96	120	894	2 170	661	04
97	134	914	2 103	653	03
98	148	935	2 035	646	02
99	162	955	1 967	638	01
100	0,48 175	0,54 975	1,81 899	0,87 631	00
	Cos	Cotg	Tg	Sin	cgr

68gr   **68gr**

mgr	72	71	70	69	68	67	21	20	14	13	8	7	mgr
1	7,2	7,1	7,0	6,9	6,8	6,7	2,1	2,0	1,4	1,3	0,8	0,7	1
2	14,4	14,2	14,0	13,8	13,6	13,4	4,2	4,0	2,8	2,6	1,6	1,4	2
3	21,6	21,3	21,0	20,7	20,4	20,1	6,3	6,0	4,2	3,9	2,4	2,1	3
4	28,8	28,4	28,0	27,6	27,2	26,8	8,4	8,0	5,6	5,2	3,2	2,8	4
5	36,0	35,5	35,0	34,5	34,0	33,5	10,5	10,0	7,0	6,5	4,0	3,5	5
6	43,2	42,6	42,0	41,4	40,8	40,2	12,6	12,0	8,4	7,8	4,8	4,2	6
7	50,4	49,7	49,0	48,3	47,6	46,9	14,7	14,0	9,8	9,1	5,6	4,9	7
8	57,6	56,8	56,0	55,2	54,4	53,6	16,8	16,0	11,2	10,4	6,4	5,6	8
9	64,8	63,9	63,0	62,1	61,2	60,3	18,9	18,0	12,6	11,7	7,2	6,3	9

cgr	Sin	Tg	Cotg	Cos	
00	0,48 175	0,54 975	1,81 899	0,87 631	100
01	189	0,54 996	1 832	623	99
02	203	0,55 016	1 764	616	98
03	217	037	1 696	608	97
04	230	057	1 629	600	96
05	244	078	1 561	593	95
06	258	098	1 494	585	94
07	272	119	1 426	578	93
08	285	139	1 359	570	92
09	299	160	1 292	562	91
10	0,48 313	0,55 180	1,81 224	0,87 555	90
11	327	201	1 157	547	89
12	340	221	1 090	540	88
13	354	242	1 023	532	87
14	368	262	0 956	525	86
15	382	283	0 888	517	85
16	395	303	0 821	509	84
17	409	324	0 754	502	83
18	423	344	0 687	494	82
19	437	365	0 620	486	81
20	0,48 450	0,55 385	1,80 553	0,87 479	80
21	464	406	0 486	471	79
22	478	426	0 420	464	78
23	492	447	0 353	456	77
24	505	467	0 286	448	76
25	519	488	0 219	441	75
26	533	509	0 153	433	74
27	547	529	0 086	426	73
28	560	550	1,80 019	418	72
29	574	570	1,79 953	410	71
30	0,48 588	0,55 591	1,79 886	0,87 403	70
31	602	611	9 820	395	69
32	615	632	9 753	387	68
33	629	652	9 687	380	67
34	643	673	9 620	372	66
35	656	694	9 554	364	65
36	670	714	9 488	357	64
37	684	735	9 421	349	63
38	698	755	9 355	342	62
39	711	776	9 289	334	61
40	0,48 725	0,55 797	1,79 223	0,87 326	60
41	739	817	9 156	319	59
42	752	838	9 090	311	58
43	766	858	9 024	303	57
44	780	879	8 958	296	56
45	794	900	8 892	288	55
46	807	920	8 826	280	54
47	821	941	8 760	273	53
48	835	961	8 695	265	52
49	848	0,55 982	8 629	257	51
50	0,48 862	0,56 003	1,78 563	0,87 250	50
	Cos	Cotg	Tg	Sin	cgr

cgr	Sin	Tg	Cotg	Cos	
50	0,48 862	0,56 003	1,78 563	0,87 250	50
51	876	023	8 497	242	49
52	890	044	8 431	234	48
53	903	065	8 366	227	47
54	917	085	8 300	219	46
55	931	106	8 234	211	45
56	944	127	8 169	204	44
57	958	147	8 103	196	43
58	972	168	8 038	188	42
59	985	189	7 972	180	41
60	0,48 999	0,56 209	1,77 907	0,87 173	40
61	0,49 013	230	7 841	165	39
62	026	251	7 776	157	38
63	040	271	7 711	150	37
64	054	292	7 645	142	36
65	068	313	7 580	134	35
66	081	333	7 515	127	34
67	095	354	7 450	119	33
68	109	375	7 385	111	32
69	122	395	7 319	103	31
70	0,49 136	0,56 416	1,77 254	0,87 096	30
71	150	437	7 189	088	29
72	163	458	7 124	080	28
73	.177	478	7 059	073	27
74	191	499	6 994	065	26
75	204	520	6 929	057	25
76	218	540	6 865	049	24
77	232	561	6 800	042	23
78	245	582	6 735	034	22
79	259	603	6 670	026	21
80	0,49 273	0,56 623	1,76 606	0,87 018	20
81	286	644	6 541	011	19
82	300	665	6 476	0,87 003	18
83	314	686	6 412	0,86 995	17
84	327	706	6 347	987	16
85	341	727	6 282	980	15
86	355	748	6 218	972	14
87	368	769	6 154	964	13
88	382	789	6 089	956	12
89	396	810	6 025	949	11
90	0,49 409	0,56 831	1,75 960	0,86 941	10
91	423	852	5 896	933	09
92	437	873	5 832	925	08
93	450	893	5 767	918	07
94	464	914	5 703	910	06
95	478	935	5 639	902	05
96	491	956	5 575	894	04
97	505	977	5 511	886	03
98	519	0,56 997	5 447	879	02
99	532	0,57 018	5 383	871	01
100	0,49 546	0,57 039	1,75 319	0,86 863	00
	Cos	Cotg	Tg	Sin	cgr

67gr   **67gr**

mgr	68	67	66	65	64	21	20	14	13	8	7	mgr
1	6,8	6,7	6,6	6,5	6,4	2,1	2,0	1,4	1,3	0,8	0,7	1
2	13,6	13,4	13,2	13,0	12,8	4,2	4,0	2,8	2,6	1,6	1,4	2
3	20,4	20,1	19,8	19,5	19,2	6,3	6,0	4,2	3,9	2,4	2,1	3
4	27,2	26,8	26,4	26,0	25,6	8,4	8,0	5,6	5,2	3,2	2,8	4
5	34,0	33,5	33,0	32,5	32,0	10,5	10,0	7,0	6,5	4,0	3,5	5
6	40,8	40,2	39,6	39,0	38,4	12,6	12,0	8,4	7,8	4,8	4,2	6
7	47,6	46,9	46,2	45,5	44,8	14,7	14,0	9,8	9,1	5,6	4,9	7
8	54,4	53,6	52,8	52,0	51,2	16,8	16,0	11,2	10,4	6,4	5,6	8
9	61,2	60,3	59,4	58,5	57,6	18,9	18,0	12,6	11,7	7,2	6,3	9

cgr	Sin	Tg	Cotg	Cos	
00	0,49 546	0,57 039	1,75 319	0,86 863	100
01	560	060	5 255	855	99
02	573	081	5 191	848	98
03	587	101	5 127	840	97
04	600	122	5 063	832	96
05	614	143	4 999	824	95
06	628	164	4 935	816	94
07	641	185	4 872	809	93
08	655	206	4 808	801	92
09	669	227	4 744	793	91
10	0,49 682	0,57 247	1,74 681	0,86 785	90
11	696	268	4 617	777	89
12	710	289	4 553	770	88
13	723	310	4 490	762	87
14	737	331	4 426	754	86
15	750	352	4 363	746	85
16	764	373	4 299	738	84
17	778	393	4 236	731	83
18	791	414	4 173	723	82
19	805	435	4 109	715	81
20	0,49 819	0,57 456	1,74 046	0,86 707	80
21	832	477	3 983	699	79
22	846	498	3 919	691	78
23	859	519	3 856	684	77
24	873	540	3 793	676	76
25	887	561	3 730	668	75
26	900	582	3 667	660	74
27	914	602	3 604	652	73
28	927	623	3 541	644	72
29	941	644	3 478	637	71
30	0,49 955	0,57 665	1,73 415	0,86 629	70
31	968	686	3 352	621	69
32	982	707	3 289	613	68
33	0,49 995	728	3 226	605	67
34	0,50 009	749	3 163	597	66
35	023	770	3 100	589	65
36	036	791	3 038	582	64
37	050	812	2 975	574	63
38	063	833	2 912	566	62
39	077	854	2 850	558	61
40	0,50 091	0,57 875	1,72 787	0,86 550	60
41	104	896	2 724	542	59
42	118	917	2 662	534	58
43	131	938	2 599	527	57
44	145	959	2 537	519	56
45	159	0,57 980	2 474	511	55
46	172	0,58 001	2 412	503	54
47	186	022	2 350	495	53
48	199	043	2 287	487	52
49	213	064	2 225	479	51
50	0,50 227	0,58 085	1,72 163	0,86 471	50
	Cos	Cotg	Tg	Sin	cgr

cgr	Sin	Tg	Cotg	Cos	
50	0,50 227	0,58 085	1,72 163	0,86 471	50
51	240	106	2 100	463	49
52	254	127	2 038	456	48
53	267	148	1 976	448	47
54	281	169	1 914	440	46
55	294	190	1 852	432	45
56	308	211	1 790	424	44
57	322	232	1 728	416	43
58	335	253	1 666	408	42
59	349	274	1 604	400	41
60	0,50 362	0,58 295	1,71 542	0,86 392	40
61	376	316	1 480	384	39
62	389	337	1 418	377	38
63	403	358	1 356	369	37
64	417	379	1 294	361	36
65	430	400	1 232	353	35
66	444	421	1 171	345	34
67	457	442	1 109	337	33
68	471	463	1 047	329	32
69	484	484	0 986	321	31
70	0,50 498	0,58 506	1,70 924	0,86 313	30
71	512	527	0 862	305	29
72	525	548	0 801	297	28
73	539	569	0 739	289	27
74	552	590	0 678	281	26
75	566	611	0 616	273	25
76	579	632	0 555	265	24
77	593	653	0 494	258	23
78	606	674	0 432	250	22
79	620	695	0 371	242	21
80	0,50 633	0,58 717	1,70 310	0,86 234	20
81	647	738	0 248	226	19
82	661	759	0 187	218	18
83	674	780	0 126	210	17
84	688	801	0 065	202	16
85	701	822	1,70 004	194	15
86	715	843	1,69 943	186	14
87	728	865	9 882	178	13
88	742	886	9 821	170	12
89	755	907	9 760	162	11
90	0,50 769	0,58 928	1,69 699	0,86 154	10
91	782	949	9 638	146	09
92	796	970	9 577	138	08
93	809	0,58 992	9 516	130	07
94	823	0,59 013	9 455	122	06
95	837	034	9 394	114	05
96	850	055	9 334	106	04
97	864	076	9 273	098	03
98	877	097	9 212	090	02
99	891	119	9 151	082	01
100	0,50 904	0,59 140	1,69 091	0,86 074	00
	Cos	Cotg	Tg	Sin	cgr

66gr   **66gr**

mgr	64	63	62	61	60	22	21	20	14	13	8	7	mgr
1	6,4	6,3	6,2	6,1	6,0	2,2	2,1	2,0	1,4	1,3	0,8	0,7	1
2	12,8	12,6	12,4	12,2	12,0	4,4	4,2	4,0	2,8	2,6	1,6	1,4	2
3	19,2	18,9	18,6	18,3	18,0	6,6	6,3	6,0	4,2	3,9	2,4	2,1	3
4	25,6	25,2	24,8	24,4	24,0	8,8	8,4	8,0	5,6	5,2	3,2	2,8	4
5	32,0	31,5	31,0	30,5	30,0	11,0	10,5	10,0	7,0	6,5	4,0	3,5	5
6	38,4	37,8	37,2	36,6	36,0	13,2	12,6	12,0	8,4	7,8	4,8	4,2	6
7	44,8	44,1	43,4	42,7	42,0	15,4	14,7	14,0	9,8	9,1	5,6	4,9	7
8	51,2	50,4	49,6	48,8	48,0	17,6	16,8	16,0	11,2	10,4	6,4	5,6	8
9	57,6	56,7	55,8	54,9	54,0	19,8	18,9	18,0	12,6	11,7	7,2	6,3	9

cgr	Sin	Tg	Cotg	Cos	
00	0,50 904	0,59 140	1,69 091	0,86 074	100
01	918	161	9 030	066	99
02	931	182	8 970	058	98
03	945	203	8 909	050	97
04	958	225	8 849	042	96
05	972	246	8 788	034	95
06	985	267	8 728	026	94
07	0,50 999	288	8 667	018	93
08	0,51 012	310	8 607	010	92
09	026	331	8 546	0,86 002	91
10	0,51 039	0,59 352	1,68 486	0,85 994	90
11	053	373	8 426	986	89
12	066	395	8 366	978	88
13	080	416	8 305	970	87
14	093	437	8 245	962	86
15	107	458	8 185	954	85
16	120	480	8 125	946	84
17	134	501	8 065	938	83
18	147	522	8 005	930	82
19	161	543	7 945	922	81
20	0,51 174	0,59 565	1,67 885	0,85 914	80
21	188	586	7 825	906	79
22	201	607	7 765	898	78
23	215	629	7 705	890	77
24	228	650	7 645	882	76
25	242	671	7 585	874	75
26	255	692	7 525	866	74
27	269	714	7 466	858	73
28	282	735	7 406	849	72
29	296	756	7 346	841	71
30	0,51 309	0,59 778	1,67 287	0,85 833	70
31	323	799	7 227	825	69
32	336	820	7 167	817	68
33	350	842	7 108	809	67
34	363	863	7 048	801	66
35	377	884	6 989	793	65
36	390	906	6 929	785	64
37	404	927	6 870	777	63
38	417	948	6 810	769	62
39	430	970	6 751	761	61
40	0,51 444	0,59 991	1,66 691	0,85 753	60
41	457	0,60 012	6 632	745	59
42	471	034	6 573	736	58
43	484	055	6 514	728	57
44	498	077	6 454	720	56
45	511	098	6 395	712	55
46	525	119	6 336	704	54
47	538	141	6 277	696	53
48	552	162	6 218	688	52
49	565	183	6 159	680	51
50	0,51 579	0,60 205	1,66 099	0,85 672	50
	Cos	Cotg	Tg	Sin	cgr

cgr	Sin	Tg	Cotg	Cos	
50	0,51 579	0,60 205	1,66 099	0,85 672	50
51	592	226	6 040	664	49
52	606	248	5 981	656	48
53	619	269	5 922	647	47
54	632	291	5 864	639	46
55	646	312	5 805	631	45
56	659	333	5 746	623	44
57	673	355	5 687	615	43
58	686	376	5 628	607	42
59	700	398	5 569	599	41
60	0,51 713	0,60 419	1,65 511	0,85 591	40
61	727	441	5 452	583	39
62	740	462	5 393	574	38
63	753	483	5 334	566	37
64	767	505	5 276	558	36
65	780	526	5 217	550	35
66	794	548	5 159	542	34
67	807	569	5 100	534	33
68	821	591	5 042	526	32
69	834	612	4 983	517	31
70	0,51 847	0,60 634	1,64 925	0,85 509	30
71	861	655	4 866	501	29
72	874	677	4 808	493	28
73	888	698	4 750	485	27
74	901	720	4 691	477	26
75	915	741	4 633	469	25
76	928	763	4 575	460	24
77	941	784	4 516	452	23
78	955	806	4 458	444	22
79	968	827	4 400	436	21
80	0,51 982	0,60 849	1,64 342	0,85 428	20
81	0,51 995	870	4 284	420	19
82	0,52 009	892	4 226	411	18
83	022	913	4 168	403	17
84	035	935	4 110	395	16
85	049	956	4 052	387	15
86	062	0,60 978	3 994	379	14
87	076	0,61 000	3 936	371	13
88	089	021	3 878	362	12
89	102	043	3 820	354	11
90	0,52 116	0,61 064	1,63 762	0,85 346	10
91	129	086	3 704	338	09
92	143	107	3 646	330	08
93	156	129	3 589	321	07
94	169	151	3 531	313	06
95	183	172	3 473	305	05
96	196	194	3 416	297	04
97	210	215	3 358	289	03
98	223	237	3 300	280	02
99	236	258	3 243	272	01
100	0,52 250	0,61 280	1,63 185	0,85 264	00
	Cos	Cotg	Tg	Sin	cgr

mgr	61	60	59	58	57	22	21	14	13	9	8	mgr
1	6,1	6,0	5,9	5,8	5,7	2,2	2,1	1,4	1,3	0,9	0,8	1
2	12,2	12,0	11,8	11,6	11,4	4,4	4,2	2,8	2,6	1,8	1,6	2
3	18,3	18,0	17,7	17,4	17,1	6,6	6,3	4,2	3,9	2,7	2,4	3
4	24,4	24,0	23,6	23,2	22,8	8,8	8,4	5,6	5,2	3,6	3,2	4
5	30,5	30,0	29,5	29,0	28,5	11,0	10,5	7,0	6,5	4,5	4,0	5
6	36,6	36,0	35,4	34,8	34,2	13,2	12,6	8,4	7,8	5,4	4,8	6
7	42,7	42,0	41,3	40,6	39,9	15,4	14,7	9,8	9,1	6,3	5,6	7
8	48,8	48,0	47,2	46,4	45,6	17,6	16,8	11,2	10,4	7,2	6,4	8
9	54,9	54,0	53,1	52,2	51,3	19,8	18,9	12,6	11,7	8,1	7,2	9

cgr	Sin	Tg	Cotg	Cos	
00	0,52 250	0,61 280	1,63 185	0,85 264	100
01	263	302	3 128	256	99
02	277	323	3 070	248	98
03	290	345	3 013	239	97
04	303	367	2 955	231	96
05	317	388	2 898	223	95
06	330	410	2 840	215	94
07	344	431	2 783	207	93
08	357	453	2 726	198	92
09	370	475	2 669	190	91
10	0,52 384	0,61 496	1,62 611	0,85 182	90
11	397	518	2 554	174	89
12	410	540	2 497	165	88
13	424	561	2 440	157	87
14	437	583	2 383	149	86
15	451	605	2 325	141	85
16	464	626	2 268	132	84
17	477	648	2 211	124	83
18	491	670	2 154	116	82
19	504	691	2 097	108	81
20	0,52 517	0,61 713	1,62 040	0,85 099	80
21	531	735	1 983	091	79
22	544	756	1 926	083	78
23	558	778	1 870	075	77
24	571	800	1 813	066	76
25	584	822	1 756	058	75
26	598	843	1 699	050	74
27	611	865	1 642	042	73
28	624	887	1 586	033	72
29	638	908	1 529	025	71
30	0,52 651	0,61 930	1,61 472	0,85 017	70
31	664	952	1 416	009	69
32	678	974	1 359	0,85 000	68
33	691	0,61 995	1 302	0,84 992	67
34	704	0,62 017	1 246	984	66
35	718	039	1 189	975	65
36	731	061	1 133	967	64
37	745	082	1 076	959	63
38	758	104	1 020	951	62
39	771	126	0 963	942	61
40	0,52 785	0,62 148	1,60 907	0,84 934	60
41	798	169	0 851	926	59
42	811	191	0 794	917	58
43	825	213	0 738	909	57
44	838	235	0 682	901	56
45	851	257	0 625	893	55
46	865	278	0 569	884	54
47	878	300	0 513	876	53
48	891	322	0 457	868	52
49	905	344	0 401	859	51
50	0,52 918	0,62 366	1,60 345	0,84 851	50
	Cos	Cotg	Tg	Sin	cgr

cgr	Sin	Tg	Cotg	Cos	
50	0,52 918	0,62 366	1,60 345	0,84 851	50
51	931	387	0 289	843	49
52	945	409	0 233	834	48
53	958	431	0 177	826	47
54	971	453	0 121	818	46
55	985	475	0 065	809	45
56	0,52 998	497	1,60 009	801	44
57	0,53 011	518	1,59 953	793	43
58	024	540	9 897	784	42
59	038	562	9 841	776	41
60	0,53 051	0,62 584	1,59 785	0,84 768	40
61	064	606	9 729	759	39
62	078	628	9 674	751	38
63	091	650	9 618	743	37
64	104	672	9 562	734	36
65	118	693	9 506	726	35
66	131	715	9 451	718	34
67	144	737	9 395	709	33
68	158	759	9 340	701	32
69	171	781	9 284	693	31
70	0,53 184	0,62 803	1,59 228	0,84 684	30
71	198	825	9 173	676	29
72	211	847	9 117	668	28
73	224	869	9 062	659	27
74	237	891	9 006	651	26
75	251	912	8 951	643	25
76	264	934	8 896	634	24
77	277	956	8 840	626	23
78	291	0,62 978	8 785	617	22
79	304	0,63 000	8 730	609	21
80	0,53 317	0,63 022	1,58 674	0,84 601	20
81	330	044	8 619	592	19
82	344	066	8 564	584	18
83	357	088	8 509	576	17
84	370	110	8 454	567	16
85	384	132	8 399	559	15
86	397	154	8 343	550	14
87	410	176	8 288	542	13
88	423	198	8 233	534	12
89	437	220	8 178	525	11
90	0,53 450	0,63 242	1,58 123	0,84 517	10
91	463	264	8 068	508	09
92	477	286	8 013	500	08
93	490	308	7 958	492	07
94	503	330	7 904	483	06
95	516	352	7 849	475	05
96	530	374	7 794	466	04
97	543	396	7 739	458	03
98	556	418	7 684	450	02
99	569	440	7 630	441	01
100	0,53 583	0,63 462	1,57 575	0,84 433	00
	Cos	Cotg	Tg	Sin	cgr

mgr	58	57	56	55	54	22	21	14	13	9	8	mgr
1	5,8	5,7	5,6	5,5	5,4	2,2	2,1	1,4	1,3	0,9	0,8	1
2	11,6	11,4	11,2	11,0	10,8	4,4	4,2	2,8	2,6	1,8	1,6	2
3	17,4	17,1	16,8	16,5	16,2	6,6	6,3	4,2	3,9	2,7	2,4	3
4	23,2	22,8	22,4	22,0	21,6	8,8	8,4	5,6	5,2	3,6	3,2	4
5	29,0	28,5	28,0	27,5	27,0	11,0	10,5	7,0	6,5	4,5	4,0	5
6	34,8	34,2	33,6	33,0	32,4	13,2	12,6	8,4	7,8	5,4	4,8	6
7	40,6	39,9	39,2	38,5	37,8	15,4	14,7	9,8	9,1	6,3	5,6	7
8	46,4	45,6	44,8	44,0	43,2	17,6	16,8	11,2	10,4	7,2	6,4	8
9	52,2	51,3	50,4	49,5	48,6	19,8	18,9	12,6	11,7	8,1	7,2	9

cgr	Sin	Tg	Cotg	Cos	
00	0,53 583	0,63 462	1,57 575	0,84 433	100
01	596	484	7 520	424	99
02	609	506	7 465	416	98
03	622	528	7 411	408	97
04	636	550	7 356	399	96
05	649	572	7 302	391	95
06	662	594	7 247	382	94
07	675	616	7 192	374	93
08	689	638	7 138	365	92
09	702	660	7 083	357	91
10	0,53 715	0,63 682	1,57 029	0,84 349	90
11	728	705	6 975	340	89
12	742	727	6 920	332	88
13	755	749	6 866	323	87
14	768	771	6 811	315	86
15	781	793	6 757	306	85
16	795	815	6 703	298	84
17	808	837	6 649	289	83
18	821	859	6 594	281	82
19	834	881	6 540	272	81
20	0,53 848	0,63 903	1,56 486	0,84 264	80
21	861	926	6 432	256	79
22	874	948	6 378	247	78
23	887	970	6 324	239	77
24	901	0,63 992	6 269	230	76
25	914	0,64 014	6 215	222	75
26	927	036	6 161	213	74
27	940	058	6 107	205	73
28	954	081	6 053	196	72
29	967	103	5 999	188	71
30	0,53 980	0,64 125	1,55 946	0,84 179	70
31	0,53 993	147	5 892	171	69
32	0,54 006	169	5 838	162	68
33	020	191	5 784	154	67
34	033	214	5 730	145	66
35	046	236	5 676	137	65
36	059	258	5 623	128	64
37	072	280	5 569	120	63
38	086	302	5 515	111	62
39	099	325	5 461	103	61
40	0,54 112	0,64 347	1,55 408	0,84 094	60
41	125	369	5 354	086	59
42	139	391	5 301	077	58
43	152	413	5 247	069	57
44	165	436	5 193	060	56
45	178	458	5 140	052	55
46	191	480	5 086	043	54
47	205	502	5 033	035	53
48	218	525	4 979	026	52
49	231	547	4 926	018	51
50	0,54 244	0,64 569	1,54 873	0,84 009	50
	Cos	Cotg	Tg	Sin	cgr

cgr	Sin	Tg	Cotg	Cos	
50	0,54 244	0,64 569	1,54 873	0,84 009	50
51	257	591	4 819	0,84 001	49
52	271	614	4 766	0,83 992	48
53	284	636	4 713	984	47
54	297	658	4 659	975	46
55	310	681	4 606	967	45
56	323	703	4 553	958	44
57	336	725	4 500	950	43
58	350	747	4 446	941	42
59	363	770	4 393	933	41
60	0,54 376	0,64 792	1,54 340	0,83 924	40
61	389	814	4 287	916	39
62	402	837	4 234	907	38
63	416	859	4 181	898	37
64	429	881	4 128	890	36
65	442	904	4 075	881	35
66	455	926	4 022	873	34
67	468	948	3 969	864	33
68	481	971	3 916	856	32
69	495	0,64 993	3 863	847	31
70	0,54 508	0,65 015	1,53 810	0,83 839	30
71	521	038	3 757	830	29
72	534	060	3 704	821	28
73	547	082	3 652	813	27
74	560	105	3 599	804	26
75	574	127	3 546	796	25
76	587	149	3 493	787	24
77	600	172	3 441	779	23
78	613	194	3 388	770	22
79	626	217	3 335	761	21
80	0,54 639	0,65 239	1,53 283	0,83 753	20
81	653	261	3 230	744	19
82	666	284	3 178	736	18
83	679	306	3 125	727	17
84	692	329	3 072	718	16
85	705	351	3 020	710	15
86	718	373	2 967	701	14
87	731	396	2 915	693	13
88	745	418	2 863	684	12
89	758	441	2 810	675	11
90	0,54 771	0,65 463	1,52 758	0,83 667	10
91	784	486	2 705	658	09
92	797	508	2 653	650	08
93	810	530	2 601	641	07
94	823	553	2 549	632	06
95	837	575	2 496	624	05
96	850	598	2 444	615	04
97	863	620	2 392	607	03
98	876	643	2 340	598	02
99	889	665	2 288	589	01
100	0,54 902	0,65 688	1,52 235	0,83 581	00
	Cos	Cotg	Tg	Sin	cgr

mgr	55	54	53	52	23	22	14	13	9	8	mgr
1	5,5	5,4	5,3	5,2	2,3	2,2	1,4	1,3	0,9	0,8	1
2	11,0	10,8	10,6	10,4	4,6	4,4	2,8	2,6	1,8	1,6	2
3	16,5	16,2	15,9	15,6	6,9	6,6	4,2	3,9	2,7	2,4	3
4	22,0	21,6	21,2	20,8	9,2	8,8	5,6	5,2	3,6	3,2	4
5	27,5	27,0	26,5	26,0	11,5	11,0	7,0	6,5	4,5	4,0	5
6	33,0	32,4	31,8	31,2	13,8	13,2	8,4	7,8	5,4	4,8	6
7	38,5	37,8	37,1	36,4	16,1	15,4	9,8	9,1	6,3	5,6	7
8	44,0	43,2	42,4	41,6	18,4	17,6	11,2	10,4	7,2	6,4	8
9	49,5	48,6	47,7	46,8	20,7	19,8	12,6	11,7	8,1	7,2	9

cgr	Sin	Tg	Cotg	Cos	
00	0,54 902	0,65 688	1,52 235	0,83 581	100
01	915	710	2 183	572	99
02	929	733	2 131	563	98
03	942	755	2 079	555	97
04	955	778	2 027	546	96
05	968	800	1 975	538	95
06	981	823	1 923	529	94
07	0,54 994	845	1 871	520	93
08	0,55 007	868	1 819	512	92
09	020	890	1 767	503	91
10	0,55 034	0,65 913	1,51 716	0,83 494	90
11	047	935	1 664	486	89
12	060	958	1 612	477	88
13	073	0,65 980	1 560	468	87
14	086	0,66 003	1 508	460	86
15	099	026	1 457	451	85
16	112	048	1 405	442	84
17	125	071	1 353	434	83
18	138	093	1 301	425	82
19	151	116	1 250	417	81
20	0,55 165	0,66 138	1,51 198	0,83 408	80
21	178	161	1 147	399	79
22	191	184	1 095	391	78
23	204	206	1 043	382	77
24	217	229	0 992	373	76
25	230	251	0 940	364	75
26	243	274	0 889	356	74
27	256	297	0 837	347	73
28	269	319	0 786	338	72
29	282	342	0 735	330	71
30	0,55 296	0,66 364	1,50 683	0,83 321	70
31	309	387	0 632	312	69
32	322	410	0 581	304	68
33	335	432	0 529	295	67
34	348	455	0 478	286	66
35	361	478	0 427	278	65
36	374	500	0 375	269	64
37	387	523	0 324	260	63
38	400	546	0 273	252	62
39	413	568	0 222	243	61
40	0,55 426	0,66 591	1,50 171	0,83 234	60
41	439	614	0 120	225	59
42	452	636	0 068	217	58
43	466	659	1,50 017	208	57
44	479	682	1,49 966	199	56
45	492	704	9 915	191	55
46	505	727	9 864	182	54
47	518	750	9 813	173	53
48	531	772	9 762	164	52
49	544	795	9 711	156	51
50	0,55 557	0,66 818	1,49 661	0,83 147	50
	Cos	Cotg	Tg	Sin	cgr

cgr	Sin	Tg	Cotg	Cos	
50	0,55 557	0,66 818	1,49 661	0,83 147	50
51	570	841	9 610	138	49
52	583	863	9 559	130	48
53	596	886	9 508	121	47
54	609	909	9 457	112	46
55	622	932	9 406	103	45
56	635	954	9 356	095	44
57	648	0,66 977	9 305	086	43
58	661	0,67 000	9 254	077	42
59	675	023	9 204	068	41
60	0,55 688	0,67 045	1,49 153	0,83 060	40
61	701	068	9 102	051	39
62	714	091	9 052	042	38
63	727	114	9 001	033	37
64	740	136	8 950	025	36
65	753	159	8 900	016	35
66	766	182	8 849	0,83 007	34
67	779	205	8 799	0,82 998	33
68	792	228	8 748	990	32
69	805	250	8 698	981	31
70	0,55 818	0,67 273	1,48 648	0,82 972	30
71	831	296	8 597	963	29
72	844	319	8 547	954	28
73	857	342	8 496	946	27
74	870	365	8 446	937	26
75	883	387	8 396	928	25
76	896	410	8 345	919	24
77	909	433	8 295	911	23
78	922	456	8 245	902	22
79	935	479	8 195	893	21
80	0,55 948	0,67 502	1,48 145	0,82 884	20
81	961	525	8 094	875	19
82	974	547	8 044	867	18
83	0,55 987	570	7 994	858	17
84	0,56 000	593	7 944	849	16
85	013	616	7 894	840	15
86	026	639	7 844	831	14
87	039	662	7 794	823	13
88	052	685	7 744	814	12
89	065	708	7 694	805	11
90	0,56 078	0,67 731	1,47 644	0,82 796	10
91	091	753	7 594	787	09
92	104	776	7 544	779	08
93	117	799	7 494	770	07
94	130	822	7 444	761	06
95	143	845	7 394	752	05
96	156	868	7 345	743	04
97	169	891	7 295	735	03
98	182	914	7 245	726	02
99	195	937	7 195	717	01
100	0,56 208	0,67 960	1,47 146	0,82 708	00
	Cos	Cotg	Tg	Sin	cgr

mgr	52	51	50	49	23	22	14	13	9	8	mgr
1	5,2	5,1	5,0	4,9	2,3	2,2	1,4	1,3	0,9	0,8	1
2	10,4	10,2	10,0	9,8	4,6	4,4	2,8	2,6	1,8	1,6	2
3	15,6	15,3	15,0	14,7	6,9	6,6	4,2	3,9	2,7	2,4	3
4	20,8	20,4	20,0	19,6	9,2	8,8	5,6	5,2	3,6	3,2	4
5	26,0	25,5	25,0	24,5	11,5	11,0	7,0	6,5	4,5	4,0	5
6	31,2	30,6	30,0	29,4	13,8	13,2	8,4	7,8	5,4	4,8	6
7	36,4	35,7	35,0	34,3	16,1	15,4	9,8	9,1	6,3	5,6	7
8	41,6	40,8	40,0	39,2	18,4	17,6	11,2	10,4	7,2	6,4	8
9	46,8	45,9	45,0	44,1	20,7	19,8	12,6	11,7	8,1	7,2	9

cgr	Sin	Tg	Cotg	Cos	
00	0,56 208	0,67 960	1,47 146	0,82 708	100
01	221	0,67 983	7 096	699	99
02	234	0,68 006	7 046	690	98
03	247	029	6 996	682	97
04	260	052	6 947	673	96
05	273	075	6 897	664	95
06	286	098	6 848	655	94
07	299	121	6 798	646	93
08	312	144	6 749	637	92
09	325	167	6 699	629	91
10	0,56 338	0,68 190	1,46 649	0,82 620	90
11	351	213	6 600	611	89
12	364	236	6 551	602	88
13	377	259	6 501	593	87
14	390	282	6 452	584	86
15	403	305	6 402	575	85
16	416	328	6 353	567	84
17	429	351	6 304	558	83
18	442	374	6 254	549	82
19	455	397	6 205	540	81
20	0,56 468	0,68 420	1,46 156	0,82 531	80
21	481	443	6 106	522	79
22	494	466	6 057	513	78
23	507	489	6 008	504	77
24	520	512	5 959	496	76
25	533	536	5 910	487	75
26	546	559	5 861	478	74
27	559	582	5 811	469	73
28	572	605	5 762	460	72
29	585	628	5 713	451	71
30	0,56 597	0,68 651	1,45 664	0,82 442	70
31	610	674	5 615	433	69
32	623	697	5 566	424	68
33	636	720	5 517	416	67
34	649	744	5 468	407	66
35	662	767	5 419	398	65
36	675	790	5 370	389	64
37	688	813	5 322	380	63
38	701	836	5 273	371	62
39	714	859	5 224	362	61
40	0,56 727	0,68 882	1,45 175	0,82 353	60
41	740	906	5 126	344	59
42	753	929	5 077	335	58
43	766	952	5 029	327	57
44	779	975	4 980	318	56
45	792	0,68 998	4 931	309	55
46	804	0,69 021	4 883	300	54
47	817	045	4 834	291	53
48	830	068	4 785	282	52
49	843	091	4 737	273	51
50	0,56 856	0,69 114	1,44 688	0,82 264	50
	Cos	Cotg	Tg	Sin	cgr

cgr	Sin	Tg	Cotg	Cos	
50	0,56 856	0,69 114	1,44 688	0,82 264	50
51	869	137	4 639	255	49
52	882	161	4 591	246	48
53	895	184	4 542	237	47
54	908	207	4 494	228	46
55	921	230	4 445	219	45
56	934	254	4 397	210	44
57	947	277	4 348	201	43
58	960	300	4 300	193	42
59	972	323	4 252	184	41
60	0,56 985	0,69 347	1,44 203	0,82 175	40
61	0,56 998	370	4 155	166	39
62	0,57 011	393	4 106	157	38
63	024	416	4 058	148	37
64	037	440	4 010	139	36
65	050	463	3 962	130	35
66	063	486	3 913	121	34
67	076	510	3 865	112	33
68	089	533	3 817	103	32
69	101	556	3 769	094	31
70	0,57 114	0,69 579	1,43 721	0,82 085	30
71	127	603	3 672	076	29
72	140	626	3 624	067	28
73	153	649	3 576	058	27
74	166	673	3 528	049	26
75	179	696	3 480	040	25
76	192	719	3 432	031	24
77	205	743	3 384	022	23
78	217	766	3 336	013	22
79	230	790	3 288	0,82 004	21
80	0,57 243	0,69 813	1,43 240	0,81 995	20
81	256	836	3 192	986	19
82	269	860	3 144	977	18
83	282	883	3 096	968	17
84	295	906	3 048	959	16
85	308	930	3 001	950	15
86	320	953	2 953	941	14
87	333	0,69 977	2 905	932	13
88	346	0,70 000	2 857	923	12
89	359	023	2 809	914	11
90	0,57 372	0,70 047	1,42 762	0,81 905	10
91	385	070	2 714	896	09
92	398	094	2 666	887	08
93	411	117	2 619	878	07
94	423	140	2 571	869	06
95	436	164	2 523	860	05
96	449	187	2 476	851	04
97	462	211	2 428	842	03
98	475	234	2 381	833	02
99	488	258	2 333	824	01
100	0,57 501	0,70 281	1,42 286	0,81 815	00
	Cos	Cotg	Tg	Sin	cgr

mgr	50	49	48	47	24	23	13	12	9	8	mgr
1	5,0	4,9	4,8	4,7	2,4	2,3	1,3	1,2	0,9	0,8	1
2	10,0	9,8	9,6	9,4	4,8	4,6	2,6	2,4	1,8	1,6	2
3	15,0	14,7	14,4	14,1	7,2	6,9	3,9	3,6	2,7	2,4	3
4	20,0	19,6	19,2	18,8	9,6	9,2	5,2	4,8	3,6	3,2	4
5	25,0	24,5	24,0	23,5	12,0	11,5	6,5	6,0	4,5	4,0	5
6	30,0	29,4	28,8	28,2	14,4	13,8	7,8	7,2	5,4	4,8	6
7	35,0	34,3	33,6	32,9	16,8	16,1	9,1	8,4	6,3	5,6	7
8	40,0	39,2	38,4	37,6	19,2	18,4	10,4	9,6	7,2	6,4	8
9	45,0	44,1	43,2	42,3	21,6	20,7	11,7	10,8	8,1	7,2	9

cgr	Sin	Tg	Cotg	Cos	
00	0,57 501	0,70 281	1,42 286	0,81 815	100
01	513	305	2 238	806	99
02	526	328	2 191	797	98
03	539	352	2 143	788	97
04	552	375	2 096	779	96
05	565	399	2 048	770	95
06	578	422	2 001	761	94
07	590	446	1 954	752	93
08	603	469	1 906	743	92
09	616	493	1 859	734	91
10	0,57 629	0,70 516	1,41 812	0,81 725	90
11	642	540	1 764	715	89
12	655	563	1 717	706	88
13	667	587	1 670	697	87
14	680	610	1 623	688	86
15	693	634	1 575	679	85
16	706	657	1 528	670	84
17	719	681	1 481	661	83
18	732	704	1 434	652	82
19	744	728	1 387	643	81
20	0,57 757	0,70 752	1,41 340	0,81 634	80
21	770	775	1 293	625	79
22	783	799	1 246	616	78
23	796	822	1 198	607	77
24	809	846	1 151	598	76
25	821	869	1 104	589	75
26	834	893	1 058	579	74
27	847	917	1 011	570	73
28	860	940	0 964	561	72
29	873	964	0 917	552	71
30	0,57 885	0,70 988	1,40 870	0,81 543	70
31	898	0,71 011	0 823	534	69
32	911	035	0 776	525	68
33	924	058	0 729	516	67
34	937	082	0 682	507	66
35	949	106	0 636	498	65
36	962	129	0 589	489	64
37	975	153	0 542	479	63
38	0,57 988	177	0 495	470	62
39	0,58 001	200	0 449	461	61
40	0,58 013	0,71 224	1,40 402	0,81 452	60
41	026	248	0 355	443	59
42	039	271	0 309	434	58
43	052	295	0 262	425	57
44	065	319	0 216	416	56
45	077	342	0 169	406	55
46	090	366	0 122	397	54
47	103	390	0 076	388	53
48	116	414	1,40 029	379	52
49	129	437	1,39 983	370	51
50	0,58 141	0,71 461	1,39 936	0,81 361	50
	Cos	Cotg	Tg	Sin	cgr

cgr	Sin	Tg	Cotg	Cos	cgr
50	0,58 141	0,71 461	1,39 936	0,81 361	50
51	154	485	9 890	352	49
52	167	509	9 843	343	48
53	180	532	9 797	333	47
54	192	556	9 751	324	46
55	205	580	9 704	315	45
56	218	604	9 658	306	44
57	231	627	9 612	297	43
58	244	651	9 565	288	42
59	256	675	9 519	279	41
60	0,58 269	0,71 699	1,39 473	0,81 269	40
61	282	722	9 426	260	39
62	295	746	9 380	251	38
63	307	770	9 334	242	37
64	320	794	9 288	233	36
65	333	818	9 242	224	35
66	346	841	9 195	214	34
67	358	865	9 149	205	33
68	371	889	9 103	196	32
69	384	913	9 057	187	31
70	0,58 397	0,71 937	1,39 011	0,81 178	30
71	409	961	8 965	169	29
72	422	0,71 984	8 919	159	28
73	435	0,72 008	8 873	150	27
74	448	032	8 827	141	26
75	460	056	8 781	132	25
76	473	080	8 735	123	24
77	486	104	8 689	114	23
78	499	128	8 643	104	22
79	511	151	8 597	095	21
80	0,58 524	0,72 175	1,38 551	0,81 086	20
81	537	199	8 506	077	19
82	550	223	8 460	068	18
83	562	247	8 414	058	17
84	575	271	8 368	049	16
85	588	295	8 322	040	15
86	600	319	8 277	031	14
87	613	343	8 231	022	13
88	626	367	8 185	012	12
89	639	391	8 140	0,81 003	11
90	0,58 651	0,72 415	1,38 094	0,80 994	10
91	664	438	8 048	985	09
92	677	462	8 003	975	08
93	690	486	7 957	966	07
94	702	510	7 911	957	06
95	715	534	7 866	948	05
96	728	558	7 820	939	04
97	740	582	7 775	929	03
98	753	606	7 729	920	02
99	766	630	7 684	911	01
100	0,58 779	0,72 654	1,37 638	0,80 902	00
	Cos	Cotg	Tg	Sin	cgr

60gr   60gr

mgr	48	47	46	45	24	23	13	12	10	9	mgr
1	4,8	4,7	4,6	4,5	2,4	2,3	1,3	1,2	1,0	0,9	1
2	9,6	9,4	9,2	9,0	4,8	4,6	2,6	2,4	2,0	1,8	2
3	14,4	14,1	13,8	13,5	7,2	6,9	3,9	3,6	3,0	2,7	3
4	19,2	18,8	18,4	18,0	9,6	9,2	5,2	4,8	4,0	3,6	4
5	24,0	23,5	23,0	22,5	12,0	11,5	6,5	6,0	5,0	4,5	5
6	28,8	28,2	27,6	27,0	14,4	13,8	7,8	7,2	6,0	5,4	6
7	33,6	32,9	32,2	31,5	16,8	16,1	9,1	8,4	7,0	6,3	7
8	38,4	37,6	36,8	36,0	19,2	18,4	10,4	9,6	8,0	7,2	8
9	43,2	42,3	41,4	40,5	21,6	20,7	11,7	10,8	9,0	8,1	9

cgr	Sin	Tg	Cotg	Cos	
00	0,58 779	0,72 654	1,37 638	0,80 902	100
01	791	678	593	892	99
02	804	702	547	883	98
03	817	726	502	874	97
04	829	750	456	865	96
05	842	774	411	856	95
06	855	798	366	846	94
07	867	822	320	837	93
08	880	846	275	828	92
09	893	870	230	819	91
10	0,58 906	0,72 895	1,37 185	0,80 809	90
11	918	919	139	800	89
12	931	943	094	791	88
13	944	967	049	782	87
14	956	0,72 991	1,37 004	772	86
15	969	0,73 015	1,36 958	763	85
16	982	039	913	754	84
17	0,58 994	063	868	744	83
18	0,59 007	087	823	735	82
19	020	111	778	726	81
20	0,59 032	0,73 135	1,36 733	0,80 717	80
21	045	159	688	707	79
22	058	184	643	698	78
23	070	208	598	689	77
24	083	232	553	680	76
25	096	256	508	670	75
26	108	280	463	661	74
27	121	304	418	652	73
28	134	328	373	642	72
29	146	353	328	633	71
30	0,59 159	0,73 377	1,36 283	0,80 624	70
31	172	401	238	615	69
32	184	425	193	605	68
33	197	449	148	596	67
34	210	473	104	587	66
35	222	498	059	577	65
36	235	522	1,36 014	568	64
37	248	546	1,35 969	559	63
38	260	570	925	549	62
39	273	594	880	540	61
40	0,59 286	0,73 619	1,35 835	0,80 531	60
41	298	643	790	521	59
42	311	667	746	512	58
43	324	691	701	503	57
44	336	716	657	494	56
45	349	740	612	484	55
46	362	764	567	475	54
47	374	788	523	466	53
48	387	813	478	456	52
49	399	837	434	447	51
50	0,59 412	0,73 861	1,35 389	0,80 438	50
	Cos	Cotg	Tg	Sin	cgr

cgr	Sin	Tg	Cotg	Cos	
50	0,59 412	0,73 861	1,35 389	0,80 438	50
51	425	885	345	428	49
52	437	910	300	419	48
53	450	934	256	410	47
54	463	958	211	400	46
55	475	0,73 983	167	391	45
56	488	0,74 007	123	382	44
57	501	031	078	372	43
58	513	056	1,35 034	363	42
59	526	080	1,34 989	353	41
60	0,59 538	0,74 104	1,34 945	0,80 344	40
61	551	129	901	335	39
62	564	153	857	325	38
63	576	177	812	316	37
64	589	202	768	307	36
65	601	226	724	297	35
66	614	250	680	288	34
67	627	275	635	279	33
68	639	299	591	269	32
69	652	323	547	260	31
70	0,59 665	0,74 348	1,34 503	0,80 251	30
71	677	372	459	241	29
72	690	397	415	232	28
73	702	421	371	222	27
74	715	445	327	213	26
75	728	470	283	204	25
76	740	494	239	194	24
77	753	519	195	185	23
78	765	543	151	175	22
79	778	568	107	166	21
80	0,59 790	0,74 592	1,34 063	0,80 157	20
81	803	616	1,34 019	147	19
82	816	641	1,33 975	138	18
83	828	665	931	129	17
84	841	690	887	119	16
85	853	714	843	110	15
86	866	739	799	100	14
87	879	763	755	091	13
88	891	788	712	082	12
89	904	812	668	072	11
90	0,59 916	0,74 837	1,33 624	0,80 063	10
91	929	861	580	053	09
92	941	886	537	044	08
93	954	910	493	034	07
94	967	935	449	025	06
95	979	959	406	016	05
96	0,59 992	0,74 984	362	0,80 006	04
97	0,80 004	0,75 008	318	0,79 997	03
98	017	033	275	987	02
99	029	058	231	978	01
100	0,60 042	0,75 082	1,33 187	0,79 968	00
	Cos	Cotg	Tg	Sin	cgr

mgr	46	45	44	43	25	24	13	12	10	9	mgr
1	4,6	4,5	4,4	4,3	2,5	2,4	1,3	1,2	1,0	0,9	1
2	9,2	9,0	8,8	8,6	5,0	4,8	2,6	2,4	2,0	1,8	2
3	13,8	13,5	13,2	12,9	7,5	7,2	3,9	3,6	3,0	2,7	3
4	18,4	18,0	17,6	17,2	10,0	9,6	5,2	4,8	4,0	3,6	4
5	23,0	22,5	22,0	21,5	12,5	12,0	6,5	6,0	5,0	4,5	5
6	27,6	27,0	26,4	25,8	15,0	14,4	7,8	7,2	6,0	5,4	6
7	32,2	31,5	30,8	30,1	17,5	16,8	9,1	8,4	7,0	6,3	7
8	36,8	36,0	35,2	34,4	20 0	19,2	10,4	9,6	8,0	7,2	8
9	41,4	40,5	39,6	38,7	22,5	21,6	11,7	10,8	9,0	8,1	9

cgr	Sin	Tg	Cotg	Cos	
00	0,60 042	0,75 082	1,33 187	0,79 968	100
01	055	107	144	959	99
02	067	131	100	950	98
03	080	156	057	940	97
04	092	180	1,33 013	931	96
05	105	205	1,32 970	921	95
06	117	230	926	912	94
07	130	254	883	902	93
08	142	279	840	893	92
09	155	303	796	884	91
10	0,60 168	0,75 328	1,32 753	0,79 874	90
11	180	353	709	865	89
12	193	377	666	855	88
13	205	402	623	846	87
14	218	427	579	836	86
15	230	451	536	827	85
16	243	476	493	817	84
17	255	501	449	808	83
18	268	525	406	798	82
19	280	550	363	789	81
20	0,60 293	0,75 575	1,32 320	0,79 779	80
21	305	599	276	770	79
22	318	624	233	760	78
23	331	649	190	751	77
24	343	673	147	742	76
25	356	698	104	732	75
26	368	723	061	723	74
27	381	747	1,32 018	713	73
28	393	772	1,31 975	704	72
29	406	797	932	694	71
30	0,60 418	0,75 822	1,31 888	0,79 685	70
31	431	846	845	675	69
32	443	871	802	666	68
33	456	896	759	656	67
34	468	921	716	647	66
35	481	945	674	637	65
36	493	970	631	628	64
37	506	0,75 995	588	618	63
38	518	0,76 020	545	609	62
39	531	045	502	599	61
40	0,60 543	0,76 069	1,31 459	0,79 590	60
41	556	094	416	580	59
42	568	119	373	571	58
43	581	144	331	561	57
44	593	169	288	552	56
45	606	193	245	542	55
46	618	218	202	533	54
47	631	243	160	523	53
48	643	268	117	513	52
49	656	293	074	504	51
50	0,60 668	0,76 318	1,31 031	0,79 494	50
	Cos	Cotg	Tg	Sin	cgr

cgr	Sin	Tg	Cotg	Cos	
50	0,60 668	0,76 318	1,31 031	0,79 494	50
51	681	342	1,30 989	485	49
52	693	367	946	475	48
53	706	392	903	466	47
54	718	417	861	456	46
55	731	442	818	447	45
56	743	467	776	437	44
57	756	492	733	428	43
58	768	517	691	418	42
59	781	542	648	409	41
60	0,60 793	0,76 566	1,30 605	0,79 399	40
61	806	591	563	389	39
62	818	616	521	380	38
63	830	641	478	370	37
64	843	666	436	361	36
65	855	691	393	351	35
66	868	716	351	342	34
67	880	741	308	332	33
68	893	766	266	323	32
69	905	791	224	313	31
70	0,60 918	0,76 816	1,30 181	0,79 303	30
71	930	841	139	294	29
72	943	866	097	284	28
73	955	891	054	275	27
74	967	916	1,30 012	265	26
75	980	941	1,29 970	256	25
76	0,60 992	966	928	246	24
77	0,61 005	0,76 991	885	236	23
78	017	0,77 016	843	227	22
79	030	041	801	217	21
80	0,61 042	0,77 066	1,29 759	0,79 208	20
81	055	091	717	198	19
82	067	116	675	188	18
83	079	141	633	179	17
84	092	166	590	169	16
85	104	191	548	160	15
86	117	216	506	150	14
87	129	241	464	140	13
88	142	266	422	131	12
89	154	292	380	121	11
90	0,61 167	0,77 317	1,29 338	0,79 112	10
91	179	342	296	102	09
92	191	367	254	092	08
93	204	392	212	083	07
94	216	417	170	073	06
95	229	442	129	064	05
96	241	467	087	054	04
97	253	493	045	044	03
98	266	518	1,29 003	035	02
99	278	543	1,28 961	025	01
100	0,61 291	0,77 568	1,28 919	0,79 016	00
	Cos	Cotg	Tg	Sin	cgr

mgr	44	43	42	41	26	25	24	13	12	10	9	mgr
1	4,4	4,3	4,2	4,1	2,6	2,5	2,4	1,3	1,2	1,0	0,9	1
2	8,8	8,6	8,4	8,2	5,2	5,0	4,8	2,6	2,4	2,0	1,8	2
3	13,2	12,9	12,6	12,3	7,8	7,5	7,2	3,9	3,6	3,0	2,7	3
4	17,6	17,2	16,8	16,4	10,4	10,0	9,6	5,2	4,8	4,0	3,6	4
5	22,0	21,5	21,0	20,5	13,0	12,5	12,0	6,5	6,0	5,0	4,5	5
6	26,4	25,8	25,2	24,6	15,6	15,0	14,4	7,8	7,2	6,0	5,4	6
7	30,8	30,1	29,4	28,7	18,2	17,5	16,8	9,1	8,4	7,0	6,3	7
8	35,2	34,4	33,6	32,8	20,8	20,0	19,2	10,4	9,6	8,0	7,2	8
9	39,6	38,7	37,8	36,9	23,4	22,5	21,6	11,7	10,8	9,0	8,1	9

cgr	Sin	Tg	Cotg	Cos	
00	0,61 291	0,77 568	1,28 919	0,79 016	100
01	303	593	877	0,79 006	99
02	316	618	836	0,78 996	98
03	328	643	794	987	97
04	340	669	752	977	96
05	353	694	710	967	95
06	365	719	669	958	94
07	378	744	627	948	93
08	390	769	585	938	92
09	402	795	544	929	91
10	0,61 415	0,77 820	1,28 502	0,78 919	90
11	427	845	460	909	89
12	440	870	419	900	88
13	452	896	377	890	87
14	464	921	335	881	86
15	477	946	294	871	85
16	489	971	252	861	84
17	501	0,77 997	211	852	83
18	514	0,78 022	169	842	82
19	526	047	128	832	81
20	0,61 539	0,78 072	1,28 086	0,78 823	80
21	551	098	045	813	79
22	563	123	1,28 003	803	78
23	576	148	1,27 962	794	77
24	588	174	921	784	76
25	601	199	879	774	75
26	613	224	838	765	74
27	625	249	796	755	73
28	638	275	755	745	72
29	650	300	714	735	71
30	0,61 662	0,78 325	1,27 672	0,78 726	70
31	675	351	631	716	69
32	687	376	590	706	68
33	699	402	548	697	67
34	712	427	507	687	66
35	724	452	466	677	65
36	737	478	425	668	64
37	749	503	384	658	63
38	761	528	342	648	62
39	774	554	301	639	61
40	0,61 786	0,78 579	1,27 260	0,78 629	60
41	798	605	219	619	59
42	811	630	178	609	58
43	823	656	137	600	57
44	835	681	096	590	56
45	848	706	055	580	55
46	860	732	1,27 013	571	54
47	872	757	1,26 972	561	53
48	885	783	931	551	52
49	897	808	890	541	51
50	0,61 909	0,78 834	1,26 849	0,78 532	50
	Cos	Cotg	Tg	Sin	cgr

cgr	Sin	Tg	Cotg	Cos	
50	0,61 909	0,78 834	1,26 849	0,78 532	50
51	922	859	808	522	49
52	934	885	767	512	48
53	946	910	727	503	47
54	959	936	686	493	46
55	971	961	645	483	45
56	983	0,78 987	604	473	44
57	0,61 996	0,79 012	563	464	43
58	0,62 008	038	522	454	42
59	020	063	481	444	41
60	0,62 033	0,79 089	1,26 440	0,78 434	40
61	045	114	400	425	39
62	057	140	359	415	38
63	070	165	318	405	37
64	082	191	277	395	36
65	094	216	236	386	35
66	107	242	196	376	34
67	119	268	155	366	33
68	131	293	114	356	32
69	143	319	074	347	31
70	0,62 156	0,79 344	1,26 033	0,78 337	30
71	168	370	1,25 992	327	29
72	180	396	952	317	28
73	193	421	911	308	27
74	205	447	870	298	26
75	217	472	830	288	25
76	230	498	789	278	24
77	242	524	749	268	23
78	254	549	708	259	22
79	266	575	668	249	21
80	0,62 279	0,79 601	1,25 627	0,78 239	20
81	291	626	587	229	19
82	303	652	546	220	18
83	316	678	506	210	17
84	328	703	465	200	16
85	340	729	425	190	15
86	352	755	384	180	14
87	365	780	344	171	13
88	377	806	304	161	12
89	389	832	263	151	11
90	0,62 402	0,79 858	1,25 223	0,78 141	10
91	414	883	183	131	09
92	426	909	142	122	08
93	438	935	102	112	07
94	451	960	062	102	06
95	463	0,79 986	1,25 022	092	05
96	475	0,80 012	1,24 981	082	04
97	487	038	941	072	03
98	500	064	901	063	02
99	512	089	861	053	01
100	0,62 524	0,80 115	1,24 820	0,78 043	00
	Cos	Cotg	Tg	Sin	cgr

mgr	42	41	40	26	25	13	12	10	9	mgr
1	4,2	4,1	4,0	2,6	2,5	1,3	1,2	1,0	0,9	1
2	8,4	8,2	8,0	5,2	5,0	2,6	2,4	2,0	1,8	2
3	12,6	12,3	12,0	7,8	7,5	3,9	3,6	3,0	2,7	3
4	16,8	16,4	16,0	10,4	10,0	5,2	4,8	4,0	3,6	4
5	21,0	20,5	20,0	13,0	12,5	6,5	6,0	5,0	4,5	5
6	25,2	24,6	24,0	15,6	15,0	7,8	7,2	6,0	5,4	6
7	29,4	28,7	28,0	18,2	17,5	9,1	8,4	7,0	6,3	7
8	33,6	32,8	32,0	20,8	20,0	10,4	9,6	8,0	7,2	8
9	37,8	36,9	36,0	23,4	22,5	11,7	10,8	9,0	8,1	9

cgr	Sin	Tg	Cotg	Cos	
00	0,62 524	0,80 115	1,24 820	0,78 043	100
01	537	141	780	033	99
02	549	167	740	023	98
03	561	193	700	014	97
04	573	218	660	0,78 004	96
05	586	244	620	0,77 994	95
06	598	270	580	984	94
07	610	296	540	974	93
08	622	322	499	964	92
09	635	347	459	955	91
10	0,62 647	0,80 373	1,24 419	0,77 945	90
11	659	399	379	935	89
12	671	425	339	925	88
13	684	451	299	915	87
14	696	477	259	905	86
15	708	503	219	896	85
16	720	529	180	886	84
17	732	554	140	876	83
18	745	580	100	866	82
19	757	606	060	856	81
20	0,62 769	0,80 632	1,24 020	0,77 846	80
21	781	658	1,23 980	836	79
22	794	684	940	827	78
23	806	710	900	817	77
24	818	736	861	807	76
25	830	762	821	797	75
26	842	788	781	787	74
27	855	814	741	777	73
28	867	840	701	767	72
29	879	866	662	757	71
30	0,62 891	0,80 892	1,23 622	0,77 748	70
31	904	918	582	738	69
32	916	944	543	728	68
33	928	970	503	718	67
34	940	0,80 996	463	708	66
35	952	0,81 022	424	698	65
36	965	048	384	688	64
37	977	074	344	678	63
38	0,62 989	100	305	668	62
39	0,63 001	126	265	659	61
40	0,63 013	0,81 152	1,23 226	0,77 649	60
41	026	178	186	639	59
42	038	204	147	629	58
43	050	230	107	619	57
44	062	256	068	609	56
45	074	282	1,23 028	599	55
46	087	308	1,22 989	589	54
47	099	334	949	579	53
48	111	361	910	569	52
49	123	387	870	559	51
50	0,63 135	0,81 413	1,22 831	0,77 550	50
	Cos	Cotg	Tg	Sin	cgr

cgr	Sin	Tg	Cotg	Cos	
50	0,63 135	0,81 413	1,22 831	0,77 550	50
51	147	439	791	540	49
52	160	465	752	530	48
53	172	491	713	520	47
54	184	517	673	510	46
55	196	543	634	500	45
56	208	570	595	490	44
57	221	596	555	480	43
58	233	622	516	470	42
59	245	648	477	460	41
60	0,63 257	0,81 674	1,22 437	0,77 450	40
61	269	701	398	440	39
62	281	727	359	430	38
63	294	753	320	420	37
64	306	779	281	411	36
65	318	805	241	401	35
66	330	832	202	391	34
67	342	858	163	381	33
68	354	884	124	371	32
69	366	910	085	361	31
70	0,63 379	0,81 937	1,22 046	0,77 351	30
71	391	963	1,22 007	341	29
72	403	0,81 989	1,21 968	331	28
73	415	0,82 015	928	321	27
74	427	042	889	311	26
75	439	068	850	301	25
76	451	094	811	291	24
77	464	120	772	281	23
78	476	147	733	271	22
79	488	173	694	261	21
80	0,63 500	0,82 199	1,21 655	0,77 251	20
81	512	226	616	241	19
82	524	252	578	231	18
83	536	278	539	221	17
84	549	305	500	211	16
85	561	331	461	201	15
86	573	357	422	191	14
87	585	384	383	181	13
88	597	410	344	171	12
89	609	437	305	161	11
90	0,63 621	0,82 463	1,21 267	0,77 151	10
91	633	489	228	141	09
92	646	516	189	131	08
93	658	542	150	121	07
94	670	569	111	111	06
95	682	595	073	101	05
96	694	621	1,21 034	091	04
97	706	648	1,20 995	081	03
98	718	674	957	071	02
99	730	701	918	061	01
100	0,63 742	0,82 727	1,20 879	0,77 051	00
	Cos	Cotg	Tg	Sin	cgr

56gr　　　　　　　　　　**56gr**

mgr	41	40	39	38	27	26	25	13	12	10	9	mgr
1	4,1	4,0	3,9	3,8	2,7	2,6	2,5	1,3	1,2	1,0	0,9	1
2	8,2	8,0	7,8	7,6	5,4	5,2	5,0	2,6	2,4	2,0	1,8	2
3	12,3	12,0	11,7	11,4	8,1	7,8	7,5	3,9	3,6	3,0	2,7	3
4	16,4	16,0	15,6	15,2	10,8	10,4	10,0	5,2	4,8	4,0	3,6	4
5	20,5	20,0	19,5	19,0	13,5	13,0	12,5	6,5	6,0	5,0	4,5	5
6	24,6	24,0	23,4	22,8	16,2	15,6	15,0	7,8	7,2	6,0	5,4	6
7	28,7	28,0	27,3	26,6	18,9	18,2	17,5	9,1	8,4	7,0	6,3	7
8	32,8	32,0	31,2	30,4	21,6	20,8	20,0	10,4	9,6	8,0	7,2	8
9	36,9	36,0	35,1	34,2	24,3	23,4	22,5	11,7	10,8	9,0	8,1	9

cgr	Sin	Tg	Cotg	Cos		cgr	Sin	Tg	Cotg	Cos	
00	0,63 742	0,82 727	1,20 879	0,77 051	100	50	0,64 346	0,84 059	1,18 964	0,76 548	50
01	755	754	841	041	99	51	358	086	926	538	49
02	767	780	802	031	98	52	370	112	889	528	48
03	779	807	763	021	97	53	382	139	851	518	47
04	791	833	725	011	96	54	394	166	813	508	46
05	803	860	686	0,77 001	95	55	406	193	775	498	45
06	815	886	648	0,76 991	94	56	418	220	737	488	44
07	827	913	609	981	93	57	430	247	699	478	43
08	839	939	570	971	92	58	442	273	661	467	42
09	851	966	532	961	91	59	454	300	623	457	41
10	0,63 863	0,82 992	1,20 493	0,76 951	90	60	0,64 466	0,84 327	1,18 586	0,76 447	40
11	875	0,83 019	455	941	89	61	478	354	548	437	39
12	888	045	416	931	88	62	490	381	510	427	38
13	900	072	378	921	87	63	502	408	472	417	37
14	912	098	339	911	86	64	514	435	435	407	36
15	924	125	301	901	85	65	526	462	397	396	35
16	936	151	263	891	84	66	538	489	359	386	34
17	948	178	224	881	83	67	550	516	321	376	33
18	960	205	186	871	82	68	562	542	284	366	32
19	972	231	147	861	81	69	574	569	246	356	31
20	0,63 984	0,83 258	1,20 109	0,76 851	80	70	0,64 586	0,84 596	1,18 208	0,76 346	30
21	0,63 996	284	071	841	79	71	598	623	171	336	29
22	0,64 008	311	1,20 032	831	78	72	610	650	133	326	28
23	020	338	1,19 994	821	77	73	622	677	096	315	27
24	032	364	956	810	76	74	634	704	058	305	26
25	044	391	917	800	75	75	646	731	1,18 020	295	25
26	057	417	879	790	74	76	658	758	1,17 983	285	24
27	069	444	841	780	73	77	670	785	945	275	23
28	081	471	802	770	72	78	682	812	908	265	22
29	093	497	764	760	71	79	694	839	870	254	21
30	0,64 105	0,83 524	1,19 726	0,76 750	70	80	0,64 706	0,84 866	1,17 833	0,76 244	20
31	117	551	688	740	69	81	718	893	795	234	19
32	129	577	650	730	68	82	730	920	758	224	18
33	141	604	611	720	67	83	742	947	720	214	17
34	153	631	573	710	66	84	753	0,84 974	683	204	16
35	165	657	535	700	65	85	765	0,85 001	645	193	15
36	177	684	497	690	64	86	777	028	608	183	14
37	189	711	459	680	63	87	789	056	570	173	13
38	201	738	421	669	62	88	801	083	533	163	12
39	213	764	383	659	61	89	813	110	495	153	11
40	0,64 225	0,83 791	1,19 344	0,76 649	60	90	0,64 825	0,85 137	1,17 458	0,76 143	10
41	237	818	306	639	59	91	837	164	421	132	09
42	249	845	268	629	58	92	849	191	383	122	08
43	261	871	230	619	57	93	861	218	346	112	07
44	273	898	192	609	56	94	873	245	309	102	06
45	285	925	154	599	55	95	885	272	271	092	05
46	297	952	116	589	54	96	897	299	234	081	04
47	310	0,83 978	078	579	53	97	909	327	197	071	03
48	322	0,84 005	040	569	52	98	921	354	159	061	02
49	334	032	1,19 002	558	51	99	933	381	122	051	01
50	0,64 346	0,84 059	1,18 964	0,76 548	50	100	0,64 945	0,85 408	1,17 085	0,76 041	00
	Cos	Cotg	Tg	Sin	cgr		Cos	Cotg	Tg	Sin	cgr

mgr	39	38	37	28	27	26	13	12	11	10	mgr
1	3,9	3,8	3,7	2,8	2,7	2,6	1,3	1,2	1,1	1,0	1
2	7,8	7,6	7,4	5,6	5,4	5,2	2,6	2,4	2,2	2,0	2
3	11,7	11,4	11,1	8,4	8,1	7,8	3,9	3,6	3,3	3,0	3
4	15,6	15,2	14,8	11,2	10,8	10,4	5,2	4,8	4,4	4,0	4
5	19,5	19,0	18,5	14,0	13,5	13,0	6,5	6,0	5,5	5,0	5
6	23,4	22,8	22,2	16,8	16,2	15,6	7,8	7,2	6,6	6,0	6
7	27,3	26,6	25,9	19,6	18,9	18,2	9,1	8,4	7,7	7,0	7
8	31,2	30,4	29,6	22,4	21,6	20,8	10,4	9,6	8,8	8,0	8
9	35,1	34,2	33,3	25,2	24,3	23,4	11,7	10,8	9,9	9,0	9

cgr	Sin	Tg	Cotg	Cos	
00	0,64 945	0,85 408	1,17 085	0,76 041	100
01	957	435	048	030	99
02	969	462	1,17 011	020	98
03	981	490	1,16 973	010	97
04	0,64 993	517	936	0,76 000	96
05	0,65 005	544	899	0,75 990	95
06	016	571	862	979	94
07	028	598	825	969	93
08	040	626	787	959	92
09	052	653	750	949	91
10	0,65 064	0,85 680	1,16 713	0,75 938	90
11	076	707	676	928	89
12	088	735	639	918	88
13	100	762	602	908	87
14	112	789	565	898	86
15	124	816	528	887	85
16	136	844	491	877	84
17	148	871	454	867	83
18	160	898	417	857	82
19	171	926	380	846	81
20	0,65 183	0,85 953	1,16 343	0,75 836	80
21	195	0,85 980	306	826	79
22	207	0,86 007	269	816	78
23	219	035	232	805	77
24	231	062	195	795	76
25	243	090	158	785	75
26	255	117	121	775	74
27	267	144	084	764	73
28	279	172	048	754	72
29	291	199	1,16 011	744	71
30	0,65 302	0,86 226	1,15 974	0,75 734	70
31	314	254	937	723	69
32	326	281	900	713	68
33	338	309	863	703	67
34	350	336	827	693	66
35	362	363	790	682	65
36	374	391	753	672	64
37	386	418	716	662	63
38	398	446	680	652	62
39	409	473	643	641	61
40	0,65 421	0,86 501	1,15 606	0,75 631	60
41	433	528	569	621	59
42	445	556	533	610	58
43	457	583	496	600	57
44	469	610	459	590	56
45	481	638	423	580	55
46	493	665	386	569	54
47	504	693	350	559	53
48	516	721	313	549	52
49	528	748	276	538	51
50	0,65 540	0,86 776	1,15 240	0,75 528	50
	Cos	Cotg	Tg	Sin	cgr

cgr	Sin	Tg	Cotg	Cos	
50	0,65 540	0,86 776	1,15 240	0,75 528	50
51	552	803	203	518	49
52	564	831	167	508	48
53	576	858	130	497	47
54	587	886	094	487	46
55	599	913	057	477	45
56	611	941	1,15 021	466	44
57	623	969	1,14 984	456	43
58	635	0,86 996	948	446	42
59	647	0,87 024	911	435	41
60	0,65 659	0,87 051	1,14 875	0,75 425	40
61	670	079	838	415	39
62	682	107	802	405	38
63	694	134	766	394	37
64	706	162	729	384	36
65	718	189	693	374	35
66	730	217	656	363	34
67	741	245	620	353	33
68	753	272	584	343	32
69	765	300	547	332	31
70	0,65 777	0,87 328	1,14 511	0,75 322	30
71	789	355	475	312	29
72	801	383	438	301	28
73	812	411	402	291	27
74	824	439	366	281	26
75	836	466	330	270	25
76	848	494	293	260	24
77	860	522	257	250	23
78	872	550	221	239	22
79	883	577	185	229	21
80	0,65 895	0,87 605	1,14 149	0,75 218	20
81	907	633	112	208	19
82	919	661	076	198	18
83	931	688	040	187	17
84	942	716	1,14 004	177	16
85	954	744	1,13 968	167	15
86	966	772	932	156	14
87	978	800	896	146	13
88	0,65 990	827	860	136	12
89	0,66 001	855	824	125	11
90	0,66 013	0,87 883	1,13 788	0,75 115	10
91	025	911	752	105	09
92	037	939	715	094	08
93	049	967	679	084	07
94	060	0,87 994	643	073	06
95	072	0,88 022	607	063	05
96	084	050	572	053	04
97	096	078	536	042	03
98	108	106	500	032	02
99	119	134	464	021	01
100	0,66 131	0,88 162	1,13 428	0,75 011	00
	Cos	Cotg	Tg	Sin	cgr

mgr	38	37	36	35	28	27	12	11	10	mgr
1	3,8	3,7	3,6	3,5	2,8	2,7	1,2	1,1	1,0	1
2	7,6	7,4	7,2	7,0	5,6	5,4	2,4	2,2	2,0	2
3	11,4	11,1	10,8	10,5	8,4	8,1	3,6	3,3	3,0	3
4	15,2	14,8	14,4	14,0	11,2	10,8	4,8	4,4	4,0	4
5	19,0	18,5	18,0	17,5	14,0	13,5	6,0	5,5	5,0	5
6	22,8	22,2	21,6	21,0	16,8	16,2	7,2	6,6	6,0	6
7	26,6	25,9	25,2	24,5	19,6	18,9	8,4	7,7	7,0	7
8	30,4	29,6	28,8	28,0	22,4	21,6	9,6	8,8	8,0	8
9	34,2	33,3	32,4	31,5	25,2	24,3	10,8	9,9	9,0	9

cgr	Sin	Tg	Cotg	Cos	
00	0,66 131	0,88 162	1,13 428	0,75 011	100
01	143	190	392	0,75 001	99
02	155	218	356	0,74 990	98
03	167	246	320	980	97
04	178	274	284	970	96
05	190	302	248	959	95
06	202	330	212	949	94
07	214	357	177	938	93
08	225	385	141	928	92
09	237	413	105	918	91
10	0,66 249	0,88 441	1,13 069	0,74 907	90
11	261	469	1,13 033	897	89
12	272	497	1,12 998	886	88
13	284	525	962	876	87
14	296	553	926	865	86
15	308	581	890	855	85
16	320	610	855	845	84
17	331	638	819	834	83
18	343	666	783	824	82
19	355	694	748	813	81
20	0,66 367	0,88 722	1,12 712	0,74 803	80
21	378	750	676	793	79
22	390	778	641	782	78
23	402	806	605	772	77
24	414	834	569	761	76
25	425	862	534	751	75
26	437	890	498	740	74
27	449	918	463	730	73
28	460	947	427	720	72
29	472	0,88 975	391	709	71
30	0,66 484	0,89 003	1,12 356	0,74 699	70
31	496	031	320	688	69
32	507	059	285	678	68
33	519	087	249	667	67
34	531	116	214	657	66
35	543	144	178	646	65
36	554	172	143	636	64
37	566	200	107	625	63
38	578	228	072	615	62
39	589	257	037	605	61
40	0,66 601	0,89 285	1,12 001	0,74 594	60
41	613	313	1,11 966	584	59
42	625	341	930	573	58
43	636	369	895	563	57
44	648	398	860	552	56
45	660	426	824	542	55
46	671	454	789	531	54
47	683	483	754	521	53
48	695	511	718	510	52
49	707	539	683	500	51
50	0,66 718	0,89 567	1,11 648	0,74 489	50
	Cos	Cotg	Tg	Sin	cgr

cgr	Sin	Tg	Cotg	Cos	
50	0,66 718	0,89 567	1,11 648	0,74 489	50
51	730	596	612	479	49
52	742	624	577	468	48
53	753	652	542	458	47
54	765	681	507	447	46
55	777	709	471	437	45
56	788	737	436	426	44
57	800	766	401	416	43
58	812	794	366	406	42
59	824	823	331	395	41
60	0,66 835	0,89 851	1,11 295	0,74 385	40
61	847	879	260	374	39
62	859	908	225	364	38
63	870	936	190	353	37
64	882	965	155	343	36
65	894	0,89 993	120	332	35
66	905	0,90 021	085	321	34
67	917	050	050	311	33
68	929	078	1,11 014	300	32
69	940	107	1,10 979	290	31
70	0,66 952	0,90 135	1,10 944	0,74 279	30
71	964	164	909	269	29
72	975	192	874	258	28
73	987	221	839	248	27
74	0,66 999	249	804	237	26
75	0,67 010	278	769	227	25
76	022	306	734	216	24
77	034	335	699	206	23
78	045	363	664	195	22
79	057	392	629	185	21
80	0,67 069	0,90 420	1,10 595	0,74 174	20
81	080	449	560	164	19
82	092	477	525	153	18
83	104	506	490	143	17
84	115	535	455	132	16
85	127	563	420	121	15
86	138	592	385	111	14
87	150	620	350	100	13
88	162	649	316	090	12
89	173	678	281	079	11
90	0,67 185	0,90 706	1,10 246	0,74 069	10
91	197	735	211	058	09
92	208	764	176	048	08
93	220	792	142	037	07
94	232	821	107	027	06
95	243	850	072	016	05
96	255	878	037	0,74 005	04
97	266	907	1,10 003	0,73 995	03
98	278	936	1,09 968	984	02
99	290	964	933	974	01
100	0,67 301	0,90 993	1,09 899	0,73 963	00
	Cos	Cotg	Tg	Sin	cgr

mgr	36	35	34	29	28	27	12	11	10	mgr
I	3,6	3,5	3,4	2,9	2,8	2,7	1,2	1,1	1,0	I
2	7,2	7,0	6,8	5,8	5,6	5,4	2,4	2,2	2,0	2
3	10,8	10,5	10,2	8,7	8,4	8,1	3,6	3,3	3,0	3
4	14,4	14,0	13,6	11,6	11,2	10,8	4,8	4,4	4,0	4
5	18,0	17,5	17,0	14,5	14,0	13,5	6,0	5,5	5,0	5
6	21,6	21,0	20,4	17,4	16,8	16,2	7,2	6,6	6,0	6
7	25,2	24,5	23,8	20,3	19,6	18,9	8,4	7,7	7,0	7
8	28,8	28,0	27,2	23,2	22,4	21,6	9,6	8,8	8,0	8
9	32,4	31,5	30,6	26,1	25,2	24,3	10,8	9,9	9,0	9

cgr	Sin	Tg	Cotg	Cos	
00	0,67 301	0,90 993	1,09 899	0,73 963	100
01	313	0,91 022	864	953	99
02	324	050	829	942	98
03	336	079	795	931	97
04	348	108	760	921	96
05	359	137	725	910	95
06	371	165	691	900	94
07	383	194	656	889	93
08	394	223	622	878	92
09	406	252	587	868	91
10	0,67 417	0,91 281	1,09 552	0,73 857	90
11	429	309	518	847	89
12	441	338	483	836	88
13	452	367	449	826	87
14	464	396	414	815	86
15	475	425	380	804	85
16	487	453	345	794	84
17	499	482	311	783	83
18	510	511	276	773	82
19	522	540	242	762	81
20	0,67 533	0,91 569	1,09 207	0,73 751	80
21	545	598	173	741	79
22	556	627	138	730	78
23	568	656	104	719	77
24	580	685	070	709	76
25	591	713	035	698	75
26	603	742	1,09 001	688	74
27	614	771	1,08 967	677	73
28	626	800	932	666	72
29	637	829	898	656	71
30	0,67 649	0,91 858	1,08 864	0,73 645	70
31	661	887	829	635	69
32	672	916	795	624	68
33	684	945	761	613	67
34	695	0,91 974	726	603	66
35	707	0,92 003	692	592	65
36	718	032	658	581	64
37	730	061	624	571	63
38	742	090	589	560	62
39	753	119	555	549	61
40	0,67 765	0,92 148	1,08 521	0,73 539	60
41	776	177	487	528	59
42	788	206	452	517	58
43	799	235	418	507	57
44	811	264	384	496	56
45	822	294	350	486	55
46	834	323	316	475	54
47	845	352	282	464	53
48	857	381	248	454	52
49	869	410	213	443	51
50	0,67 880	0,92 439	1,08 179	0,73 432	50
	Cos	Cotg	Tg	Sin	cgr

cgr	Sin	Tg	Cotg	Cos	
50	0,67 880	0,92 439	1,08 179	0,73 432	50
51	892	468	145	422	49
52	903	497	111	411	48
53	915	526	077	400	47
54	926	556	043	390	46
55	938	585	1,08 009	379	45
56	949	614	1,07 975	368	44
57	961	643	941	358	43
58	972	672	907	347	42
59	984	702	873	336	41
60	0,67 995	0,92 731	1,07 839	0,73 326	40
61	0,68 007	760	805	315	39
62	018	789	771	304	38
63	030	818	737	293	37
64	041	848	703	283	36
65	053	877	669	272	35
66	064	906	635	261	34
67	076	935	602	251	33
68	087	965	568	240	32
69	099	0,92 994	534	229	31
70	0,68 110	0,93 023	1,07 500	0,73 219	30
71	122	053	466	208	29
72	133	082	432	197	28
73	145	111	398	187	27
74	156	141	365	176	26
75	168	170	331	165	25
76	179	199	297	154	24
77	191	229	263	144	23
78	202	258	229	133	22
79	214	287	196	122	21
80	0,68 225	0,93 317	1,07 162	0,73 112	20
81	237	346	128	101	19
82	248	376	094	090	18
83	260	405	061	079	17
84	271	434	1,07 027	069	16
85	283	464	1,06 993	058	15
86	294	493	960	047	14
87	306	523	926	036	13
88	317	552	892	026	12
89	329	582	859	015	11
90	0,68 340	0,93 611	1,06 825	0,73 004	10
91	352	641	791	0,72 994	09
92	363	670	758	983	08
93	375	700	724	972	07
94	386	729	691	961	06
95	397	759	657	951	05
96	409	788	623	940	04
97	420	818	590	929	03
98	432	847	556	918	02
99	443	877	523	908	01
100	0,68 455	0,93 906	1,06 489	0,72 897	00
	Cos	Cotg	Tg	Sin	cgr

52gr   **52gr**

mgr	35	34	33	30	29	28	12	11	10	mgr
1	3,5	3,4	3,3	3,0	2,9	2,8	1,2	1,1	1,0	1
2	7,0	6,8	6,6	6,0	5,8	5,6	2,4	2,2	2,0	2
3	10,5	10,2	9,9	9,0	8,7	8,4	3,6	3,3	3,0	3
4	14,0	13,6	13,2	12,0	11,6	11,2	4,8	4,4	4,0	4
5	17,5	17,0	16,5	15,0	14,5	14,0	6,0	5,5	5,0	5
6	21,0	20,4	19,8	18,0	17,4	16,8	7,2	6,6	6,0	6
7	24,5	23,8	23,1	21,0	20,3	19,6	8,4	7,7	7,0	7
8	28,0	27,2	26,4	24,0	23,2	22,4	9,6	8,8	8,0	8
9	31,5	30,6	29,7	27,0	26,1	25,2	10,8	9,9	9,0	9

cgr	Sin	Tg	Cotg	Cos	
00	0,68 455	0,93 906	1,06 489	0,72 897	100
01	466	936	456	886	99
02	478	965	422	875	98
03	489	0,93 995	389	865	97
04	500	0,94 025	355	854	96
05	512	054	322	843	95
06	523	084	288	832	94
07	535	113	255	822	93
08	546	143	221	811	92
09	558	173	188	800	91
10	0,68 569	0,94 202	1,06 155	0,72 789	90
11	581	232	121	778	89
12	592	262	088	768	88
13	603	291	054	757	87
14	615	321	1,06 021	746	86
15	626	351	1,05 988	735	85
16	638	380	954	725	84
17	649	410	921	714	83
18	661	440	888	703	82
19	672	469	854	692	81
20	0,68 683	0,94 499	1,05 821	0,72 681	80
21	695	529	788	671	79
22	706	559	754	660	78
23	718	588	721	649	77
24	729	618	688	638	76
25	740	648	655	627	75
26	752	678	621	617	74
27	763	708	588	606	73
28	775	737	555	595	72
29	786	767	522	584	71
30	0,68 797	0,94 797	1,05 489	0,72 573	70
31	809	827	455	563	69
32	820	857	422	552	68
33	832	887	389	541	67
34	843	916	356	530	66
35	854	946	323	519	65
36	866	0,94 976	290	509	64
37	877	0,95 006	257	498	63
38	889	036	223	487	62
39	900	066	190	476	61
40	0,68 911	0,95 096	1,05 157	0,72 465	60
41	923	126	124	454	59
42	934	156	091	444	58
43	946	185	058	433	57
44	957	215	1,05 025	422	56
45	968	245	1,04 992	411	55
46	980	275	959	400	54
47	0,68 991	305	926	389	53
48	0,69 002	335	893	379	52
49	014	365	860	368	51
50	0,69 025	0,95 395	1,04 827	0,72 357	50
	Cos	Cotg	Tg	Sin	cgr

cgr	Sin	Tg	Cotg	Cos	
50	0,69 025	0,95 395	1,04 827	0,72 357	50
51	036	425	794	346	49
52	048	455	761	335	48
53	059	485	728	324	47
54	071	515	695	314	46
55	082	545	662	303	45
56	093	575	629	292	44
57	105	605	597	281	43
58	116	636	564	270	42
59	127	666	531	259	41
60	0,69 139	0,95 696	1,04 498	0,72 248	40
61	150	726	465	238	39
62	161	756	432	227	38
63	173	786	399	216	37
64	184	816	367	205	36
65	195	846	334	194	35
66	207	876	301	183	34
67	218	907	268	172	33
68	229	937	235	162	32
69	241	967	203	151	31
70	0,69 252	0,95 997	1,04 170	0,72 140	30
71	263	0,96 027	137	129	29
72	275	057	104	118	28
73	286	088	072	107	27
74	297	118	039	096	26
75	309	148	1,04 006	085	25
76	320	178	1,03 973	074	24
77	331	209	941	064	23
78	343	239	908	053	22
79	354	269	875	042	21
80	0,69 365	0,96 299	1,03 843	0,72 031	20
81	377	330	810	020	19
82	388	360	778	0,72 009	18
83	399	390	745	0,71 998	17
84	411	421	712	987	16
85	422	451	680	976	15
86	433	481	647	965	14
87	444	512	615	955	13
88	456	542	582	944	12
89	467	572	549	933	11
90	0,69 478	0,96 603	1,03 517	0,71 922	10
91	490	633	484	911	09
92	501	663	452	900	08
93	512	694	419	889	07
94	524	724	387	878	06
95	535	755	354	867	05
96	546	785	322	856	04
97	557	815	289	845	03
98	569	846	257	834	02
99	580	876	224	824	01
100	0,69 591	0,96 907	1,03 192	0,71 813	00
	Cos	Cotg	Tg	Sin	cgr

51gr 51gr

mgr	34	33	32	31	30	29	12	11	10	mgr
1	3,4	3,3	3,2	3,1	3,0	2,9	1,2	1,1	1,0	1
2	6,8	6,6	6,4	6,2	6,0	5,8	2,4	2,2	2,0	2
3	10,2	9,9	9,6	9,3	9,0	8,7	3,6	3,3	3,0	3
4	13,6	13,2	12,8	12,4	12,0	11,6	4,8	4,4	4,0	4
5	17,0	16,5	16,0	15,5	15,0	14,5	6,0	5,5	5,0	5
6	20,4	19,8	19,2	18,6	18,0	17,4	7,2	6,6	6,0	6
7	23,8	23,1	22,4	21,7	21,0	20,3	8,4	7,7	7,0	7
8	27,2	26,4	25,6	24,8	24,0	23,2	9,6	8,8	8,0	8
9	30,6	29,7	28,8	27,9	27,0	26,1	10,8	9,9	9,0	9

cgr	Sin	Tg	Cotg	Cos	
00	0,69 591	0,96 907	1,03 192	0,71 813	100
01	603	937	160	802	99
02	614	968	127	791	98
03	625	0,96 998	095	780	97
04	636	0,97 029	062	769	96
05	648	059	1,03 030	758	95
06	659	090	1,02 998	747	94
07	670	120	965	736	93
08	681	151	933	725	92
09	693	181	901	714	91
10	0,69 704	0,97 212	1,02 868	0,71 703	90
11	715	242	836	692	89
12	727	273	804	681	88
13	738	303	771	670	87
14	749	334	739	659	86
15	760	365	707	648	85
16	772	395	674	638	84
17	783	426	642	627	83
18	794	457	610	616	82
19	805	487	578	605	81
20	0,69 817	0,97 518	1,02 545	0,71 594	80
21	828	548	513	583	79
22	839	579	481	572	78
23	850	610	449	561	77
24	862	640	417	550	76
25	873	671	384	539	75
26	884	702	352	528	74
27	895	733	320	517	73
28	906	763	288	506	72
29	918	794	256	495	71
30	0,69 929	0,97 825	1,02 224	0,71 484	70
31	940	855	192	473	69
32	951	886	159	462	68
33	963	917	127	451	67
34	974	948	095	440	66
35	985	0,97 979	063	429	65
36	0,69 996	0,98 009	1,02 031	418	64
37	0,70 007	040	1,01 999	407	63
38	019	071	967	396	62
39	030	102	935	385	61
40	0,70 041	0,98 133	1,01 903	0,71 374	60
41	052	163	871	363	59
42	064	194	839	352	58
43	075	225	807	341	57
44	086	256	775	330	56
45	097	287	743	319	55
46	108	318	711	308	54
47	120	349	679	297	53
48	131	380	647	286	52
49	142	410	615	275	51
50	0,70 153	0,98 441	1,01 583	0,71 264	50
	Cos	Cotg	Tg	Sin	cgr

cgr	Sin	Tg	Cotg	Cos	
50	0,70 153	0,98 441	1,01 583	0,71 264	50
51	164	472	551	253	49
52	176	503	519	242	48
53	187	534	488	231	47
54	198	565	456	220	46
55	209	596	424	209	45
56	220	627	392	198	44
57	231	658	360	187	43
58	243	689	328	176	42
59	254	720	296	165	41
60	0,70 265	0,98 751	1,01 265	0,71 154	40
61	276	782	233	143	39
62	287	813	201	131	38
63	299	844	169	120	37
64	310	875	137	109	36
65	321	906	106	098	35
66	332	938	074	087	34
67	343	0,98 969	042	076	33
68	354	0,99 000	1,01 010	065	32
69	366	031	1,00 979	054	31
70	0,70 377	0,99 062	1,00 947	0,71 043	30
71	388	093	915	032	29
72	399	124	884	021	28
73	410	155	852	0,71 010	27
74	421	187	820	0,70 999	26
75	432	218	789	988	25
76	444	249	757	977	24
77	455	280	725	966	23
78	466	311	694	955	22
79	477	342	662	944	21
80	0,70 488	0,99 374	1,00 630	0,70 932	20
81	499	405	599	921	19
82	510	436	567	910	18
83	522	467	536	899	17
84	533	499	504	888	16
85	544	530	472	877	15
86	555	561	441	866	14
87	566	592	409	855	13
88	577	624	378	844	12
89	588	655	346	833	11
90	0,70 600	0,99 686	1,00 315	0,70 822	10
91	611	718	283	811	09
92	622	749	252	799	08
93	633	780	220	788	07
94	644	812	189	777	06
95	655	843	157	766	05
96	666	874	126	755	04
97	677	906	094	744	03
98	688	937	063	733	02
99	700	0,99 969	031	722	01
100	0,70 711	1,00 000	1,00 000	0,70 711	00
	Cos	Cotg	Tg	Sin	cgr

mgr	33	32	31	30	12	11	10	mgr
1	3,3	3,2	3,1	3,0	1,2	1,1	1,0	1
2	6,6	6,4	6,2	6,0	2,4	2,2	2,0	2
3	9,9	9,6	9,3	9,0	3,6	3,3	3,0	3
4	13,2	12,8	12,4	12,0	4,8	4,4	4,0	4
5	16,5	16,0	15,5	15,0	6,0	5,5	5,0	5
6	19,8	19,2	18,6	18,0	7,2	6,6	6,0	6
7	23,1	22,4	21,7	21,0	8,4	7,7	7,0	7
8	26,4	25,6	24,8	24,0	9,6	8,8	8,0	8
9	29,7	28,8	27,9	27,0	10,8	9,9	9,0	9

mgr	1303	1299	1295	1292	1288	1284	1281	1277	1273	1270	1266	1263	mgr
1	130,3	129,9	129,5	129,2	128,8	128,4	128,1	127,7	127,3	127,0	126,6	126,3	1
2	260,6	259,8	259,0	258,4	257,6	256,8	256,2	255,4	254,6	254,0	253,2	252,6	2
3	390,9	389,7	388,5	387,6	386,4	385,2	384,3	383,1	381,9	381,0	379,8	378,9	3
4	521,2	519,6	518,0	516,8	515,2	513,6	512,4	510,8	509,2	508,0	506,4	505,2	4
5	651,5	649,5	647,5	646,0	644,0	642,0	640,5	638,5	636,5	635,0	633,0	631,5	5
6	781,8	779,4	777,0	775,2	772,8	770,4	768,6	766,2	763,8	762,0	759,6	757,8	6
7	912,1	909,3	906,5	904,4	901,6	898,8	896,7	893,9	891,1	889,0	886,2	884,1	7
8	1042,4	1039,2	1036,0	1033,6	1030,4	1027,2	1024,8	1021,6	1018,4	1016,0	1012,8	1010,4	8
9	1172,7	1169,1	1165,5	1162,8	1159,2	1155,6	1152,9	1149,3	1145,7	1143,0	1139,4	1136,7	9

mgr	1260	1255	1253	1248	1246	1242	1238	1235	1232	1228	1225	1221	mgr
1	126,0	125,5	125,3	124,8	124,6	124,2	123,8	123,5	123,2	122,8	122,5	122,1	1
2	252,0	251,0	250,6	249,6	249,2	248,4	247,6	247,0	246,4	245,6	245,0	244,2	2
3	378,0	376,5	375,9	374,4	373,8	372,6	371,4	370,5	369,6	368,4	367,5	366,3	3
4	504,0	502,0	501,2	499,2	498,4	496,8	495,2	494,0	492,8	491,2	490,0	488,4	4
5	630,0	627,5	626,5	624,0	623,0	621,0	619,0	617,5	616,0	614,0	612,5	610,5	5
6	756,0	753,0	751,8	748,8	747,6	745,2	742,8	741,0	739,2	736,8	735,0	732,6	6
7	882,0	878,5	877,1	873,6	872,2	869,4	866,6	864,5	862,4	859,6	857,5	854,7	7
8	1008,0	1004,0	1002,4	998,4	996,8	993,6	990,4	988,0	985,6	982,4	980,0	976,8	8
9	1134,0	1129,5	1127,7	1123,2	1121,4	1117,8	1114,2	1111,5	1108,8	1105,2	1102,5	1098,9	9

mgr	1218	1215	1211	1208	1205	1202	1198	1195	1192	1188	1186	1182	mgr
1	121,8	121,5	121,1	120,8	120,5	120,2	119,8	119,5	119,2	118,8	118,6	118,2	1
2	243,6	243,0	242,2	241,6	241,0	240,4	239,6	239,0	238,4	237,6	237,2	236,4	2
3	365,4	364,5	363,3	362,4	361,5	360,6	359,4	358,5	357,6	356,4	355,8	354,6	3
4	487,2	486,0	484,4	483,2	482,0	480,8	479,2	478,0	476,8	475,2	474,4	472,8	4
5	609,0	607,5	605,5	604,0	602,5	601,0	599,0	597,5	596,0	594,0	593,0	591,0	5
6	730,8	729,0	726,6	724,8	723,0	721,2	718,8	717,0	715,2	712,8	711,6	709,2	6
7	852,6	850,5	847,7	845,6	843,5	841,4	838,6	836,5	834,4	831,6	830,2	827,4	7
8	974,4	972,0	968,8	966,4	964,0	961,6	958,4	956,0	953,6	950,4	948,8	945,6	8
9	1096,2	1093,5	1089,9	1087,2	1084,5	1081,8	1078,2	1075,5	1072,8	1069,2	1067,4	1063,8	9

mgr	1178	1176	1173	1169	1166	1163	1160	1157	1154	1151	1148	1144	mgr
1	117,8	117,6	117,3	116,9	116,6	116,3	116,0	115,7	115,4	115,1	114,8	114,4	1
2	235,6	235,2	234,6	233,8	233,2	232,6	232,0	231,4	230,8	230,2	229,6	228,8	2
3	353,4	352,8	351,9	350,7	349,8	348,9	348,0	347,1	346,2	345,3	344,4	343,2	3
4	471,2	470,4	469,2	467,6	466,4	465,2	464,0	462,8	461,6	460,4	459,2	457,6	4
5	589,0	588,0	586,5	584,5	583,0	581,5	580,0	578,5	577,0	575,5	574,0	572,0	5
6	706,8	705,6	703,8	701,4	699,6	697,8	696,0	694,2	692,4	690,6	688,8	686,4	6
7	824,6	823,2	821,1	818,3	816,2	814,1	812,0	809,9	807,8	805,7	803,6	800,8	7
8	942,4	940,8	938,4	935,2	932,8	930,4	928,0	925,6	923,2	920,8	918,4	915,2	8
9	1060,2	1058,4	1055,7	1052,1	1049,4	1046,7	1044,0	1041,3	1038,6	1035,9	1033,2	1029,6	9

mgr	1142	1138	1136	1132	1130	1126	1124	1120	1118	1115	1112	1109	mgr
1	114,2	113,8	113,6	113,2	113,0	112,6	112,4	112,0	111,8	111,5	111,2	110,9	1
2	228,4	227,6	227,2	226,4	226,0	225,2	224,8	224,0	223,6	223,0	222,4	221,8	2
3	342,6	341,4	340,8	339,6	339,0	337,8	337,2	336,0	335,4	334,5	333,6	332,7	3
4	456,8	455,2	454,4	452,8	452,0	450,4	449,6	448,0	447,2	446,0	444,8	443,6	4
5	571,0	569,0	568,0	566,0	565,0	563,0	562,0	560,0	559,0	557,5	556,0	554,5	5
6	685,2	682,8	681,6	679,2	678,0	675,6	674,4	672,0	670,8	669,0	667,2	665,4	6
7	799,4	796,6	795,2	792,4	791,0	788,2	786,8	784,0	782,6	780,5	778,4	776,3	7
8	913,6	910,4	908,8	905,6	904,0	900,8	899,2	896,0	894,4	892,0	889,6	887,2	8
9	1027,8	1024,2	1022,4	1018,8	1017,0	1013,4	1011,6	1008,0	1006,2	1003,5	1000,8	998,1	9

mgr	1106	1103	1100	1097	1095	1091	1089	1086	1083	1081	1077	1075	mgr
1	110,6	110,3	110,0	109,7	109,5	109,1	108,9	108,6	108,3	108,1	107,7	107,5	1
2	221,2	220,6	220,0	219,4	219,0	218,2	217,8	217,2	216,6	216,2	215,4	215,0	2
3	331,8	330,9	330,0	329,1	328,5	327,3	326,7	325,8	324,9	324,3	323,1	322,5	3
4	442,4	441,2	440,0	438,8	438,0	436,4	435,6	434,4	433,2	432,4	430,8	430,0	4
5	553,0	551,5	550,0	548,5	547,5	545,5	544,5	543,0	541,5	540,5	538,5	537,5	5
6	663,6	661,8	660,0	658,2	657,0	654,6	653,4	651,6	649,8	648,6	646,2	645,0	6
7	774,2	772,1	770,0	767,9	766,5	763,7	762,3	760,2	758,1	756,7	753,9	752,5	7
8	884,8	882,4	880,0	877,6	876,0	872,8	871,2	868,8	866,4	864,8	861,6	860,0	8
9	995,4	992,7	990,0	987,3	985,5	981,9	980,1	977,4	974,7	972,9	969,3	967,5	9

mgr	1072	1069	1067	1064	1061	1058	1056	1053	1050	1048	1045	1042	mgr
1	107,2	106,9	106,7	106,4	106,1	105,8	105,6	105,3	105,0	104,8	104,5	104,2	1
2	214,4	213,8	213,4	212,8	212,2	211,6	211,2	210,6	210,0	209,6	209,0	208,4	2
3	321,6	320,7	320,1	319,2	318,3	317,4	316,8	315,9	315,0	314,4	313,5	312,6	3
4	428,8	427,6	426,8	425,6	424,4	423,2	422,4	421,2	420,0	419,2	418,0	416,8	4
5	536,0	534,5	533,5	532,0	530,5	529,0	528,0	526,5	525,0	524,0	522,5	521,0	5
6	643,2	641,4	640,2	638,4	636,6	634,8	633,6	631,8	630,0	628,8	627,0	625,2	6
7	750,4	748,3	746,9	744,8	742,7	740,6	739,2	737,1	735,0	733,6	731,5	729,4	7
8	857,6	855,2	853,6	851,2	848,8	846,4	844,8	842,4	840,0	838,4	836,0	833,6	8
9	964,8	962,1	960,3	957,6	954,9	952,2	950,4	947,7	945,0	943,2	940,5	937,8	9

mgr	1040	1037	1034	1032	1029	1027	1024	1021	1019	1017	1013	1012	mgr
1	104,0	103,7	103,4	103,2	102,9	102,7	102,4	102,1	101,9	101,7	101,3	101,2	1
2	208,0	207,4	206,8	206,4	205,8	205,4	204,8	204,2	203,8	203,4	202,6	202,4	2
3	312,0	311,1	310,2	309,6	308,7	308,1	307,2	306,3	305,7	305,1	303,9	303,6	3
4	416,0	414,8	413,6	412,8	411,6	410,8	409,6	408,4	407,6	406,8	405,2	404,8	4
5	520,0	518,5	517,0	516,0	514,5	513,5	512,0	510,5	509,5	508,5	506,5	506,0	5
6	624,0	622,2	620,4	619,2	617,4	616,2	614,4	612,6	611,4	610,2	607,8	607,2	6
7	728,0	725,9	723,8	722,4	720,3	718,9	716,8	714,7	713,3	711,9	709,1	708,4	7
8	832,0	829,6	827,2	825,6	823,2	821,6	819,2	816,8	815,2	813,6	810,4	809,6	8
9	936,0	933,3	930,6	928,8	926,1	924,3	921,6	918,9	917,1	915,3	911,7	910,8	9

mgr	1008	1007	1003	1001	999	996	994	992	988	987	984	981	mgr
1	100,8	100,7	100,3	100,1	99,9	99,6	99,4	99,2	98,8	98,7	98,4	98,1	1
2	201,6	201,4	200,6	200,2	199,8	199,2	198,8	198,4	197,6	197,4	196,8	196,2	2
3	302,4	302,1	300,9	300,3	299,7	298,8	298,2	297,6	296,4	296,1	295,2	294,3	3
4	403,2	402,8	401,2	400,4	399,6	398,4	397,6	396,8	395,2	394,8	393,6	392,4	4
5	504,0	503,5	501,5	500,5	499,5	498,0	497,0	496,0	494,0	493,5	492,0	490,5	5
6	604,8	604,2	601,8	600,6	599,4	597,6	596,4	595,2	592,8	592,2	590,4	588,6	6
7	705,6	704,9	702,1	700,7	699,3	697,2	695,8	694,4	691,6	690,9	688,8	686,7	7
8	806,4	805,6	802,4	800,8	799,2	796,8	795,2	793,6	790,4	789,6	787,2	784,8	8
9	907,2	906,3	902,7	900,9	899,1	896,4	894,6	892,8	889,2	888,3	885,6	882,9	9

mgr	980	976	975	972	969	968	964	963	960	958	955	954	mgr
1	98,0	97,6	97,5	97,2	96,9	96,8	96,4	96,3	96,0	95,8	95,5	95,4	1
2	196,0	195,2	195,0	194,4	193,8	193,6	192,8	192,6	192,0	191,6	191,0	190,8	2
3	294,0	292,8	292,5	291,6	290,7	290,4	289,2	288,9	288,0	287,4	286,5	286,2	3
4	392,0	390,4	390,0	388,8	387,6	387,2	385,6	385,2	384,0	383,2	382,0	381,6	4
5	490,0	488,0	487,5	486,0	484,5	484,0	482,0	481,5	480,0	479,0	477,5	477,0	5
6	588,0	585,6	585,0	583,2	581,4	580,8	578,4	577,8	576,0	574,8	573,0	572,4	6
7	686,0	683,2	682,5	680,4	678,3	677,6	674,8	674,1	672,0	670,6	668,5	667,8	7
8	784,0	780,8	780,0	777,6	775,2	774,4	771,2	770,4	768,0	766,4	764,0	763,2	8
9	882,0	878,4	877,5	874,8	872,1	871,2	867,6	866,7	864,0	862,2	859,5	858,6	9

mgr	951	948	946	944	942	940	937	935	933	930	928	926	mgr
1	95,1	94,8	94,6	94,4	94,2	94,0	93,7	93,5	93,3	93,0	92,8	92,6	1
2	190,2	189,6	189,2	188,8	188,4	188,0	187,4	187,0	186,6	186,0	185,6	185,2	2
3	285,3	284,4	283,8	283,2	282,6	282,0	281,1	280,5	279,9	279,0	278,4	277,8	3
4	380,4	379,2	378,4	377,6	376,8	376,0	374,8	374,0	373,2	372,0	371,2	370,4	4
5	475,5	474,0	473,0	472,0	471,0	470,0	468,5	467,5	466,5	465,0	464,0	463,0	5
6	570,6	568,8	567,6	566,4	565,2	564,0	562,2	561,0	559,8	558,0	556,8	555,6	6
7	665,7	663,6	662,2	660,8	659,4	658,0	655,9	654,5	653,1	651,0	649,6	648,2	7
8	760,8	758,4	756,8	755,2	753,6	752,0	749,6	748,0	746,4	744,0	742,4	740,8	8
9	855,9	853,2	851,4	849,6	847,8	846,0	843,3	841,5	839,7	837,0	835,2	833,4	9

mgr	924	922	919	917	915	913	911	909	906	904	903	900	mgr
1	92,4	92,2	91,9	91,7	91,5	91,3	91,1	90,9	90,6	90,4	90,3	90,0	1
2	184,8	184,4	183,8	183,4	183,0	182,6	182,2	181,8	181,2	180,8	180,6	180,0	2
3	277,2	276,6	275,7	275,1	274,5	273,9	273,3	272,7	271,8	271,2	270,9	270,0	3
4	369,6	368,8	367,6	366,8	366,0	365,2	364,4	363,6	362,4	361,6	361,2	360,0	4
5	462,0	461,0	459,5	458,5	457,5	456,5	455,5	454,5	453,0	452,0	451,5	450,0	5
6	554,4	553,2	551,4	550,2	549,0	547,8	546,6	545,4	543,6	542,4	541,8	540,0	6
7	646,8	645,4	643,3	641,9	640,5	639,1	637,7	636,3	634,2	632,8	632,1	630,0	7
8	739,2	737,6	735,2	733,6	732,0	730,4	728,8	727,2	724,8	723,2	722,4	720,0	8
9	831,6	829,8	827,1	825,3	823,5	821,7	819,9	818,1	815,4	813,6	812,7	810,0	9

mgr	897	896	894	892	889	887	886	883	881	879	878	875	873	871	869	mgr
1	89,7	89,6	89,4	89,2	88,9	88,7	88,6	88,3	88,1	87,9	87,8	87,5	87,3	87,1	86,9	1
2	179,4	179,2	178,8	178,4	177,8	177,4	177,2	176,6	176,2	175,8	175,6	175,0	174,6	174,2	173,8	2
3	269,1	268,8	268,2	267,6	266,7	266,1	265,8	264,9	264,3	263,7	263,4	262,5	261,9	261,3	260,7	3
4	358,8	358,4	357,6	356,8	355,6	354,8	354,4	353,2	352,4	351,6	351,2	350,0	349,2	348,4	347,6	4
5	448,5	448,0	447,0	446,0	444,5	443,5	443,0	441,5	440,5	439,5	439,0	437,5	436,5	435,5	434,5	5
6	538,2	537,6	536,4	535,2	533,4	532,2	531,6	529,8	528,6	527,4	526,8	525,0	523,8	522,6	521,4	6
7	627,9	627,2	625,8	624,4	622,3	620,9	620,2	618,1	616,7	615,3	614,6	612,5	611,1	609,7	608,3	7
8	717,6	716,8	715,2	713,6	711,2	709,6	708,8	706,4	704,8	703,2	702,4	700,0	698,4	696,8	695,2	8
9	807,3	806,4	804,6	802,8	800,1	798,3	797,4	794,7	792,9	791,1	790,2	787,5	785,7	783,9	782,1	9

mgr	867	865	863	861	859	857	855	853	852	849	847	846	843	841	840	mgr
1	86,7	86,5	86,3	86,1	85,9	85,7	85,5	85,3	85,2	84,9	84,7	84,6	84,3	84,1	84,0	1
2	173,4	173,0	172,6	172,2	171,8	171,4	171,0	170,6	170,4	169,8	169,4	169,2	168,6	168,2	168,0	2
3	260,1	259,5	258,9	258,3	257,7	257,1	256,5	255,9	255,6	254,7	254,1	253,8	252,9	252,3	252,0	3
4	346,8	346,0	345,2	344,4	343,6	342,8	342,0	341,2	340,8	339,6	338,8	338,4	337,2	336,4	336,0	4
5	433,5	432,5	431,5	430,5	429,5	428,5	427,5	426,5	426,0	424,5	423,5	423,0	421,5	420,5	420,0	5
6	520,2	519,0	517,8	516,6	515,4	514,2	513,0	511,8	511,2	509,4	508,2	507,6	505,8	504,6	504,0	6
7	606,9	605,5	604,1	602,7	601,3	599,9	598,5	597,1	596,4	594,3	592,9	592,2	590,1	588,7	588,0	7
8	693,6	692,0	690,4	688,8	687,2	685,6	684,0	682,4	681,6	679,2	677,6	676,8	674,4	672,8	672,0	8
9	780,3	778,5	776,7	774,9	773,1	771,3	769,5	767,7	766,8	764,1	762,3	761,4	758,7	756,9	756,0	9

mgr	838	836	834	832	830	828	826	825	823	820	819	818	815	813	812	mgr
1	83,8	83,6	83,4	83,2	83,0	82,8	82,6	82,5	82,3	82,0	81,9	81,8	81,5	81,3	81,2	1
2	167,6	167,2	166,8	166,4	166,0	165,6	165,2	165,0	164,6	164,0	163,8	163,6	163,0	162,6	162,4	2
3	251,4	250,8	250,2	249,6	249,0	248,4	247,8	247,5	246,9	246,0	245,7	245,4	244,5	243,9	243,6	3
4	335,2	334,4	333,6	332,8	332,0	331,2	330,4	330,0	329,2	328,0	327,6	327,2	326,0	325,2	324,8	4
5	419,0	418,0	417,0	416,0	415,0	414,0	413,0	412,5	411,5	410,0	409,5	409,0	407,5	406,5	406,0	5
6	502,8	501,6	500,4	499,2	498,0	496,8	495,6	495,0	493,8	492,0	491,4	490,8	489,0	487,8	487,2	6
7	586,6	585,2	583,8	582,4	581,0	579,6	578,2	577,5	576,1	574,0	573,3	572,6	570,5	569,1	568,4	7
8	670,4	668,8	667,2	665,6	664,0	662,4	660,8	660,0	658,4	656,0	655,2	654,4	652,0	650,4	649,6	8
9	754,2	752,4	750,6	748,8	747,0	745,2	743,4	742,5	740,7	738,0	737,1	736,2	733,5	731,7	730,8	9

mgr	810	808	806	805	802	801	800	797	795	794	792	791	788	787	785	mgr
1	81,0	80,8	80,6	80,5	80,2	80,1	80,0	79,7	79,5	79,4	79,2	79,1	78,8	78,7	78,5	1
2	162,0	161,6	161,2	161,0	160,4	160,2	160,0	159,4	159,0	158,8	158,4	158,2	157,6	157,4	157,0	2
3	243,0	242,4	241,8	241,5	240,6	240,3	240,0	239,1	238,5	238,2	237,6	237,3	236,4	236,1	235,5	3
4	324,0	323,2	322,4	322,0	320,8	320,4	320,0	318,8	318,0	317,6	316,8	316,4	315,2	314,8	314,0	4
5	405,0	404,0	403,0	402,5	401,0	400,5	400,0	398,5	397,5	397,0	396,0	395,5	394,0	393,5	392,5	5
6	486,0	484,8	483,6	483,0	481,2	480,6	480,0	478,2	477,0	476,4	475,2	474,6	472,8	472,2	471,0	6
7	567,0	565,6	564,2	563,5	561,4	560,7	560,0	557,9	556,5	555,8	554,4	553,7	551,6	550,9	549,5	7
8	648,0	646,4	644,8	644,0	641,6	640,8	640,0	637,6	636,0	635,2	633,6	632,8	630,4	629,6	628,0	8
9	729,0	727,2	725,4	724,5	721,8	720,9	720,0	717,3	715,5	714,6	712,8	711,9	709,2	708,3	706,5	9

mgr	784	781	780	779	776	775	773	772	770	768	766	765	763	762	760	mgr
1	78,4	78,1	78,0	77,9	77,6	77,5	77,3	77,2	77,0	76,8	76,6	76,5	76,3	76,2	76,0	1
2	156,8	156,2	156,0	155,8	155,2	155,0	154,6	154,4	154,0	153,6	153,2	153,0	152,6	152,4	152,0	2
3	235,2	234,3	234,0	233,7	232,8	232,5	231,9	231,6	231,0	230,4	229,8	229,5	228,9	228,6	228,0	3
4	313,6	312,4	312,0	311,6	310,4	310,0	309,2	308,8	308,0	307,2	306,4	306,0	305,2	304,8	304,0	4
5	392,0	390,5	390,0	389,5	388,0	387,5	386,5	386,0	385,0	384,0	383,0	382,5	381,5	381,0	380,0	5
6	470,4	468,6	468,0	467,4	465,6	465,0	463,8	463,2	462,0	460,8	459,6	459,0	457,8	457,2	456,0	6
7	548,8	546,7	546,0	545,3	543,2	542,5	541,1	540,4	539,0	537,6	536,2	535,5	534,1	533,4	532,0	7
8	627,2	624,8	624,0	623,2	620,8	620,0	618,4	617,6	616,0	614,4	612,8	612,0	610,4	609,6	608,0	8
9	705,6	702,9	702,0	701,1	698,4	697,5	695,7	694,8	693,0	691,2	689,4	688,5	686,7	685,8	684,0	9

mgr	758	756	755	754	751	748	747	745	744	742	741	739	737	736	734	mgr
1	75,8	75,6	75,5	75,4	75,1	74,8	74,7	74,5	74,4	74,2	74,1	73,9	73,7	73,6	73,4	1
2	151,6	151,2	151,0	150,8	150,2	149,6	149,4	149,0	148,8	148,4	148,2	147,8	147,4	147,2	146,8	2
3	227,4	226,8	226,5	226,2	225,3	224,4	224,1	223,5	223,2	222,6	222,3	221,7	221,1	220,8	220,2	3
4	303,2	302,4	302,0	301,6	300,4	299,2	298,8	298,0	297,6	296,8	296,4	295,6	294,8	294,4	293,6	4
5	379,0	378,0	377,5	377,0	375,5	374,0	373,5	372,5	372,0	371,0	370,5	369,5	368,5	368,0	367,0	5
6	454,8	453,6	453,0	452,4	450,6	448,8	448,2	447,0	446,4	445,2	444,6	443,4	442,2	441,6	440,4	6
7	530,6	529,2	528,5	527,8	525,7	523,6	522,9	521,5	520,8	519,4	518,7	517,3	515,9	515,2	513,8	7
8	606,4	604,8	604,0	603,2	600,8	598,4	597,6	596,0	595,2	593,6	592,8	591,2	589,6	588,8	587,2	8
9	682,2	680,4	679,5	678,6	675,9	673,2	672,3	670,5	669,6	667,8	666,9	665,1	663,3	662,4	660,6	9

mgr	733	731	729	728	727	725	723	722	721	719	717	716	714	713	712	mgr
1	73,3	73,1	72,9	72,8	72,7	72,5	72,3	72,2	72,1	71,9	71,7	71,6	71,4	71,3	71,2	1
2	146,6	146,2	145,8	145,6	145,4	145,0	144,6	144,4	144,2	143,8	143,4	143,2	142,8	142,6	142,4	2
3	219,9	219,3	218,7	218,4	218,1	217,5	216,9	216,6	216,3	215,7	215,1	214,8	214,2	213,9	213,6	3
4	293,2	292,4	291,6	291,2	290,8	290,0	289,2	288,8	288,4	287,6	286,8	286,4	285,6	285,2	284,8	4
5	366,5	365,5	364,5	364,0	363,5	362,5	361,5	361,0	360,5	359,5	358,5	358,0	357,0	356,5	356,0	5
6	439,8	438,6	437,4	436,8	436,2	435,0	433,8	433,2	432,6	431,4	430,2	429,6	428,4	427,8	427,2	6
7	513,1	511,7	510,3	509,6	508,9	507,5	506,1	505,4	504,7	503,3	501,9	501,2	499,8	499,1	498,4	7
8	586,4	584,8	583,2	582,4	581,6	580,0	578,4	577,6	576,8	575,2	573,6	572,8	571,2	570,4	569,6	8
9	659,7	657,9	656,1	655,2	654,3	652,5	650,7	649,8	648,9	647,1	645,3	644,4	642,6	641,7	640,8	9

mgr	709	707	705	704	703	701	700	698	697	695	694	692	691	690	688	mgr
1	70,9	70,7	70,5	70,4	70,3	70,1	70,0	69,8	69,7	69,5	69,4	69,2	69,1	69,0	68,8	1
2	141,8	141,4	141,0	140,8	140,6	140,2	140,0	139,6	139,4	139,0	138,8	138,4	138,2	138,0	137,6	2
3	212,7	212,1	211,5	211,2	210,9	210,3	210,0	209,4	209,1	208,5	208,2	207,6	207,3	207,0	206,4	3
4	283,6	282,8	282,0	281,6	281,2	280,4	280,0	279,2	278,8	278,0	277,6	276,8	276,4	276,0	275,2	4
5	354,5	353,5	352,5	352,0	351,5	350,5	350,0	349,0	348,5	347,5	347,0	346,0	345,5	345,0	344,0	5
6	425,4	424,2	423,0	422,4	421,8	420,6	420,0	418,8	418,2	417,0	416,4	415,2	414,6	414,0	412,8	6
7	496,3	494,9	493,5	492,8	492,1	490,7	490,0	488,6	487,9	486,5	485,8	484,4	483,7	483,0	481,6	7
8	567,2	565,6	564,0	563,2	562,4	560,8	560,0	558,4	557,6	556,0	555,2	553,6	552,8	552,0	550,4	8
9	638,1	636,3	634,5	633,6	632,7	630,9	630,0	628,2	627,3	625,5	624,6	622,8	621,9	621,0	619,2	9

mgr	687	685	684	683	681	680	678	677	676	674	673	671	668	666	665	mgr
1	68,7	68,5	68,4	68,3	68,1	68,0	67,8	67,7	67,6	67,4	67,3	67,1	66,8	66,6	66,5	1
2	137,4	137,0	136,8	136,6	136,2	136,0	135,6	135,4	135,2	134,8	134,6	134,2	133,6	133,2	133,0	2
3	206,1	205,5	205,2	204,9	204,3	204,0	203,4	203,1	202,8	202,2	201,9	201,3	200,4	199,8	199,5	3
4	274,8	274,0	273,6	273,2	272,4	272,0	271,2	270,8	270,4	269,6	269,2	268,4	267,2	266,4	266,0	4
5	343,5	342,5	342,0	341,5	340,5	340,0	339,0	338,5	338,0	337,0	336,5	335,5	334,0	333,0	332,5	5
6	412,2	411,0	410,4	409,8	408,6	408,0	406,8	406,2	405,6	404,4	403,8	402,6	400,8	399,6	399,0	6
7	480,9	479,5	478,8	478,1	476,7	476,0	474,6	473,9	473,2	471,8	471,1	469,7	467,6	466,2	465,5	7
8	549,6	548,0	547,2	546,4	544,8	544,0	542,4	541,6	540,8	539,2	538,4	536,8	534,4	532,8	532,0	8
9	618,3	616,5	615,6	614,7	612,9	612,0	610,2	609,3	608,4	606,6	605,7	603,9	601,2	599,4	598,5	9

mgr	663	662	661	659	658	657	656	654	653	651	648	646	643	641	640	mgr
1	66,3	66,2	66,1	65,9	65,8	65,7	65,6	65,4	65,3	65,1	64,8	64,6	64,3	64,1	64,0	1
2	132,6	132,4	132,2	131,8	131,6	131,4	131,2	130,8	130,6	130,2	129,6	129,2	128,6	128,2	128,0	2
3	198,9	198,6	198,3	197,7	197,4	197,1	196,8	196,2	195,9	195,3	194,4	193,8	192,9	192,3	192,0	3
4	265,2	264,8	264,4	263,6	263,2	262,8	262,4	261,6	261,2	260,4	259,2	258,4	257,2	256,4	256,0	4
5	331,5	331,0	330,5	329,5	329,0	328,5	328,0	327,0	326,5	325,5	324,0	323,0	321,5	320,5	320,0	5
6	397,8	397,2	396,6	395,4	394,8	394,2	393,6	392,4	391,8	390,6	388,8	387,6	385,8	384,6	384,0	6
7	464,1	463,4	462,7	461,3	460,6	459,9	459,2	457,8	457,1	455,7	453,6	452,2	450,1	448,7	448,0	7
8	530,4	529,6	528,8	527,2	526,4	525,6	524,8	523,2	522,4	520,8	518,4	516,8	514,4	512,8	512,0	8
9	596,7	595,8	594,9	593,1	592,2	591,3	590,4	588,6	587,7	585,9	583,2	581,4	578,7	576,9	576,0	9

mgr	639	637	636	635	634	632	630	628	626	625	624	623	621	620	619	mgr
1	63,9	63,7	63,6	63,5	63,4	63,2	63,0	62,8	62,6	62,5	62,4	62,3	62,1	62,0	61,9	1
2	127,8	127,4	127,2	127,0	126,8	126,4	126,0	125,6	125,2	125,0	124,8	124,6	124,2	124,0	123,8	2
3	191,7	191,1	190,8	190,5	190,2	189,6	189,0	188,4	187,8	187,5	187,2	186,9	186,3	186,0	185,7	3
4	255,6	254,8	254,4	254,0	253,6	252,8	252,0	251,2	250,4	250,0	249,6	249,2	248,4	248,0	247,6	4
5	319,5	318,5	318,0	317,5	317,0	316,0	315,0	314,0	313,0	312,5	312,0	311,5	310,5	310,0	309,5	5
6	383,4	382,2	381,6	381,0	380,4	379,2	378,0	376,8	375,6	375,0	374,4	373,8	372,6	372,0	371,4	6
7	447,3	445,9	445,2	444,5	443,8	442,4	441,0	439,6	438,2	437,5	436,8	436,1	434,7	434,0	433,3	7
8	511,2	509,6	508,8	508,0	507,2	505,6	504,0	502,4	500,8	500,0	499,2	498,4	496,8	496,0	495,2	8
9	575,1	573,3	572,4	571,5	570,6	568,8	567,0	565,2	563,4	562,5	561,6	560,7	558,9	558,0	557,1	9

mgr	618	616	614	613	612	610	608	607	606	605	603	601	600	599	598	mgr
1	61,8	61,6	61,4	61,3	61,2	61,0	60,8	60,7	60,6	60,5	60,3	60,1	60,0	59,9	59,8	1
2	123,6	123,2	122,8	122,6	122,4	122,0	121,6	121,4	121,2	121,0	120,6	120,2	120,0	119,8	119,6	2
3	185,4	184,8	184,2	183,9	183,6	183,0	182,4	182,1	181,8	181,5	180,9	180,3	180,0	179,7	179,4	3
4	247,2	246,4	245,6	245,2	244,8	244,0	243,2	242,8	242,4	242,0	241,2	240,4	240,0	239,6	239,2	4
5	309,0	308,0	307,0	306,5	306,0	305,0	304,0	303,5	303,0	302,5	301,5	300,5	300,0	299,5	299,0	5
6	370,8	369,6	368,4	367,8	367,2	366,0	364,8	364,2	363,6	363,0	361,8	360,6	360,0	359,4	358,8	6
7	432,6	431,2	429,8	429,1	428,4	427,0	425,6	424,9	424,2	423,5	422,1	420,7	420,0	419,3	418,6	7
8	494,4	492,8	491,2	490,4	489,6	488,0	486,4	485,6	484,8	484,0	482,4	480,8	480,0	479,2	478,4	8
9	556,2	554,4	552,6	551,7	550,8	549,0	547,2	546,3	545,4	544,5	542,7	540,9	540,0	539,1	538,2	9

mgr	597	595	593	592	591	590	589	588	586	584	583	582	581	580	579	mgr
1	59,7	59,5	59,3	59,2	59,1	59,0	58,9	58,8	58,6	58,4	58,3	58,2	58,1	58,0	57,9	1
2	119,4	119,0	118,6	118,4	118,2	118,0	117,8	117,6	117,2	116,8	116,6	116,4	116,2	116,0	115,8	2
3	179,1	178,5	177,9	177,6	177,3	177,0	176,7	176,4	175,8	175,2	174,9	174,6	174,3	174,0	173,7	3
4	238,8	238,0	237,2	236,8	236,4	236,0	235,6	235,2	234,4	233,6	233,2	232,8	232,4	232,0	231,6	4
5	298,5	297,5	296,5	296,0	295,5	295,0	294,5	294,0	293,0	292,0	291,5	291,0	290,5	290,0	289,5	5
6	358,2	357,0	355,8	355,2	354,6	354,0	353,4	352,8	351,6	350,4	349,8	349,2	348,6	348,0	347,4	6
7	417,9	416,5	415,1	414,4	413,7	413,0	412,3	411,6	410,2	408,8	408,1	407,4	406,7	406,0	405,3	7
8	477,6	476,0	474,4	473,6	472,8	472,0	471,2	470,4	468,8	467,2	466,4	465,6	464,8	464,0	463,2	8
9	537,3	535,5	533,7	532,8	531,9	531,0	530,1	529,2	527,4	525,6	524,7	523,8	522,9	522,0	521,1	9

mgr	578	577	575	573	571	570	568	567	566	565	564	563	561	560	559	mgr
1	57,8	57,7	57,5	57,3	57,1	57,0	56,8	56,7	56,6	56,5	56,4	56,3	56,1	56,0	55,9	1
2	115,6	115,4	115,0	114,6	114,2	114,0	113,6	113,4	113,2	113,0	112,8	112,6	112,2	112,0	111,8	2
3	173,4	173,1	172,5	171,9	171,3	171,0	170,4	170,1	169,8	169,5	169,2	168,9	168,3	168,0	167,7	3
4	231,2	230,8	230,0	229,2	228,4	228,0	227,2	226,8	226,4	226,0	225,6	225,2	224,4	224,0	223,6	4
5	289,0	288,5	287,5	286,5	285,5	285,0	284,0	283,5	283,0	282,5	282,0	281,5	280,5	280,0	279,5	5
6	346,8	346,2	345,0	343,8	342,6	342,0	340,8	340,2	339,6	339,0	338,4	337,8	336,6	336,0	335,4	6
7	404,6	403,9	402,5	401,1	399,7	399,0	397,6	396,9	396,2	395,5	394,8	394,1	392,7	392,0	391,3	7
8	462,4	461,6	460,0	458,4	456,8	456,0	454,4	453,6	452,8	452,0	451,2	450,4	448,8	448,0	447,2	8
9	520,2	519,3	517,5	515,7	513,9	513,0	511,2	510,3	509,4	508,5	507,6	506,7	504,9	504,0	503,1	9

mgr	557	556	554	552	551	549	547	545	543	542	540	538	537	536	534	mgr
1	55,7	55,6	55,4	55,2	55,1	54,9	54,7	54,5	54,3	54,2	54,0	53,8	53,7	53,6	53,4	1
2	111,4	111,2	110,8	110,4	110,2	109,8	109,4	109,0	108,6	108,4	108,0	107,6	107,4	107,2	106,8	2
3	167,1	166,8	166,2	165,6	165,3	164,7	164,1	163,5	162,9	162,6	162,0	161,4	161,1	160,8	160,2	3
4	222,8	222,4	221,6	220,8	220,4	219,6	218,8	218,0	217,2	216,8	216,0	215,2	214,8	214,4	213,6	4
5	278,5	278,0	277,0	276,0	275,5	274,5	273,5	272,5	271,5	271,0	270,0	269,0	268,5	268,0	267,0	5
6	334,2	333,6	332,4	331,2	330,6	329,4	328,2	327,0	325,8	325,2	324,0	322,8	322,2	321,6	320,4	6
7	389,9	389,2	387,8	386,4	385,7	384,3	382,9	381,5	380,1	379,4	378,0	376,6	375,9	375,2	373,8	7
8	445,6	444,8	443,2	441,6	440,8	439,2	437,6	436,0	434,4	433,6	432,0	430,4	429,6	428,8	427,2	8
9	501,3	500,4	498,6	496,8	495,9	494,1	492,3	490,5	488,7	487,8	486,0	484,2	483,3	482,4	480,6	9

mgr	533	532	531	530	529	528	527	526	525	523	522	521	519	518	517	mgr
1	53,3	53,2	53,1	53,0	52,9	52,8	52,7	52,6	52,5	52,3	52,2	52,1	51,9	51,8	51,7	1
2	106,6	106,4	106,2	106,0	105,8	105,6	105,4	105,2	105,0	104,6	104,4	104,2	103,8	103,6	103,4	2
3	159,9	159,6	159,3	159,0	158,7	158,4	158,1	157,8	157,5	156,9	156,6	156,3	155,7	155,4	155,1	3
4	213,2	212,8	212,4	212,0	211,6	211,2	210,8	210,4	210,0	209,2	208,8	208,4	207,6	207,2	206,8	4
5	266,5	266,0	265,5	265,0	264,5	264,0	263,5	263,0	262,5	261,5	261,0	260,5	259,5	259,0	258,5	5
6	319,8	319,2	318,6	318,0	317,4	316,8	316,2	315,6	315,0	313,8	313,2	312,6	311,4	310,8	310,2	6
7	373,1	372,4	371,7	371,0	370,3	369,6	368,9	368,2	367,5	366,1	365,4	364,7	363,3	362,6	361,9	7
8	426,4	425,6	424,8	424,0	423,2	422,4	421,6	420,8	420,0	418,4	417,6	416,8	415,2	414,4	413,6	8
9	479,7	478,8	477,9	477,0	476,1	475,2	474,3	473,4	472,5	470,7	469,8	468,9	467,1	466,2	465,3	9

mgr	516	515	514	513	512	510	509	507	506	504	503	501	500	499	498	mgr
1	51,6	51,5	51,4	51,3	51,2	51,0	50,9	50,7	50,6	50,4	50,3	50,1	50,0	49,9	49,8	1
2	103,2	103,0	102,8	102,6	102,4	102,0	101,8	101,4	101,2	100,8	100,6	100,2	100,0	99,8	99,6	2
3	154,8	154,5	154,2	153,9	153,6	153,0	152,7	152,1	151,8	151,2	150,9	150,3	150,0	149,7	149,4	3
4	206,4	206,0	205,6	205,2	204,8	204,0	203,6	202,8	202,4	201,6	201,2	200,4	200,0	199,6	199,2	4
5	258,0	257,5	257,0	256,5	256,0	255,0	254,5	253,5	253,0	252,0	251,5	250,5	250,0	249,5	249,0	5
6	309,6	309,0	308,4	307,8	307,2	306,0	305,4	304,2	303,6	302,4	301,8	300,6	300,0	299,4	298,8	6
7	361,2	360,5	359,8	359,1	358,4	357,0	356,3	354,9	354,2	352,8	352,1	350,7	350,0	349,3	348,6	7
8	412,8	412,0	411,2	410,4	409,6	408,0	407,2	405,6	404,8	403,2	402,4	400,8	400,0	399,2	398,4	8
9	464,4	463,5	462,6	461,7	460,8	459,0	458,1	456,3	455,4	453,6	452,7	450,9	450,0	449,1	448,2	9

mgr	497	495	494	493	492	491	489	488	487	486	484	483	482	481	479	mgr
1	49,7	49,5	49,4	49,3	49,2	49,1	48,9	48,8	48,7	48,6	48,4	48,3	48,2	48,1	47,9	1
2	99,4	99,0	98,8	98,6	98,4	98,2	97,8	97,6	97,4	97,2	96,8	96,6	96,4	96,2	95,8	2
3	149,1	148,5	148,2	147,9	147,6	147,3	146,7	146,4	146,1	145,8	145,2	144,9	144,6	144,3	143,7	3
4	198,8	198,0	197,6	197,2	196,8	196,4	195,6	195,2	194,8	194,4	193,6	193,2	192,8	192,4	191,6	4
5	248,5	247,5	247,0	246,5	246,0	245,5	244,5	244,0	243,5	243,0	242,0	241,5	241,0	240,5	239,5	5
6	298,2	297,0	296,4	295,8	295,2	294,6	293,4	292,8	292,2	291,6	290,4	289,8	289,2	288,6	287,4	6
7	347,9	346,5	345,8	345,1	344,4	343,7	342,3	341,6	340,9	340,2	338,8	338,1	337,4	336,7	335,3	7
8	397,6	396,0	395,2	394,4	393,6	392,8	391,2	390,4	389,6	388,8	387,2	386,4	385,6	384,8	383,2	8
9	447,3	445,5	444,6	443,7	442,8	441,9	440,1	439,2	438,3	437,4	435,6	434,7	433,8	432,9	431,1	9

mgr	478	477	475	474	473	472	470	468	467	466	465	464	462	460	459	mgr
1	47,8	47,7	47,5	47,4	47,3	47,2	47,0	46,8	46,7	46,6	46,5	46,4	46,2	46,0	45,9	1
2	95,6	95,4	95,0	94,8	94,6	94,4	94,0	93,6	93,4	93,2	93,0	92,8	92,4	92,0	91,8	2
3	143,4	143,1	142,5	142,2	141,9	141,6	141,0	140,4	140,1	139,8	139,5	139,2	138,6	138,0	137,7	3
4	191,2	190,8	190,0	189,6	189,2	188,8	188,0	187,2	186,8	186,4	186,0	185,6	184,8	184,0	183,6	4
5	239,0	238,5	237,5	237,0	236,5	236,0	235,0	234,0	233,5	233,0	232,5	232,0	231,0	230,0	229,5	5
6	286,8	286,2	285,0	284,4	283,8	283,2	282,0	280,8	280,2	279,6	279,0	278,4	277,2	276,0	275,4	6
7	334,6	333,9	332,5	331,8	331,1	330,4	329,0	327,6	326,9	326,2	325,5	324,8	323,4	322,0	321,3	7
8	382,4	381,6	380,0	379,2	378,4	377,6	376,0	374,4	373,6	372,8	372,0	371,2	369,6	368,0	367,2	8
9	430,2	429,3	427,5	426,6	425,7	424,8	423,0	421,2	420,3	419,4	418,5	417,6	415,8	414,0	413,1	9

mgr	458	457	456	455	454	453	452	450	449	448	447	446	445	444	442	mgr
1	45,8	45,7	45,6	45,5	45,4	45,3	45,2	45,0	44,9	44,8	44,7	44,6	44,5	44,4	44,2	1
2	91,6	91,4	91,2	91,0	90,8	90,6	90,4	90,0	89,8	89,6	89,4	89,2	89,0	88,8	88,4	2
3	137,4	137,1	136,8	136,5	136,2	135,9	135,6	135,0	134,7	134,4	134,1	133,8	133,5	133,2	132,6	3
4	183,2	182,8	182,4	182,0	181,6	181,2	180,8	180,0	179,6	179,2	178,8	178,4	178,0	177,6	176,8	4
5	229,0	228,5	228,0	227,5	227,0	226,5	226,0	225,0	224,5	224,0	223,5	223,0	222,5	222,0	221,0	5
6	274,8	274,2	273,6	273,0	272,4	271,8	271,2	270,0	269,4	268,8	268,2	267,6	267,0	266,4	265,2	6
7	320,6	319,9	319,2	318,5	317,8	317,1	316,4	315,0	314,3	313,6	312,9	312,2	311,5	310,8	309,4	7
8	366,4	365,6	364,8	364,0	363,2	362,4	361,6	360,0	359,2	358,4	357,6	356,8	356,0	355,2	353,6	8
9	412,2	411,3	410,4	409,5	408,6	407,7	406,8	405,0	404,1	403,2	402,3	401,4	400,5	399,6	397,8	9

mgr	441	440	439	438	437	435	434	433	432	431	430	429	428	427	426	mgr
1	44,1	44,0	43,9	43,8	43,7	43,5	43,4	43,3	43,2	43,1	43,0	42,9	42,8	42,7	42,6	1
2	88,2	88,0	87,8	87,6	87,4	87,0	86,8	86,6	86,4	86,2	86,0	85,8	85,6	85,4	85,2	2
3	132,3	132,0	131,7	131,4	131,1	130,5	130,2	129,9	129,6	129,3	129,0	128,7	128,4	128,1	127,8	3
4	176,4	176,0	175,6	175,2	174,8	174,0	173,6	173,2	172,8	172,4	172,0	171,6	171,2	170,8	170,4	4
5	220,5	220,0	219,5	219,0	218,5	217,5	217,0	216,5	216,0	215,5	215,0	214,5	214,0	213,5	213,0	5
6	264,6	264,0	263,4	262,8	262,2	261,0	260,4	259,8	259,2	258,6	258,0	257,4	256,8	256,2	255,6	6
7	308,7	308,0	307,3	306,6	305,9	304,5	303,8	303,1	302,4	301,7	301,0	300,3	299,6	298,9	298,2	7
8	352,8	352,0	351,2	350,4	349,6	348,0	347,2	346,4	345,6	344,8	344,0	343,2	342,4	341,6	340,8	8
9	39,69	396,0	395,1	394,2	393,3	391,5	390,6	389,7	388,8	387,9	387,0	386,1	385,2	384,3	383,4	9

mgr	425	424	423	422	421	420	419	418	417	416	415	414	413	412	411	mgr
1	42,5	42,4	42,3	42,2	42,1	42,0	41,9	41,8	41,7	41,6	41,5	41,4	41,3	41,2	41,1	1
2	85,0	84,8	84,6	84,4	84,2	84,0	83,8	83,6	83,4	83,2	83,0	82,8	82,6	82,4	82,2	2
3	127,5	127,2	126,9	126,6	126,3	126,0	125,7	125,4	125,1	124,8	124,5	124,2	123,9	123,6	123,3	3
4	170,0	169,6	169,2	168,8	168,4	168,0	167,6	167,2	166,8	166,4	166,0	165,6	165,2	164,8	164,4	4
5	212,5	212,0	211,5	211,0	210,5	210,0	209,5	209,0	208,5	208,0	207,5	207,0	206,5	206,0	205,5	5
6	255,0	254,4	253,8	253,2	252,6	252,0	251,4	250,8	250,2	249,6	249,0	248,4	247,8	247,2	246,6	6
7	297,5	296,8	296,1	295,4	294,7	294,0	293,3	292,6	291,9	291,2	290,5	289,8	289,1	288,4	287,7	7
8	340,0	339,2	338,4	337,6	336,8	336,0	335,2	334,4	333,6	332,8	332,0	331,2	330,4	329,6	328,8	8
9	382,5	381,6	380,7	379,8	378,9	378,0	377,1	376,2	375,3	374,4	373,5	372,6	371,7	370,8	369,9	9

mgr	410	409	408	407	406	405	404	403	402	401	400	399	398	397	396	mgr
1	41,0	40,9	40,8	40,7	40,6	40,5	40,4	40,3	40,2	40;1	40,0	39,9	39,8	39,7	39,6	1
2	82,0	81,8	81,6	81,4	81,2	81,0	80,8	80,6	80,4	80,2	80,0	79,8	79,6	79,4	79,2	2
3	123,0	122,7	122,4	122,1	121,8	121,5	121,2	120,9	120,6	120,3	120,0	119,7	119,4	119,1	118,8	3
4	164,0	163,6	163,2	162,8	162,4	162,0	161,6	161,2	160,8	160,4	160,0	159,6	159,2	158,8	158,4	4
5	205,0	204,5	204,0	203,5	203,0	202,5	202,0	201,5	201,0	200,5	200,0	199,5	199,0	198,5	198,0	5
6	246,0	245,4	244,8	244,2	243,6	243,0	242,4	241,8	241,2	240,6	240,0	239,4	238,8	238,2	237,6	6
7	287,0	286,3	285,6	284,9	284,2	283,5	282,8	282,1	281,4	280,7	280,0	279,3	278,6	277,9	277,2	7
8	328,0	327,2	326,4	325,6	324,8	324,0	323,2	322,4	321,6	320,8	320,0	319,2	318,4	317,6	316,8	8
9	369,0	368,1	367,2	366,3	365,4	364,5	363,6	362,7	361,8	360,9	360,0	359,1	358,2	357,3	356,4	9

mgr	395	394	393	392	391	390	389	388	387	386	385	384	383	382	381	mgr
1	39,5	39,4	39,3	39,2	39,1	39,0	38,9	38,8	38,7	38,6	38,5	38,4	38,3	38,2	38,1	1
2	79,0	78,8	78,6	78,4	78,2	78,0	77,8	77,6	77,4	77,2	77,0	76,8	76,6	76,4	76,2	2
3	118,5	118,2	117,9	117,6	117,3	117,0	116,7	116,4	116,1	115,8	115,5	115,2	114,9	114,6	114,3	3
4	158,0	157,6	157,2	156,8	156,4	156,0	155,6	155,2	154,8	154,4	154,0	153,6	153,2	152,8	152,4	4
5	197,5	197,0	196,5	196,0	195,5	195,0	194,5	194,0	193,5	193,0	192,5	192,0	191,5	191,0	190,5	5
6	237,0	236,4	235,8	235,2	234,6	234,0	233,4	232,8	232,2	231,6	231,0	230,4	229,8	229,2	228,6	6
7	276,5	275,8	275,1	274,4	273,7	273,0	272,3	271,6	270,9	270,2	269,5	268,8	268,1	267,4	266,7	7
8	316,0	315,2	314,4	313,6	312,8	312,0	311,2	310,4	309,6	308,8	308,0	307,2	306,4	305,6	304,8	8
9	355,5	354,6	353,7	352,8	351,9	351,0	350,1	349,2	348,3	347,4	346,5	345,6	344,7	343,8	342,9	9

mgr	380	379	378	377	376	375	374	373	372	371	370	369	368	367	366	mgr
1	38,0	37,9	37,8	37,7	37,6	37,5	37,4	37,3	37,2	37,1	37,0	36,9	36,8	36,7	36,6	1
2	76,0	75,8	75,6	75,4	75,2	75,0	74,8	74,6	74,4	74,2	74,0	73,8	73,6	73,4	73,2	2
3	114,0	113,7	113,4	113,1	112,8	112,5	112,2	111,9	111,6	111,3	111,0	110,7	110,4	110,1	109,8	3
4	152,0	151,6	151,2	150,8	150,4	150,0	149,6	149,2	148,8	148,4	148,0	147,6	147,2	146,8	146,4	4
5	190,0	189,5	189,0	188,5	188,0	187,5	187,0	186,5	186,0	185,5	185,0	184,5	184,0	183,5	183,0	5
6	228,0	227,4	226,8	226,2	225,6	225,0	224,4	223,8	223,2	222,6	222,0	221,4	220,8	220,2	219,6	6
7	266,0	265,3	264,6	263,9	263,2	262,5	261,8	261,1	260,4	259,7	259,0	258,3	257,6	256,9	256,2	7
8	304,0	303,2	302,4	301,6	300,8	300,0	299,2	298,4	297,6	296,8	296,0	295,2	294,4	293,6	292,8	8
9	342,0	341,1	340,2	339,3	338,4	337,5	336,6	335,7	334,8	333,9	333,0	332,1	331,2	330,3	329,4	9

mgr	365	364	363	362	361	360	359	358	357	356	355	354	353	352	351	mgr
1	36,5	36,4	36,3	36,2	36,1	36,0	35,9	35,8	35,7	35,6	35,5	35,4	35,3	35,2	35,1	1
2	73,0	72,8	72,6	72,4	72,2	72,0	71,8	71,6	71,4	71,2	71,0	70,8	70,6	70,4	70,2	2
3	109,5	109,2	108,9	108,6	108,3	108,0	107,7	107,4	107,1	106,8	106,5	106,2	105,9	105,6	105,3	3
4	146,0	145,6	145,2	144,8	144,4	144,0	143,6	143,2	142,8	142,4	142,0	141,6	141,2	140,8	140,4	4
5	182,5	182,0	181,5	181,0	180,5	180,0	179,5	179,0	178,5	178,0	177,5	177,0	176,5	176,0	175,5	5
6	219,0	218,4	217,8	217,2	216,6	216,0	215,4	214,8	214,2	213,6	213,0	212,4	211,8	211,2	210,6	6
7	255,5	254,8	254,1	253,4	252,7	252,0	251,3	250,6	249,9	249,2	248,5	247,8	247,1	246,4	245,7	7
8	292,0	291,2	290,4	289,6	288,8	288,0	287,2	286,4	285,6	284,8	284,0	283,2	282,4	281,6	280,8	8
9	328,5	327,6	326,7	325,8	324,9	324,0	323,1	322,2	321,3	320,4	319,5	318,6	317,7	316,8	315,9	9

mgr	350	349	348	347	346	345	344	343	342	341	340	339	338	337	336	mgr
1	35,0	34,9	34,8	34,7	34,6	34,5	34,4	34,3	34,2	34,1	34,0	33,9	33,8	33,7	33,6	1
2	70,0	69,8	69,6	69,4	69,2	69,0	68,8	68,6	68,4	68,2	68,0	67,8	67,6	67,4	67,2	2
3	105,0	104,7	104,4	104,1	103,8	103,5	103,2	102,9	102,6	102,3	102,0	101,7	101,4	101,1	100,8	3
4	140,0	139,6	139,2	138,8	138,4	138,0	137,6	137,2	136,8	136,4	136,0	135,6	135,2	134,8	134,4	4
5	175,0	174,5	174,0	173,5	173,0	172,5	172,0	171,5	171,0	170,5	170,0	169,5	169,0	168,5	168,0	5
6	210,0	209,4	208,8	208,2	207,6	207,0	206,4	205,8	205,2	204,6	204,0	203,4	202,8	202,2	201,6	6
7	245,0	244,3	243,6	242,9	242,2	241,5	240,8	240,1	239,4	238,7	238,0	237,3	236,6	235,9	235,2	7
8	280,0	279,2	278,4	277,6	276,8	276,0	275,2	274,4	273,6	272,8	272,0	271,2	270,4	269,6	268,8	8
9	315,0	314,1	313,2	312,3	311,4	310,5	309,6	308,7	307,8	306,9	306,0	305,1	304,2	303,3	302,4	9

mgr	335	334	333	332	331	330	329	328	327	326	325	324	323	322	321	mgr
1	33,5	33,4	33,3	33,2	33,1	33,0	32,9	32,8	32,7	32,6	32,5	32,4	32,3	32,2	32,1	1
2	67,0	66,8	66,6	66,4	66,2	66,0	65,8	65,6	65,4	65,2	65,0	64,8	64,6	64,4	64,2	2
3	100,5	100,2	99,9	99,6	99,3	99,0	98,7	98,4	98,1	97,8	97,5	97,2	96,9	96,6	96,3	3
4	134,0	133,6	133,2	132,8	132,4	132,0	131,6	131,2	130,8	130,4	130,0	129,6	129,2	128,8	128,4	4
5	167,5	167,0	166,5	166,0	165,5	165,0	164,5	164,0	163,5	163,0	162,5	162,0	161,5	161,0	160,5	5
6	201,0	200,4	199,8	199,2	198,6	198,0	197,4	196,8	196,2	195,6	195,0	194,4	193,8	193,2	192,6	6
7	234,5	233,8	233,1	232,4	231,7	231,0	230,3	229,6	228,9	228,2	227,5	226,8	226,1	225,4	224,7	7
8	268,0	267,2	266,4	265,6	264,8	264,0	263,2	262,4	261,6	260,8	260,0	259,2	258,4	257,6	256,8	8
9	301,5	300,6	299,7	298,8	297,9	297,0	296,1	295,2	294,3	293,4	292,5	291,6	290,7	289,8	288,9	9

mgr	320	319	318	317	316	315	314	313	312	311	310	309	308	307	306	mgr
1	32,0	31,9	31,8	31,7	31,6	31,5	31,4	31,3	31,2	31,1	31,0	30,9	30,8	30,7	30,6	1
2	64,0	63,8	63,6	63,4	63,2	63,0	62,8	62,6	62,4	62,2	62,0	61,8	61,6	61,4	61,2	2
3	96,0	95,7	95,4	95,1	94,8	94,5	94,2	93,9	93,6	93,3	93,0	92,7	92,4	92,1	91,8	3
4	128,0	127,6	127,2	126,8	126,4	126,0	125,6	125,2	124,8	124,4	124,0	123,6	123,2	122,8	122,4	4
5	160,0	159,5	159,0	158,5	158,0	157,5	157,0	156,5	156,0	155,5	155,0	154,5	154,0	153,5	153,0	5
6	192,0	191,4	190,8	190,2	189,6	189,0	188,4	187,8	187,2	186,6	186,0	185,4	184,8	184,2	183,6	6
7	224,0	223,3	222,6	221,9	221,2	220,5	219,8	219,1	218,4	217,7	217,0	216,3	215,6	214,9	214,2	7
8	256,0	255,2	254,4	253,6	252,8	252,0	251,2	250,4	249,6	248,8	248,0	247,2	246,4	245,6	244,8	8
9	288,0	287,1	286,2	285,3	284,4	283,5	282,6	281,7	280,8	279,9	279,0	278,1	277,2	276,3	275,4	9

mgr	305	304	303	302	301	300	299	298	297	296	295	294	293	292	291	mgr
1	30,5	30,4	30,3	30,2	30,1	30,0	29,9	29,8	29,7	29,6	29,5	29,4	29,3	29,2	29,1	1
2	61,0	60,8	60,6	60,4	60,2	60,0	59,8	59,6	59,4	59,2	59,0	58,8	58,6	58,4	58,2	2
3	91,5	91,2	90,9	90,6	90,3	90,0	89,7	89,4	89,1	88,8	88,5	88,2	87,9	87,6	87,3	3
4	122,0	121,6	121,2	120,8	120,4	120,0	119,6	119,2	118,8	118,4	118,0	117,6	117,2	116,8	116,4	4
5	152,5	152,0	151,5	151,0	150,5	150,0	149,5	149,0	148,5	148,0	147,5	147,0	146,5	146,0	145,5	5
6	183,0	182,4	181,8	181,2	180,6	180,0	179,4	178,8	178,2	177,6	177,0	176,4	175,8	175,2	174,6	6
7	213,5	212,8	212,1	211,4	210,7	210,0	209,3	208,6	207,9	207,2	206,5	205,8	205,1	204,4	203,7	7
8	244,0	243,2	242,4	241,6	240,8	240,0	239,2	238,4	237,6	236,8	236,0	235,2	234,4	233,6	232,8	8
9	274,5	273,6	272,7	271,8	270,9	270,0	269,1	268,2	267,3	266,4	265,5	264,6	263,7	262,8	261,9	9

mgr	290	289	288	287	286	285	284	283	282	281	280	279	278	277	276	mgr
1	29,0	28,9	28,8	28,7	28,6	28,5	28,4	28,3	28,2	28,1	28,0	27,9	27,8	27,7	27,6	1
2	58,0	57,8	57,6	57,4	57,2	57,0	56,8	56,6	56,4	56,2	56,0	55,8	55,6	55,4	55,2	2
3	87,0	86,7	86,4	86,1	85,8	85,5	85,2	84,9	84,6	84,3	84,0	83,7	83,4	83,1	82,8	3
4	116,0	115,6	115,2	114,8	114,4	114,0	113,6	113,2	112,8	112,4	112,0	111,6	111,2	110,8	110,4	4
5	145,0	144,5	144,0	143,5	143,0	142,5	142,0	141,5	141,0	140,5	140,0	139,5	139,0	138,5	138,0	5
6	174,0	173,4	172,8	172,2	171,6	171,0	170,4	169,8	169,2	168,6	168,0	167,4	166,8	166,2	165,6	6
7	203,0	202,3	201,6	200,9	200,2	199,5	198,8	198,1	197,4	196,7	196,0	195,3	194,6	193,9	193,2	7
8	232,0	231,2	230,4	229,6	228,8	228,0	227,2	226,4	225,6	224,8	224,0	223,2	222,4	221,6	220,8	8
9	261,0	260,1	259,2	258,3	257,4	256,5	255,6	254,7	253,8	252,9	252,0	251,1	250,2	249,3	248,4	9

mgr	275	274	273	272	271	270	269	268	267	266	265	264	263	262	261	mgr
1	27,5	27,4	27,3	27,2	27,1	27,0	26,9	26,8	26,7	26,6	26,5	26,4	26,3	26,2	26,1	1
2	55,0	54,8	54,6	54,4	54,2	54,0	53,8	53,6	53,4	53,2	53,0	52,8	52,6	52,4	52,2	2
3	82,5	82,2	81,9	81,6	81,3	81,0	80,7	80,4	80,1	79,8	79,5	79,2	78,9	78,6	78,3	3
4	110,0	109,6	109,2	108,8	108,4	108,0	107,6	107,2	106,8	106,4	106,0	105,6	105,2	104,8	104,4	4
5	137,5	137,0	136,5	136,0	135,5	135,0	134,5	134,0	133,5	133,0	132,5	132,0	131,5	131,0	130,5	5
6	165,0	164,4	163,8	163,2	162,6	162,0	161,4	160,8	160,2	159,6	159,0	158,4	157,8	157,2	156,6	6
7	192,5	191,8	191,1	190,4	189,7	189,0	188,3	187,6	186,9	186,2	185,5	184,8	184,1	183,4	182,7	7
8	220,0	219,2	218,4	217,6	216,8	216,0	215,2	214,4	213,6	212,8	212,0	211,2	210,4	209,6	208,8	8
9	247,5	246,6	245,7	244,8	243,9	243,0	242,1	241,2	240,3	239,4	238,5	237,6	236,7	235,8	234,9	9

mgr	260	259	258	257	256	255	254	253	252	251	250	249	248	247	246	mgr
1	26,0	25,9	25,8	25,7	25,6	25,5	25,4	25,3	25,2	25,1	25,0	24,9	24,8	24,7	24,6	1
2	52,0	51,8	51,6	51,4	51,2	51,0	50,8	50,6	50,4	50,2	50,0	49,8	49,6	49,4	49,2	2
3	78,0	77,7	77,4	77,1	76,8	76,5	76,2	75,9	75,6	75,3	75,0	74,7	74,4	74,1	73,8	3
4	104,0	103,6	103,2	102,8	102,4	102,0	101,6	101,2	100,8	100,4	100,0	99,6	99,2	98,8	98,4	4
5	130,0	129,5	129,0	128,5	128,0	127,5	127,0	126,5	126,0	125,5	125,0	124,5	124,0	123,5	123,0	5
6	156,0	155,4	154,8	154,2	153,6	153,0	152,4	151,8	151,2	150,6	150,0	149,4	148,8	148,2	147,6	6
7	182,0	181,3	180,6	179,9	179,2	178,5	177,8	177,1	176,4	175,7	175,0	174,3	173,6	172,9	172,2	7
8	208,0	207,2	206,4	205,6	204,8	204,0	203,2	202,4	201,6	200,8	200,0	199,2	198,4	197,6	196,8	8
9	234,0	233,1	232,2	231,3	230,4	229,5	228,6	227,7	226,8	225,9	225,0	224,1	223,2	222,3	221,4	9

mgr	245	244	243	242	241	240	239	238	237	236	235	234	233	232	231	mgr
1	24,5	24,4	24,3	24,2	24,1	24,0	23,9	23,8	23,7	23,6	23,5	23,4	23,3	23,2	23,1	1
2	49,0	48,8	48,6	48,4	48,2	48,0	47,8	47,6	47,4	47,2	47,0	46,8	46,6	46,4	46,2	2
3	73,5	73,2	72,9	72,6	72,3	72,0	71,7	71,4	71,1	70,8	70,5	70,2	69,9	69,6	69,3	3
4	98,0	97,6	97,2	96,8	96,4	96,0	95,6	95,2	94,8	94,4	94,0	93,6	93,2	92,8	92,4	4
5	122,5	122,0	121,5	121,0	120,5	120,0	119,5	119,0	118,5	118,0	117,5	117,0	116,5	116,0	115,5	5
6	147,0	146,4	145,8	145,2	144,6	144,0	143,4	142,8	142,2	141,6	141,0	140,4	139,8	139,2	138,6	6
7	171,5	170,8	170,1	169,4	168,7	168,0	167,3	166,6	165,9	165,2	164,5	163,8	163,1	162,4	161,7	7
8	196,0	195,2	194,4	193,6	192,8	192,0	191,2	190,4	189,6	188,8	188,0	187,2	186,4	185,6	184,8	8
9	220,5	219,6	218,7	217,8	216,9	216,0	215,1	214,2	213,3	212,4	211,5	210,6	209,7	208,8	207,9	9

mgr	230	229	228	227	226	225	224	223	222	221	220	219	218	217	216	mgr
1	23,0	22,9	22,8	22,7	22,6	22,5	22,4	22,3	22,2	22,1	22,0	21,9	21,8	21,7	21,6	1
2	46,0	45,8	45,6	45,4	45,2	45,0	44,8	44,6	44,4	44,2	44,0	43,8	43,6	43,4	43,2	2
3	69,0	68,7	68,4	68,1	67,8	67,5	67,2	66,9	66,6	66,3	66,0	65,7	65,4	65,1	64,8	3
4	92,0	91,6	91,2	90,8	90,4	90,0	89,6	89,2	88,8	88,4	88,0	87,6	87,2	86,8	86,4	4
5	115,0	114,5	114,0	113,5	113,0	112,5	112,0	111,5	111,0	110,5	110,0	109,5	109,0	108,5	108,0	5
6	138,0	137,4	136,8	136,2	135,6	135,0	134,4	133,8	133,2	132,6	132,0	131,4	130,8	130,2	129,6	6
7	161,0	160,3	159,6	158,9	158,2	157,5	156,8	156,1	155,4	154,7	154,0	153,3	152,6	151,9	151,2	7
8	184,0	183,2	182,4	181,6	180,8	180,0	179,2	178,4	177,6	176,8	176,0	175,2	174,4	173,6	172,8	8
9	207,0	206,1	205,2	204,3	203,4	202,5	201,6	200,7	199,8	198,9	198,0	197,1	196,2	195,3	194,4	9

mgr	215	214	213	212	211	210	209	208	207	206	205	204	203	202	201	mgr
1	21,5	21,4	21,3	21,2	21,1	21,0	20,9	20,8	20,7	20,6	20,5	20,4	20,3	20,2	20,1	1
2	43,0	42,8	42,6	42,4	42,2	42,0	41,8	41,6	41,4	41,2	41,0	40,8	40,6	40,4	40,2	2
3	64,5	64,2	63,9	63,6	63,3	63,0	62,7	62,4	62,1	61,8	61,5	61,2	60,9	60,6	60,3	3
4	86,0	85,6	85,2	84,8	84,4	84,0	83,6	83,2	82,8	82,4	82,0	81,6	81,2	80,8	80,4	4
5	107,5	107,0	106,5	106,0	105,5	105,0	104,5	104,0	103,5	103,0	102,5	102,0	101,5	101,0	100,5	5
6	129,0	128,4	127,8	127,2	126,6	126,0	125,4	124,8	124,2	123,6	123,0	122,4	121,8	121,2	120,6	6
7	150,5	149,8	149,1	148,4	147,7	147,0	146,3	145,6	144,9	144,2	143,5	142,8	142,1	141,4	140,7	7
8	172,0	171,2	170,4	169,6	168,8	168,0	167,2	166,4	165,6	164,8	164,0	163,2	162,4	161,6	160,8	8
9	193,5	192,6	191,7	190,8	189,9	189,0	188,1	187,2	186,3	185,4	184,5	183,6	182,7	181,8	180,9	9

mgr	200	199	198	197	196	195	194	193	192	191	190	189	188	187	186	mgr
1	20,0	19,9	19,8	19,7	19,6	19,5	19,4	19,3	19,2	19,1	19,0	18,9	18,8	18,7	18,6	1
2	40,0	39,8	39,6	39,4	39,2	39,0	38,8	38,6	38,4	38,2	38,0	37,8	37,6	37,4	37,2	2
3	60,0	59,7	59,4	59,1	58,8	58,5	58,2	57,9	57,6	57,3	57,0	56,7	56,4	56,1	55,8	3
4	80,0	79,6	79,2	78,8	78,4	78,0	77,6	77,2	76,8	76,4	76,0	75,6	75,2	74,8	74,4	4
5	100,0	99,5	99,0	98,5	98,0	97,5	97,0	96,5	96,0	95,5	95,0	94,5	94,0	93,5	93,0	5
6	120,0	119,4	118,8	118,2	117,6	117,0	116,4	115,8	115,2	114,6	114,0	113,4	112,8	112,2	111,6	6
7	140,0	139,3	138,6	137,9	137,2	136,5	135,8	135,1	134,4	133,7	133,0	132,3	131,6	130,9	130,2	7
8	160,0	159,2	158,4	157,6	156,8	156,0	155,2	154,4	153,6	152,8	152,0	151,2	150,4	149,6	148,8	8
9	180,0	179,1	178,2	177,3	176,4	175,5	174,6	173,7	172,8	171,9	171,0	170,1	169,2	168,3	167,4	9

mgr	185	184	183	182	181	180	179	178	177	176	175	174	173	172	171	mgr
1	18,5	18,4	18,3	18,2	18,1	18,0	17,9	17,8	17,7	17,6	17,5	17,4	17,3	17,2	17,1	1
2	37,0	36,8	36,6	36,4	36,2	36,0	35,8	35,6	35,4	35,2	35,0	34,8	34,6	34,4	34,2	2
3	55,5	55,2	54,9	54,6	54,3	54,0	53,7	53,4	53,1	52,8	52,5	52,2	51,9	51,6	51,3	3
4	74,0	73,6	73,2	72,8	72,4	72,0	71,6	71,2	70,8	70,4	70,0	69,6	69,2	68,8	68,4	4
5	92,5	92,0	91,5	91,0	90,5	90,0	89,5	89,0	88,5	88,0	87,5	87,0	86,5	86,0	85,5	5
6	111,0	110,4	109,8	109,2	108,6	108,0	107,4	106,8	106,2	105,6	105,0	104,4	103,8	103,2	102,6	6
7	129,5	128,8	128,1	127,4	126,7	126,0	125,3	124,6	123,9	123,2	122,5	121,8	121,1	120,4	119,7	7
8	148,0	147,2	146,4	145,6	144,8	144,0	143,2	142,4	141,6	140,8	140,0	139,2	138,4	137,6	136,8	8
9	166,5	165,6	164,7	163,8	162,9	162,0	161,1	160,2	159,3	158,4	157,5	156,6	155,7	154,8	153,9	9

mgr	170	169	168	167	166	165	164	163	162	161	160	159	158	157	156	mgr
1	17,0	16,9	16,8	16,7	16,6	16,5	16,4	16,3	16,2	16,1	16,0	15,9	15,8	15,7	15,6	1
2	34,0	33,8	33,6	33,4	33,2	33,0	32,8	32,6	32,4	32,2	32,0	31,8	31,6	31,4	31,2	2
3	51,0	50,7	50,4	50,1	49,8	49,5	49,2	48,9	48,6	48,3	48,0	47,7	47,4	47,1	46,8	3
4	68,0	67,6	67,2	66,8	66,4	66,0	65,6	65,2	64,8	64,4	64,0	63,6	63,2	62,8	62,4	4
5	85,0	84,5	84,0	83,5	83,0	82,5	82,0	81,5	81,0	80,5	80,0	79,5	79,0	78,5	78,0	5
6	102,0	101,4	100,8	100,2	99,6	99,0	98,4	97,8	97,2	96,6	96,0	95,4	94,8	94,2	93,6	6
7	119,0	118,3	117,6	116,9	116,2	115,5	114,8	114,1	113,4	112,7	112,0	111,3	110,6	109,9	109,2	7
8	136,0	135,2	134,4	133,6	132,8	132,0	131,2	130,4	129,6	128,8	128,0	127,2	126,4	125,6	124,8	8
9	153,0	152,1	151,2	150,3	149,4	148,5	147,6	146,7	145,8	144,9	144,0	143,1	142,2	141,3	140,4	9

mgr	155	154	153	152	151	150	149	148	147	146	145	144	143	142	141	mgr
1	15,5	15,4	15,3	15,2	15,1	15,0	14,9	14,8	14,7	14,6	14,5	14,4	14,3	14,2	14,1	1
2	31,0	30,8	30,6	30,4	30,2	30,0	29,8	29,6	29,4	29,2	29,0	28,8	28,6	28,4	28,2	2
3	46,5	46,2	45,9	45,6	45,3	45,0	44,7	44,4	44,1	43,8	43,5	43,2	42,9	42,6	42,3	3
4	62,0	61,6	61,2	60,8	60,4	60,0	59,6	59,2	58,8	58,4	58,0	57,6	57,2	56,8	56,4	4
5	77,5	77,0	76,5	76,0	75,5	75,0	74,5	74,0	73,5	73,0	72,5	72,0	71,5	71,0	70,5	5
6	93,0	92,4	91,8	91,2	90,6	90,0	89,4	88,8	88,2	87,6	87,0	86,4	85,8	85,2	84,6	6
7	108,5	107,8	107,1	106,4	105,7	105,0	104,3	103,6	102,9	102,2	101,5	100,8	100,1	99,4	98,7	7
8	124,0	123,2	122,4	121,6	120,8	120,0	119,2	118,4	117,6	116,8	116,0	115,2	114,4	113,6	112,8	8
9	139,5	138,6	137,7	136,8	135,9	135,0	134,1	133,2	132,3	131,4	130,5	129,6	128,7	127,8	126,9	9

mgr	140	139	138	137	136	135	134	133	132	131	130	129	128	127	126	mgr
1	14,0	13,9	13,8	13,7	13,6	13,5	13,4	13,3	13,2	13,1	13,0	12,9	12,8	12,7	12,6	1
2	28,0	27,8	27,6	27,4	27,2	27,0	26,8	26,6	26,4	26,2	26,0	25,8	25,6	25,4	25,2	2
3	42,0	41,7	41,4	41,1	40,8	40,5	40,2	39,9	39,6	39,3	39,0	38,7	38,4	38,1	37,8	3
4	56,0	55,6	55,2	54,8	54,4	54,0	53,6	53,2	52,8	52,4	52,0	51,6	51,2	50,8	50,4	4
5	70,0	69,5	69,0	68,5	68,0	67,5	67,0	66,5	66,0	65,5	65,0	64,5	64,0	63,5	63,0	5
6	84,0	83,4	82,8	82,2	81,6	81,0	80,4	79,8	79,2	78,6	78,0	77,4	76,8	76,2	75,6	6
7	98,0	97,3	96,6	95,9	95,2	94,5	93,8	93,1	92,4	91,7	91,0	90,3	89,6	88,9	88,2	7
8	112,0	111,2	110,4	109,6	108,8	108,0	107,2	106,4	105,6	104,8	104,0	103,2	102,4	101,6	100,8	8
9	126,0	125,1	124,2	123,3	122,4	121,5	120,6	119,7	118,8	117,9	117,0	116,1	115,2	114,3	113,4	9

mgr	125	124	123	122	121	120	119	118	117	116	115	114	113	112	111	mgr
1	12,5	12,4	12,3	12,2	12,1	12,0	11,9	11,8	11,7	11,6	11,5	11,4	11,3	11,2	11,1	1
2	25,0	24,8	24,6	24,4	24,2	24,0	23,8	23,6	23,4	23,2	23,0	22,8	22,6	22,4	22,2	2
3	37,5	37,2	36,9	36,6	36,3	36,0	35,7	35,4	35,1	34,8	34,5	34,2	33,9	33,6	33,3	3
4	50,0	49,6	49,2	48,8	48,4	48,0	47,6	47,2	46,8	46,4	46,0	45,6	45,2	44,8	44,4	4
5	62,5	62,0	61,5	61,0	60,5	60,0	59,5	59,0	58,5	58,0	57,5	57,0	56,5	56,0	55,5	5
6	75,0	74,4	73,8	73,2	72,6	72,0	71,4	70,8	70,2	69,6	69,0	68,4	67,8	67,2	66,6	6
7	87,5	86,8	86,1	85,4	84,7	84,0	83,3	82,6	81,9	81,2	80,5	79,8	79,1	78,4	77,7	7
8	100,0	99,2	98,4	97,6	96,8	96,0	95,2	94,4	93,6	92,8	92,0	91,2	90,4	89,6	88,8	8
9	112,5	111,6	110,7	109,8	108,9	108,0	107,1	106,2	105,3	104,4	103,5	102,6	101,7	100,8	99,9	9

Area of segments.

Example. $p = 6$; $k = 19$; $p : k = 0,3158$
$V = 0,7172$ (between 0,7154 and 0,7185)
Area $= pkV = 6 \times 19 \times 0,7172 = 81,76$.

p : k	V	d	1	2	3	4	5	6	7	8	9
0	0,6667										
0,01	0,6667										
0,02	0,6669	2	0,2	0,4	0,6	0,8	1,0	1,2	1,4	1,6	1,8
0,03	0,6671	2	0,2	0,4	0,6	0,8	1,0	1,2	1,4	1,6	1,8
0,04	0,6675	4	0,4	0,8	1,2	1,6	2,0	2,4	2,8	3,2	3,6
0,05	0,6680	5	0,5	1,0	1,5	2,0	2,5	3,0	3,5	4,0	4,5
0,06	0,6686	6	0,6	1,2	1,8	2,4	3,0	3,6	4,2	4,8	5,4
0,07	0,6693	7	0,7	1,4	2,1	2,8	3,5	4,2	4,9	5,6	6,3
0,08	0,6701	8	0,8	1,6	2,4	3,2	4,0	4,8	5,6	6,4	7,2
0,09	0,6710	9	0,9	1,8	2,7	3,6	4,5	5,4	6,3	7,2	8,1
0,10	**0,6720**	10	1,0	2,0	3,0	4,0	5,0	6,0	7,0	8,0	9,0
0,11	0,6731	11	1,1	2,2	3,3	4,4	5,5	6,6	7,7	8,8	9,9
0,12	0,6743	12	1,2	2,4	3,6	4,8	6,0	7,2	8,4	9,6	10,8
0,13	0,6756	13	1,3	2,6	3,9	5,2	6,5	7,8	9,1	10,4	11,7
0,14	0,6770	14	1,4	2,8	4,2	5,6	7,0	8,4	9,8	11,2	12,6
0,15	0,6785	15	1,5	3,0	4,5	6,0	7,5	9,0	10,5	12,0	13,5
0,16	0,6801	16	1,6	3,2	4,8	6,4	8,0	9,6	11,2	12,8	14,4
0,17	0,6818	17	1,7	3,4	5,1	6,8	8,5	10,2	11,9	13,6	15,3
0,18	0,6836	18	1,8	3,6	5,4	7,2	9,0	10,8	12,6	14,4	16,2
0,19	0,6855	19	1,9	3,8	5,7	7,6	9,5	11,4	13,3	15,2	17,1
0,20	**0,6875**	20	2,0	4,0	6,0	8,0	10,0	12,0	14,0	16,0	18,0
0,21	0,6896	21	2,1	4,2	6,3	8,4	10,5	12,6	14,7	16,8	18,9
0,22	0,6918	22	2,2	4,4	6,6	8,8	11,0	13,2	15,4	17,6	19,8
0,23	0,6941	23	2,3	4,6	6,9	9,2	11,5	13,8	16,1	18,4	20,7
0,24	0,6964	23	2,3	4,6	6,9	9,2	11,5	13,8	16,1	18,4	20,7
0,25	0,6989	25	2,5	5,0	7,5	10,0	12,5	15,0	17,5	20,0	22,5
0,26	0,7014	25	2,5	5,0	7,5	10,0	12,5	15,0	17,5	20,0	22,5
0,27	0,7041	27	2,7	5,4	8,1	10,8	13,5	16,2	18,9	21,6	24,3
0,28	0,7068	27	2,7	5,4	8,1	10,8	13,5	16,2	18,9	21,6	24,3
0,29	0,7096	28	2,8	5,6	8,4	11,2	14,0	16,8	19,6	22,4	25,2
0,30	**0,7125**	29	2,9	5,8	8,7	11,6	14,5	17,4	20,3	23,2	26,1
0,31	0,7154	29	2,9	5,8	8,7	11,6	14,5	17,4	20,3	23,2	26,1
0,32	0,7185	31	3,1	6,2	9,3	12,4	15,5	18,6	21,7	24,8	27,9
0,33	0,7216	31	3,1	6,2	9,3	12,4	15,5	18,6	21,7	24,8	27,9
0,34	0,7248	32	3,2	6,4	9,6	12,8	16,0	19,2	22,4	25,6	28,8
0,35	0,7280	32	3,2	6,4	9,6	12,8	16,0	19,2	22,4	25,6	28,8
0,36	0,7314	34	3,4	6,8	10,2	13,6	17,0	20,4	23,8	27,2	30,6
0,37	0,7348	34	3,4	6,8	10,2	13,6	17,0	20,4	23,8	27,2	30,6
0,38	0,7383	35	3,5	7,0	10,5	14,0	17,5	21,0	24,5	28,0	31,5
0,39	0,7419	36	3,6	7,2	10,8	14,4	18,0	21,6	25,2	28,8	32,4
0,40	**0,7455**	36	3,6	7,2	10,8	14,4	18,0	21,6	25,2	28,8	32,4
0,41	0,7492	37	3,7	7,4	11,1	14,8	18,5	22,2	25,9	29,6	33,3
0,42	0,7530	38	3,8	7,6	11,4	15,2	19,0	22,8	26,6	30,4	34,2
0,43	0,7568	38	3,8	7,6	11,4	15,2	19,0	22,8	26,6	30,4	34,2
0,44	0,7607	39	3,9	7,8	11,7	15,6	19,5	23,4	27,3	31,2	35,1
0,45	0,7647	40	4,0	8,0	12,0	16,0	20,0	24,0	28,0	32,0	36,0
0,46	0,7687	40	4,0	8,0	12,0	16,0	20,0	24,0	28,0	32,0	36,0
0,47	0,7728	41	4,1	8,2	12,3	16,4	20,5	24,6	28,7	32,8	36,9
0,48	0,7769	41	4,1	8,2	12,3	16,4	20,5	24,6	28,7	32,8	36,9
0,49	0,7811	42	4,2	8,4	12,6	16,8	21,0	25,2	29,4	33,6	37,8
0,50	**0,7854**	43	4,3	8,6	12,9	17,2	21,5	25,8	30,1	34,4	38,7